STYLE

STYLE

STYLE

STYLE

自然教養

HUNT, GATHER, PARENT

What Ancient Cultures Can Teach Us
About the Lost Art of Raising Happy, Helpful Little Humans

Michaeleen Doucleff
美國NPR科學記者
麥克蓮・杜克萊夫 著
連婉婷 譯

席捲歐美、破百萬熱議全新型態教養！
汲取逾千年原民文化智慧，
培育高情商、自動自發、抗壓性強的孩子

以此書紀念愛犬芒果（Mango），

牠是我寫作時的最佳陪伴者，

同時也要獻給蘿西（Rosy）。

CONTENTS | 目 錄

實作部分

前言

以嶄新的方式看待育兒一事

我記得自己為人母後感覺最糟的那一天。

一個寒冷的十二月早晨，鬧鐘顯示五點，我躺在床上，身上仍穿著前一天的毛衣，而且已經好幾天都沒有洗頭。

我凝望窗外，天空依舊是深藍色，路旁的街燈照舊散發著黃色光芒；而我們家裡安靜得很詭異，唯一聽到的聲音，就是從床底下傳來，我們家德國牧羊犬芒果的呼吸聲。所有人都還在沉沉睡著，只有我的意識非常清醒。

我正在為接下來的戰鬥預作準備，腦海中盤算著如何應對下一次與「敵人」的交戰，當她再次襲擊我的時候，我該怎麼辦？如果她打我，或是用腳踢怎麼辦？她咬人的話怎麼辦？

將我的女兒稱為「敵人」聽起來有點可怕，天曉得，我愛死她了，蘿西在許多方面都是一個令人讚嘆的孩子，聰明伶俐、無所畏懼，無論在體力還是精神上都擁有狂牛般的力量。在操場摔倒的時候，她能夠馬上爬起來，沒有大哭小叫，也沒有驚慌失措。

我有沒有提到她的味道？噢，我喜歡她身上的味道，尤其是在她頭頂的位置，當我為了全國公共廣播電臺（ＮＰＲ）[1]的報導出差時，我最心心念念的就是她的味道，聞起來就像蜂蜜、百合和濕潤土壤的混合物。

那甜美的香味令人著迷，還會蠱惑人心。其實蘿西的肚子裡有一把無名火，一股源源不絕的炙熱火焰，而那把火驅使她在這個世界中橫行霸道，正如某位朋友所描述的：她是無敵破壞王。

當蘿西還是嬰兒的時候，她總是號啕大哭，每天晚上會哭好幾個小時。「只要沒有在喝奶或睡覺，她的哭聲總是不絕於耳。」我的丈夫驚慌失措地告訴小兒科醫生，醫生聳了聳肩，她顯然經常聽到同樣的話，很淡定地回答：「這個嘛……她還只是個嬰兒嘛！」

如今蘿西已經滿三歲了，那些哭聲轉變成亂發脾氣和折磨父母的暴走；當她情緒低落時，我將她抱起來，她會習慣性地打我一巴掌，曾經有幾個早上我外出離開家時，臉頰還留著一個紅色的手印，天啊，真的很痛。

在那一個安靜的十二月早上，當我躺在床上時，我不得不承認一個痛苦的事實，蘿西和我之間漸漸浮現一道無形的牆，我開始恐懼我們一起相處的日子，因為我害怕隨時可能發生的事——害怕我會（再次）失去理智、（再次）讓蘿西大哭大叫、還有我只會（再次）讓她的行為變得更糟糕；若一直持續這樣，我擔心蘿西和我會變成彼此的敵人。

我自小生活在一個爭執不斷的家庭，大聲尖叫、用力甩門、甚至於亂扔鞋子都是我們三個兄弟姊妹和父母的基本溝通方式。因此，對於蘿西的無理脾氣，起初我的反應就像父母對待我的那樣，混雜著憤怒與嚴厲，有時會咆嘯著難聽的話，然而這麼做的後果只會適得其反：蘿西會拱起背，像老鷹一樣尖叫，接著倒在地上打滾。除此之外，我想要比我的父母表現得更好，我希望蘿西在寧靜祥和的環境中成長，並且教導她更有效的溝通方式，而不是朝著別人的頭扔馬汀靴。

所以我向 Google 大神諮詢，確認「權威型」是「最佳育兒方法」，有助於控制蘿西的脾氣，據我所知，權威意味著「好聲好氣，但語氣堅定」，於是我竭盡所能地做到這一點，但從來沒成功過，這個方法一次又一次令我失望。

蘿西可以感覺得到我的氣一直沒消，所以我們會陷入周而復始的循環，我的怒氣使她的行為變得更糟糕，我也因此變得更加憤怒，到最後她的無理取鬧根本就像核爆，她會張嘴咬人、拳打腳踢，然後開始在家裡到處狂奔，把傢俱搞得一團亂。

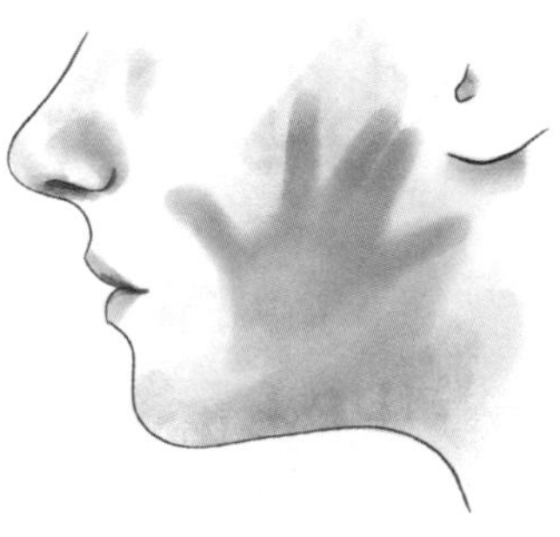

即使是最簡單的任務也會上演一番混戰，例如早上準備去幼兒園時：「拜託妳穿上鞋子可以嗎？」我第五次向她乞

求，而她大聲尖叫：「不！」，接著立刻脫掉她的洋裝和內衣。

某天早上，我感到糟糕透頂，只能蹲在廚房的水槽旁，對著儲物櫃無聲地在心底吶喊，這一切怎麼會如此痛苦？為什麼她不肯聽話？我究竟做錯了什麼？

老實說，我毫無頭緒到底該怎麼對待蘿西，我不曉得如何阻止她發脾氣，更遑論開始教育她如何成為一個好人——一個善良、體貼且關心他人的人。

真相是，我不知道如何當一個好媽媽，我以前從未在其他想要駕馭的事情上表現得這麼糟糕，我的實際能力和理想之間的差距不曾如此遙不可及。

因此，當天黎明時分，我仰臥在床，惶恐不安地等著女兒睡醒的那一刻，她明明是我多年來一直渴望擁有的心肝寶貝，我在腦中盡可能地思索能與這個小人兒交流的方法，這個孩子在過去幾天就像一個暴躁的瘋子，我極度需要找到擺脫這種困境的辦法。

我的內心感到迷惘，身體覺得疲憊不堪，這一切令我深感絕望，當我試著想像未來，所見到的都是同樣的情況：蘿西和我一直在永無止盡地纏鬥，隨著時間過去，她只會變得更高、更強壯。

但事實證明並非如此，本書就是講述出乎意料的顛覆性變化如何發生在我們的生命裡，全都起因於一次墨西哥之旅，那次令我大開眼界的經歷，也讓我日後不管到世界哪個角落旅行，都會帶上蘿西作為旅伴。

在旅行的過程中，我遇到了一些與眾不同的父母，他們慷慨地授與我令人瞠目結舌的育兒知識。這些男男女女不僅向我證明如何制服蘿西的頑劣脾氣，而且還提供一種不用人吼大叫、責罵和懲罰的親子溝通方式，可以建立孩子的信心，不會在父母與小孩之間製造緊張和衝突，也許最重要的是，我學會了如何教蘿西對我、她的家人和朋友表現友善和慷慨，而這一切之所以能夠實現，有部分是因為這些爸媽向我展現了如何以全新的方式來善待和愛護自己的孩子。

正如身為因紐特人母親的伊莉莎白・特谷米亞，在我們北極之行的最後一天告訴我的一樣，「我想妳現在更了解如何照顧她了。」

沒錯，我覺得胸有成竹。

＊　＊　＊

育兒這件事情通常因人而異，其中的枝微末節不僅因文化而異，也會因群體而異，甚至於每個家庭都可能有所不同。然而，假如今天你環繞世界一圈，會發掘一條貫穿絕大多數文化的共同線索，從北極凍原帶和尤卡坦（Yucatán）熱帶雨林，到坦尚尼亞（Tanzanian）大草原和菲律賓山區，你可以觀察到一種與小孩相處的常見方式，尤其是在能夠培養出特別善良且樂於助人的孩子的文化中，這些孩童早上起床後會馬上開始清洗碗盤，也會想要與他們的兄弟姊妹分享糖果。

這種全世界通用的育兒方法包含四個核心要素，現今你仍然可以在部分歐洲地區發現這些元素，而不久之前，它們也在美國境內廣泛地傳播開來，本書的首要目標就是了解這些要素的來龍去脈，並學習如何融會貫通地運用在自己家裡，讓生活變得更輕鬆。

有鑒於此方法在全球和狩獵採集社區的普遍性，這種廣為人知的養育方式可能已經有數萬年、甚至十萬年以上的歷史，連生物學家都足以提出一個令人信服的論點，驗證人類的親子關係如何演變出這種模式。

當你親眼看到這種育兒方法的實際應用時，無論是在馬雅人的村落製作玉米薄餅，還是在北極海捕魚來烤，你都會有「原來，教育兒女本就應該如此」的強烈感覺，小孩和父母的關係就像舌榫嵌入凹槽一樣緊密結合，若要使用更好的比喻，正如同日式木工接合技術中的燕尾榫（Nejire kumi tsugi）[2]，非常地密合且穩固。

我永遠忘不了第一次見識到這種育兒風格，我內心那種煥然一新的感受。

當時，我在全國公共廣播電臺當了六年的記者，在此之前，我已經在加州大學柏克萊分校（University of

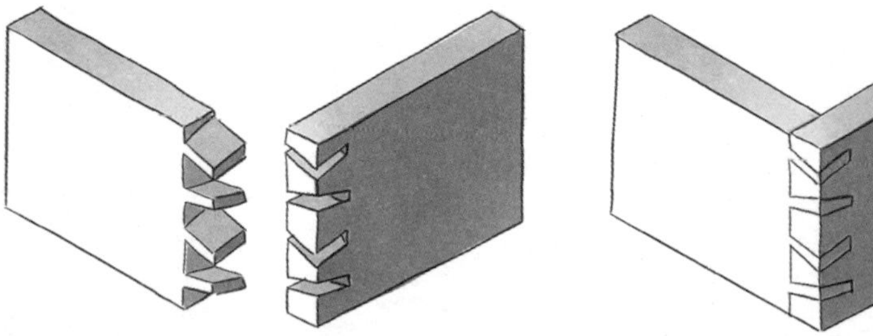

親子關係就像舌榫互嵌一樣緊密結合。

California, Berkeley）接受過七年的化學專業培訓，因此，作為一名記者，我專注於有關醫學科學的故事——傳染病、疫苗和兒童健康。大多數的時間，我在美國舊金山（San Francisco）的辦公桌上撰寫故事，但有時公司會派我到世界的另一個角落報導國外的疾病，我曾經在伊波拉病毒爆發的高峰期去了賴比瑞亞（Liberia），在北極永凍土層中挖掘解凍後的流感病毒，甚至還有站在印尼婆羅洲（Borneo）的蝙蝠洞裡，聽著一名病毒獵人對我示警未來可能會出現冠狀病毒大流行（那時是二〇一七年的秋天）。

在蘿西加入我們的生活以後，這些旅行有了全新的意義。我開始觀察世界各地的父母，既不是記者，也不是科學家，而是身為一個筋疲力竭的家長，拚命尋找著一絲一毫的育兒智慧，我相信在世界上的某個地方一定有某個方法比我目前所做的效果更好，而我非找到不可。

然後，在尤卡坦的旅途中，我發現了非常普及的育兒方式，非常近距離且親身的體驗，這段經歷震撼了我的內心。我旅行結束回到家以後，開始轉移整個職業生涯的重心，我不想繼續研究病毒和生物化學，而是想盡可能地了解這種和小小人類相處的方式——能夠培養樂於助人且自我照顧的孩子、溫柔善良的引導式方法。

如果你正在閱讀本書，首先要謝謝你，感謝你的關注和時間，我知道這些對父母來說有多麼地寶貴，在一個出色團隊的支持下，我盡力使本書對你和你的家人有所價值。

其次，你可能正面臨有點類似我和我丈夫的處境，渴求更完善的建議和技巧，或許你已經讀過幾本書，還像科學家那樣在自己孩子身上嘗試許多方法，也許一開始你還興致高昂，因為實驗看起來頗有希望，但是幾天後實驗失敗了，感覺更加失落。在蘿西出生後的兩年半，我也經歷過令人沮喪不已的循環，以及一次又一次的實驗失敗。

本書旨在幫助你脫離這種令人灰心的循環，透過學習全球通用的育兒智慧，你將會了解數萬年以來孩子如何被撫養長大，他們如何順其自然地成長茁壯；你會開始理解為什麼小朋友會出現不當行為，並且有能力從根本上阻止這些行為的誕生；你即將學習一種與孩子建立關係的方法，這套方法已經由六大洲的父母進行了數千年的實驗，卻是現有育兒書籍所缺少的一種方法。

* * *

現代育兒建議有一個重大的問題，絕大多數的意見完全出自於歐美人的觀點，雖然蔡美兒（Amy Chua）的《虎媽的戰歌》（*Battle Hymn of the Tiger Mother*）[3]確實讓我們對中國養育出成功下一代的方法多了一個引人入勝的看法，但是整體而言，當代的育兒觀念幾乎完全基於西方人的範例，因此，美國的家長只能以管窺天似地檢視教養子女的知識，這種狹隘的視野不僅阻隔了大部分最迷人（同時也是最有用的）觀點，而且還產生了深遠的影響，這正是現代人撫養孩子壓力如此巨大的原因之一，同時也是美國兒童和青少年在過去幾十年變得更加孤獨、焦慮和抑鬱的緣由之一。

美國哈佛大學研究人員的報告指出，如今約有三分之一的青少年表現出焦慮症的標準症狀，超過百分之六十的大學生感受到壓倒性的焦慮，而Z世代（包括一九九〇年代中期到二〇〇〇年代前期出生的成年人）是幾十年來最孤獨的世代。然而，美國主要的養育方式正持續加劇這些問題，反而沒有遏止它們的發展，「父母已經進入控制的模式，」心理治療師珍妮特．希布斯（B. Janet Hibbs）於二〇一九年描述道，「他們過去常常提倡自主，但現在施加越來越多的監控，使得他們的孩子更加焦慮，也無法為不可預測的未來做好準備。」

如果在西方文化中青少年的「正常」狀態是焦慮和孤獨，那麼也許是父母重新審視「正常」養育方法的時候了。如果我們真想獲得難能可貴的幸福，與孩子建立實質的關係，或許我們需要跳脫文化的舒適圈，與舒適圈外的父母們多做交流。

或許現在正是時候拓展我們狹隘的觀點，去感受一下教育兒女是件多麼美好且意義非凡的事。

本書另一個目的是填補西方育兒知識的斷層，有志於此，我們將聚焦於富含實用知識的文化：狩獵採集者和其他具有相似價值觀的原住民文化。這些文化的養育策略經歷了數千年的磨練，祖父母將知識代代相傳下來，讓新手父母配備了大量多元且強大的工具，所以父母懂得如何讓孩子主動做家務、如何讓兄弟姊妹合作而非爭吵，以及如何在不需要吼叫、責罵或冷戰的情況下進行管教，他們是激勵和建立兒童執行功能的專家，包括韌性、耐心和憤怒管控等技能。

最引人注意的是，在許多狩獵採集文化中，父母與幼兒建立的關係與我們在美國鼓吹的關係截然不同，這種關係是基於用合作取代衝突、用信任取代恐懼以及用個人化需求取代標準化幼兒發展階段。

可想而知，當我僅僅用一種工具——鎚子——來教養蘿西時，遍布世界各地的眾多父母都在使用一整套精密的設備，比如螺絲起子、滑輪和水平儀，他們可以根據不同的需求而任意拿出來運用。在本書中，我們將盡可能地學習這些意想不到的工具。

為了實現這一點，我將直接找到資訊的源頭——那些父母本人；我們將會拜訪三種文化：馬雅、哈扎比和因紐特，這些文化在教養子女方面比西方文化表現得更為出色。

馬雅媽媽擅長培育樂於助人的孩子，她們發展出一種複雜的合作模式，不僅教導兄弟姊妹如何和睦相處，還能教會他們協力工作；哈扎比的父母是培養自信且自發孩子的世界級專家，我們在美國看到的童年焦慮和抑鬱，在哈扎比社區是聞所未聞的；因紐特人則開發出一種教育孩子情緒智商的極有效方法，尤其是針對「控制憤怒」和「尊重他人」這一塊。

本書有三大部分，個別介紹每種文化，我們將花時間與幾個家庭見面，並且了解他們的日常生活，我們將見證父母如何讓孩子早上準備好上學，如何讓孩子晚上乖乖上床睡覺，以及如何激勵孩子友善地與手足分享，並且依照個別的成長步調來承擔新的責任。

最重要的是，我們將賦予這些超級父母一個挑戰，一個他們可以在我眼前解決的育兒難題，也就是以蘿西作為實驗對象。

是的，你並沒有看錯，為了寫這本書，我展開一段史詩般的旅程，有些人可能會視之為瘋狂，帶著我的小孩，前往世界上三個莊嚴的地方，與當地家庭同住，竭盡所能地了解他們教養幼兒的大小事。蘿西和我睡在馬雅的吊床上欣賞滿月，協助因紐特爺爺在北極海獵補獨角鯨，並且在坦尚尼亞向哈扎比媽媽學習如何挖掘塊莖。

在此過程中，我也諮詢了人類學家和進化生物學家，以求證所展現的育兒策略是否不僅限於這些家庭和文化，而是普遍存在於現代世界以及整個人類歷史中，我會跟心理學家和神經科學家進行對談，探究這些工具和技巧如何影響兒童的心理健康和發展。

你可以在不同文化的章節中找到實用指南，讓你與自己的孩子一起嘗試這些方法，我們會提供探索每個建議的技巧，來檢視你的孩子是否有所共鳴，還有更廣泛的指導方針，讓這些策略能夠開始融入你的日常生活。這些實用練習深入淺出，而且是由我的個人經驗，以及我的朋友在舊金山撫養幼兒的經歷延伸而來。

隨著移居到美國以外的地方，我們將開始以嶄新的眼光看待西方的育兒方式，我們發現，每當涉及孩子的時候，西方文化的做法經常落於人後，我們干涉太多，對子女沒有足夠的信心，不相信他們與生俱來知道自己該如何學習成長，在很多情況下，我們甚至搞不懂他們的心裡在想什麼。

更值得注意的是，西方文化幾乎完全只關注親子關係的某一方面，也就是控制——父母對孩子施加很多控制，以及孩子反過來對父母情緒勒索；最常見的教養「風格」都圍繞著控制這個話題在討論，直升機父母（Helicopter parents）[4]的控制力最強，自由放養的父母則力求將控制程度降低到最小，在西方文化的思維裡面，不是大人掌權，就是小孩當家。

這種教養觀產生一個主要問題：它讓家庭關係陷入權力鬥爭，伴隨著打架、尖叫和流淚。沒有人喜歡被控制，孩子和父母都在反抗這種情形，因此，當我們與孩子的

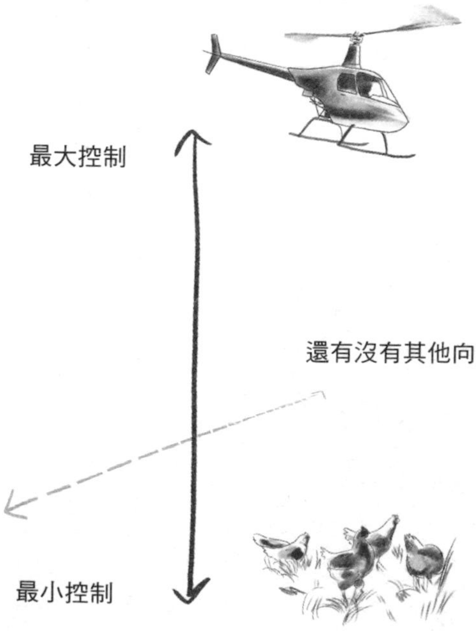

互動以控制為前提時，無論是父母控制孩子，還是反過來，我們塑造了一種對立的關係，製造出緊張的情勢，爭吵一觸即發，權力鬥爭便在所難免。對於一個無法處理情緒的兩、三歲小孩來說，這些緊繃的情緒往往會藉由肢體行為爆發出來。

本書將為你介紹美國過去半個世紀以來長期視而不見的另一個教養層面，這種與孩子建立關係的方式絲毫無關控制，不需要想盡辦法控制小孩，也不用擔心被孩子制約。你甚至可能沒有意識到，**教養問題之中，有絕大多數都起因於控制**，但當我們從教養策略中捨棄（或起碼減少）控制這個選項時，所有掙扎與抵抗將會驚人地快速消失，就像熱鍋裡的奶油一樣，只要堅持下去，反覆試驗，你會發現令人沮喪的育兒時刻——亂丟鞋子、在商店無理取鬧、睡前打架……發生的頻率會比以往來得低很多，而且總有一天會消失殆盡。

最後，我想談談出版本書的用意。

我不希望本書的任何部分讓你對身為父母的工作感到難過，全天下的父母已經承擔了太多的疑慮和不安全感，我不想再火上添油，如果真的發生這種情況，請盡快寫信讓我知道。

我的使命是賦予你作為父母的權力並且提升你的能力，同時提供你一套全新的工具和建議，這些方法漸漸遺失在現今的教養討論之中。當我在十二月那個寒冷的凌晨躺在一片黑暗中，感覺育兒生活陷入低潮的時候，希望有人能給我這一本書。這就是我撰寫本書的初衷。

我的另一個願望是為書中介紹的許多父母發聲，他們為蘿西和我的生活敞開了一道門，這些家庭來的文化背景與我不同，也可能與你們不同，其實有很多方式可以解決這些差異；在美國境內，我們經常關注這些文化的抗爭和問題，當文化背景與我們相異的父母沒有遵守我們的文化原則時，我們甚至會責罵他們；有些時候，我們的思想過於偏激或極端，過度理想化了某些文化，認為他們崇尚一些「古老的魔法」或者生活在「失樂園」之中，這兩種思維都犯了刻板印象的錯誤。

不可否認，在這些文化的生活可能很艱難，每種文化都可能會面臨到，社群和家庭苦於悲劇、疾病和困苦的大環境（有時是受到西方文化的掌控）；就像你我一樣，這些父母辛勤工作，還經常兼許多差，他們與孩子一樣會犯錯，也會後悔自己的決定，跟你我沒什麼兩樣。他們並不完美。

這些文化都不是被時間凍結的古老遺跡，這種既定印象大錯特錯，本書中的家庭和你我一樣都是「現代人」（我找不到更好的用詞），他們擁有智慧型手機，（經常）瀏覽臉書，收看美國犯罪現場調查影集，喜歡電影《冰雪奇緣》（*Frozen*）和《可可夜總會》（*Coco*），孩子的早餐吃家樂氏穀片，晚餐後看電影，大人們早上會匆匆忙忙讓孩子們為上學做好準備，也會在慵懶的星期六晚上與朋友共飲啤酒。

但是，這些文化確實蘊含一些西方文化目前所缺少的東西：根深蒂固的育兒傳統以及流傳下來的豐富知識；毫無疑問地，本書中的父母特別擅長與孩子溝通、激勵和合作，只要與這些家庭相處一、兩個小時，一切就不證自明。

因此，在本書中，我的明確目標是關注這些父母的卓越能力，在這幾趟旅程中，我想結識其他人，盡可能真誠地與他們建立關係，並且從他們豐富的經驗中學習，然後將這些知識帶給讀者。當我分享這些故事時，我想盡自己所能地尊重本書所提到的人們和社群，並且回饋給他們，因此，本書預付金額的百分之三十五將會捐獻給你即將認識的家庭和社群。為了在本書中公平看待每個人的意見，我將這些名字改為化名。

好的，在我們坐上飛機，深入世界上最神聖的三種文化之前，有一件事情需要優先處理，我們必須檢視一下自己，了解我們為什麼用目前的方式養育孩子；我們應該感到很訝異，許多自己認為理所當然且引以為傲的技巧和工具，背後的由來竟是脆弱到令人驚訝。

注釋

1 全國公共廣播電台（National Public Radio，縮寫為NPR）是一家在美國獨立運作的非商業性媒體，營運資金主要由民眾贊助，部分由政府資助。

2 Nejire kumi tsugi是日語ねじれ組み接ぎ的英文拼音，指日本木工接合技術中的燕尾榫技法，別名鳩尾榫、

魚尾榫、三角榫，由於榫成楔形，可承受其中一方向的拉力，結構牢固穩定，通常運用在板材直角相接的地方，例如抽屜、家具等。

3 《虎媽的戰歌》（*Battle Hymn of the Tiger Mother*）是耶魯大學法學教授蔡美兒（Amy Chua）的暢銷著作之一，作者以自己教養兩個女兒為例，講述中國父母的做法就是讓孩子們為未來做好準備，讓他們清楚知道自己能做什麼，使他們具備優秀的技能及良好的習慣。

4 直升機父母（Helicopter parents）一詞的流行，可能是因為一九八一年到二〇〇〇年出生的Y世代開始進入大學，學校察覺越來越多的家長過度干涉兒女生活，甚至會介入孩子的職場工作，這類父母就像直升機一樣盤旋在小孩身邊，故因此得名。

第1部

詭異又瘋狂的西方文化

第1章 世界上最怪異的父母

回想二〇一八年的春天，我坐在墨西哥坎昆（Cancún）的機場裡，身體已經累癱了，兩眼空洞地盯著飛機，腦中思緒快轉到自己剛目睹的一切，心想：這可能是真的嗎？

教育孩子真的有可能這麼容易嗎？

就在幾天前，我去了尤卡坦半島中部的一個馬雅小村莊，打算報導一個關於兒童注意力廣度的廣播內容，這個想法來自於我讀過的一篇研究，該研究顯示，馬雅人的孩子在某些情況下，比美國孩童更能夠集中注意力，所以我想知道原因。

但是在村子裡待了一天後，我很快地在茅草屋頂下發現了一個更不得了、對我影響更為深遠的故事。

我花了幾個小時採訪一群為人母親和祖母的人，了解他們如何撫養小孩，並且觀察她們的實際應對能力，諸如當蹣跚學步的孩子發脾氣，她們會怎麼面對；怎麼鼓勵孩子做功課、讓小孩進來吃飯等，基本上就是家庭中的日常瑣事；我也向她們詢問了照顧孩子最難的部分，例如如何在早上讓孩子準備好去上學，還有晚上怎麼哄小孩上床睡覺。

我所見識的一切令人大吃一驚，她們的教養方式讓我三觀大開，與舊金山超級媽媽奉行的方法不同，與我小時候經歷的也不一樣，甚至和我撫養蘿西的方法完全相反。

我自己的育兒方式就像是在最驚險刺激的急流中，充滿戲劇性、尖叫和淚水（更不用說雙方無止盡的討價還價和爭吵）；另一方面，在馬雅媽媽的身邊，我感覺自己就像徜徉在一條寬闊而寧靜的河流上，順著山谷蜿蜒流過，水流順暢且平穩，溝通的過程溫柔、輕鬆且幾乎沒什麼情緒起伏，我沒有看到大聲尖叫、指手畫腳（無論針對哪一方），也沒有任何抱怨。然而，他們的教養方法是有效的，不，應該說極有成效！孩子們相互尊重、友善且合作，不僅對他們的父母如此，對待兄弟姊妹也一樣，令人嘖嘖稱奇的是，十次裡面有五次，父母甚至不用要求孩子把薯片分給弟弟妹妹吃，小孩就會自願共享。

但真正厲害的是孩子們的樂於助人，無論走到哪裡，我都能看到各個年齡層的孩子熱切地幫助他們的父母，比如有一個九歲女孩跳下自行車後，跑過去幫她媽媽打開澆花的水管，還有一個四歲女孩自願跑到街角的市場買一些番茄（當然事後可以獲得一顆糖果）。

然後，在我訪問的最後一天早上，我親眼見證了最不可思議的助人行為，來自於一個我認為不太可能這麼做的人——正在放春假的青春期少女。

我坐在某一個家庭的廚房裡，和女孩的母親瑪莉亞・洛杉磯・敦布哥斯聊天，當時她用炭火在煮黑豆，瑪莉亞將一頭黑色長髮綁成一束柔順的馬尾，身上穿著一件海軍藍的 A 字裙，上頭繫著腰帶。

「兩個大女兒還在睡覺，」瑪莉亞坐在吊床上說著，前一天晚上，女孩們熬夜看了一部驚悚的鯊魚電影，「半夜的時候，我發現她們都躺在同一個吊床，身體蜷縮在一起，」她溫柔地輕笑出聲且面帶微笑，「所以我讓她們多睡一會兒。」

瑪莉亞做事非常勤奮，她處理所有家務事、打點所有人的三餐，包含每天用石磨研磨玉米來製作新鮮玉米餅，協助家裡的生計。在我們訪談的期間，無論周遭有什麼混亂發生，她總是泰然自若的樣子，即便是警告小女兒亞莉克莎不要碰炭火時，她也用很平靜的聲調說話，臉上始終是放鬆的表情，從來沒有毛毛躁躁或壓力爆棚；相對地，她的孩子們也表現得非常優秀，在大多數情況下，他們尊重她的要求，沒有爭論或頂嘴。

我們又繼續聊了幾分鐘，當我起身準備離開時，瑪莉亞的十二歲女兒安琪拉從她的房間裡出來，身穿黑色緊身褲、紅色 T 恤且戴著金色大圓圈耳環的她，看起來與一個加州的青春期少女沒什麼兩樣，但她做了一些我在加州從未見過的事情，她走過我和她媽媽的身邊，二話不說就拿起一桶肥皂水，開始清洗早餐留下的碗盤。沒人要求她去洗，牆上也沒有掛著家事分工表（事實上，我們之後了解到，家務分工反而可能會抑制這種自動的行為）。安琪拉只是注意到放在水槽裡的髒碗盤，就動手開始做，即使她正在放春假。

「喔，天啊！」我驚呼道，「安琪拉經常自願幫忙嗎？」

我很驚訝，但瑪莉亞似乎習以為常，「她並沒有每天這樣做，但是經常如此，」她說道，「如果她看到有事情需要做，就不會坐視不管。有一次我帶她妹妹去診所，等我回來的時候，安琪拉已經把整個房子都打掃乾淨了。」

我走到安琪拉的面前，直接問她為什麼開始洗碗，她的回答融化了我的心。

「我喜歡幫媽媽的忙。」她輕柔地用西班牙語回應，手中同時刷著一個黃色餐盤。

「當妳沒有在幫媽媽的忙時，喜歡做什麼事呢？」我問道。

「我喜歡去幫我的妹妹。」她驕傲地說道。

我目瞪口呆地站在那裡，心想：怎麼會有十二歲小孩早上起床後，什麼都不做就先開始洗碗，更何況是在春假期間？這是幻覺吧？

因此，幾天後，在繁忙的坎昆機場看著飛機等待時，我不禁想起安琪拉，她真誠地渴望幫忙、為她的家人奉獻溫柔的愛，瑪莉亞和其他馬雅媽媽究竟如何辦到的？她們如何養育出這麼合作且有禮貌的孩子？

這些女性讓養育兒女這件事看起來很輕鬆，我想了解她們的祕密，希望我與蘿西的關係也能如此冷靜且放鬆，我想

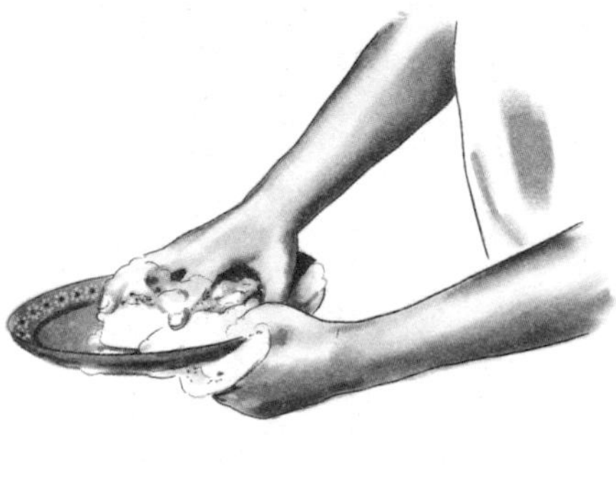

離開刺激驚險的激流，去到寬廣且蜿蜒的河流。

然後，我轉頭挪開原本望著飛機的視線，看著坐在我對面的美國遊客，準備登上回舊金山的飛機，突然一個靈感擊中了我：也許我和蘿西之間的問題，不在於我是一個壞媽媽，會不會是因為沒有人教我如何成為一個好媽媽？我的文化是否忘記了教養孩子的最佳方式？

不同的心理成因，源於不同的文化制約

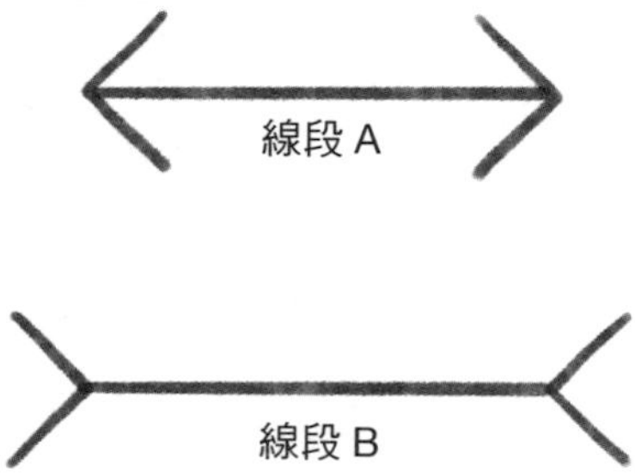

這裡有一個快速的測驗，請看上方的兩條線，你覺得哪一條比較短？是線段 A 還是 B？

答案顯而易見，不是嗎？

如果你給肯亞的牧牛人進行測試呢？或者是菲律賓小道上的狩獵採集者？誰能夠正確回答這個問題？又是誰會被這種錯覺所愚弄？

追溯至一八八〇年代，有一位年輕的德國精神科醫生法蘭茲．卡爾．慕勒—萊爾（Franz Carl Müller-Lyer）想要研究人類大腦如何感知世界，他在僅僅三十出頭的時候，就已經是研究領域的明日之星；當時視錯覺（optical illusion）在心理學界風靡一時，法蘭茲認為自己可以在這個領域有所成就，於是他開始塗鴉，畫出兩條等長的線，一條線有朝外的標準箭頭標示，如圖中的 A，另一條線的箭頭向內，如圖中的 B，法蘭茲很快地意識到，儘管這些線條的長度完全相同，但是看起來卻大不相同，箭頭的形狀欺騙了大腦，使其認為圖 B 比圖 A 長。

運用這張塗鴉，他創造了歷史上最有名的視錯覺。

法蘭茲於一八八九年發表了他研究的錯覺，科學家們馬上開始想弄清楚為什麼我們的眼睛（或大腦）出錯了？為什麼我們看不清這兩條線實質上是等長的？這種錯覺似乎揭露了人類感知的某種普遍性。

後來經過了一個世紀，一個研究團隊徹底顛覆了心理學領域，從此改變了我們看待慕勒—萊爾錯覺（Müller-Lyer illusion）的角度，以及理解人類大腦的方式。

* * *

二〇〇六年，喬・亨里奇（Joe Henrich）剛搬進他在溫哥華英屬哥倫比亞大學（University of British Columbia, Vancouver）的辦公室，就在走廊與另一位心理學家成為了朋友，當時的他根本不曉得這段友誼最後會讓整個心理學領域發生根本上的轉變，或者正如喬本人所說：「一箭貫穿心理學的核心。」

喬是一位偉大的思想家，他專門研究為什麼人類會相互合作，或是反過來，為什麼會互相發動戰爭，以及這些共同合作或對抗的決定如何幫助人類成為地球上最具優勢的物種。

喬同時是一位難能可貴的「跨文化」心理學家，他不只是以美國人或歐洲人作為實驗對象，還會前往遙遠的地方，例如斐濟或亞馬遜熱帶叢林，觀察其他文化中的人們在這些相同的實驗中如何表現。

走廊的對面是另一位跨文化心理學家史蒂夫・海涅（Steve Heine），他研究是什麼賦予人們生活中的意義，以及這種想法在世界各地的差異，史蒂夫跟喬如出一轍，他想釐清全人類的大腦是如何運作的，不僅止於歐洲裔美國的人腦袋。

基於他們都很欣賞異國文化，喬與史蒂夫展開每個月一次的午餐聚會，他們會前往大學的美食廣場，享用中式料理，然後討論他們當前的研究，他們一而再、再而三地注意到一個現象：歐洲人和美國人的行為往往與其他文化不同，「我們在實驗中是異常值。」喬敘述道，「史蒂夫和我都非常震驚，我們開始懷疑：『北美洲人會不會是世界上最奇怪的人？』」

那時候，這個想法只是在午餐時突然冒出的假設，但是喬和史蒂夫非常感興趣，他們決定進行一些測試，於是聯絡了他們的同事阿拉・諾倫札揚（Ara Norenzayan），一位研究宗教如何傳播和促進合作的心理學家，三人一起開始有條不紊地查閱心理學、認知科學、經濟學和社會學方面總共數十項的研究。

這個團隊立即注意到一個嚴重的問題，心理學有很廣泛的偏見，絕大多數的研究（大約百分之九十六）只找了有歐洲背景的人來實驗，然而，擁有歐洲血統的人僅占了全世界人口的百分之十二左右，「簡言之，**整個心理學領域只是在研究人類的一小部分。**」喬陳述道。

如果研究的目標是了解西方人的思維和行為模式，那麼這種西方偏見就不會產生問題，但是，如果目標是想搞懂人類如何思考和做出行為，這些偏見就會成為一個主要的問題，尤其是當你正在研究的一小部分人類非常奇怪的時候——事實證明西方人真的如此；這種情況有點像你走進一家三一冰淇淋（Baskin-Robbins ice cream）店，只吃了粉紅泡泡糖口味，卻完全忽略其他三十種口味，然後發表一篇論文，宣稱所有冰淇淋都有大塊的口香糖。

如果你以其他三十種口味作為樣本，結果又會如何？

為了查清楚這一點，喬、史蒂夫和阿拉分析了在美國以外的人身上進行的少數實驗，然後將數據與在西方人身上進行的實驗進行了比較，結果許多項目都呈現不相符，西方人站在行為光譜的一端，而來自原住民文化的人則傾向於集中在一起，而且大部分落在光譜的中間。

從這些分析得出的結論令人大為吃驚：「對人類特徵進行歸納分析時，來自西方社會的人（包括幼兒），是最沒有代表性的人口。」研究團隊在二〇一〇年寫道。他們甚至想出了一個朗朗上口的首字母縮寫詞來形容這種現象，將我們的文化命名為「怪異（WEIRD）」，代表西方（Western）、受過教育（Educated）、工業化（Industrialized）、富裕（Rich）和民主（Democratic）的社會。

喬與他的同事們發表了一篇共二十三頁的論文，標題為「世界上最怪異的人？」頃刻之間，種族中心主義的心理學觀點被戳破了，這種感覺不太像心理學皇帝沒穿衣服，倒像是穿著西服的皇帝假裝可以代表全人類。

研究總結，「怪異」的人在十幾種地方都很奇特，包括與他人合作、給予懲罰、看待公平、思考自我、價值選擇以及觀察三度空間的方式。

成長的文化和環境足以影響塑造大腦的基本功能

以我們剛才提到的視錯覺為範例。

一九五〇年代和一九六〇年代，科學家們至少在十四種文化中測試了慕勒—萊爾錯覺，包含奈及利亞（Nigeria）的漁民、喀拉哈里沙漠（Kalahari Desert）的覓食者及澳洲偏遠地區的狩獵採集者，他們還測試了歐洲裔南非人和伊利諾州埃文斯頓（Evanston, Illinois）的成人與兒童。

這個實驗很簡單，研究人員向實驗對象展示了這種錯覺，並詢問這兩條線看起來有什麼不同，而最後的實驗結果令人咋舌，以至於一些心理學家覺得難以置信，他們到現在仍然在爭論造成此種結果的根本原因。

美國人很容易受到這種錯覺的影響，平均來說，伊利諾州的自願受試者認為B線較A線長約百分之二十，這個發現與之前的研究並無二致，無法產生新的論點。

但是，當研究人員檢視其他文化測試者的結果時，事情變得更加有趣。在一些原住民文化中，例如南非的狩獵採集者和象牙海岸的農民，人們根本沒有被這種錯覺所欺騙，他們將這兩條線視為長度相等，正如它們被畫出來的那樣；在其他所有文化之中，人們受錯覺影響的程度介於兩個極端之間——容易受騙的美國人和不會上當的非洲人之間，來自其他十四種文化的人認為這兩條線的長度不同，但是沒有美國人認為的差距那麼多。

研究人員假設，這種錯覺能夠完全有效地欺騙美國人，是因為我們的生活環境充斥著「木工」或直角，也就是說，我們身邊圍繞著許多方形物體，例子比比皆是，我們生活在盒子（又稱為房子）裡、睡在盒子（又稱為床）上、用盒子（又稱為爐灶）煮飯、搭乘盒子（又稱為火車）通勤，並且用盒子（也就是抽屜、桌子、沙發、衣櫥等等）填滿我們的家。

科學家假設，置身於各種方形物的環境會訓練我們的大腦用特定的方式看待慕勒—萊爾錯覺，當我們看到兩個箭頭，大腦會投機取巧，下意識地將頁面上的平面線條轉換為立體盒子的邊緣（或者更具體地說，盒子邊線的圖畫）；而這種潛意識的轉換為什麼讓我們相信上方的線比下方的線還短？想像這兩條線是建築物的邊緣，下方這條線的箭頭翻轉朝外，類似於從我們的視角後退或者遠離我們的邊緣，而上方這條線帶有標準的箭頭，類似於指向我們或靠近我們的邊緣，因此，大腦自動將下方的線拉長，因為它被認為與上方的線相較之下離我們更遠，而上方的線看起來離我們更近。

但是在世界各地的許多文化中，人們並沒有被盒子和直角所包圍，相反地，他們的身邊環繞著有曲線、平滑的形狀，房屋和建築物通常採用圓頂狀設計，或者用更柔韌的材料所製成，如蘆葦或黏土；當人們走出家門，他們不會沿著有路燈（形成直角）的人行道漫步，而是沿著大自然景觀移動，許許多多的大自然特徵，例如樹木、植物、動物和地形，大自然中並沒有很多直角，因為大自然喜愛曲線。

因此，當生活於喀拉哈里沙漠的一位閃族（San people）婦女，看著紙上會引發慕勒－萊爾錯覺的兩條線時，她並沒有被箭頭捉弄，她的大腦不會自動妄下斷論，認為這些線代表盒子的 3D 邊緣，相反地，她純粹看到實際繪製在紙張上的內容——兩條等長的線。

透過對不同的文化進行慕勒－萊爾錯覺測試，研究人員揭穿了心理學基礎的巨大裂縫，他們的研究結果顯示，**你成長的文化和環境足以影響塑造大腦的基本功能，比如視知覺。**

如果這是真的，那麼文化還會改變我們大腦的那些地方？心理學範疇中還有哪些

「人類普遍性」或「共通原則」實際上根本不普遍，而是在一個特別奇怪的環境中生活和長大所產生的西方文化所獨有的呢？

若把這個想法延伸出去：如果作為這個文化的一員便扭曲了我們對簡單事物的看法，如同頁面上的那兩條黑線，我們的文化又將如何影響更複雜的心理過程？它會對我們的育兒哲學或看待兒童行為的方式產生什麼影響呢？如果在撫養孩子方面，我們認為的普遍想法實際上是文化造成的視錯覺該怎麼辦？

從尤卡坦半島的馬雅村莊回到家後，我對教育孩子感到很有動力和活力，多年以來，我第一次覺得充滿希望，心想：也許，我終於有機會弄清楚育兒這件事，不僅可以馴服我們家的那個野丫頭，還可以教導她樂於助人和尊重他人，這樣的美好前景讓我目眩神迷。

所以我開始做自己最擅長的事情：研究，我想盡可能地了解更多馬雅父母養育小孩的方法，我深入探討科學文獻，與科學家討論，並閱讀學術出版物，還仔細地查閱當代育兒書籍。

我很快就遇到挫折，在熱門的育兒書籍中幾乎找不到任何關於馬雅養育子女的內容，事實上，我很難找到有關非西方文化中養育方式的任何資料，在極少見的情況下，當育兒書籍確實提到來自其他文化的做法時，作者通常將這些知識當作一種求知慾，而不會視為可以真正幫助到無助父母的寶貴資訊。

那時我才意識到，現今教養建議的龐大差距，我們幾乎完全從西方的角度聽取指導，很多聲音和觀點都被忽視了，然而，當我們談到搞懂嬰兒需要什麼才會睡覺、幼兒會如何行動以及當學步兒童在人行道上五體投地時（每個媽媽都懂）該怎麼辦，西方社會可能不是尋找答案的最佳場所。

首先，西方文化對於養育孩子的經歷相對較年輕，在教養孩子的世界舞臺上，我們還是過於天真，很多流傳下來的方法也不過一百年左右，在某些情況下，甚至只有幾十年，這些做法絕對都沒有「經過歲月的淬煉」，況且很多時候，我們的育兒方法瞬息萬變，令人眼花撩亂；以嬰兒的推薦睡姿為例，當我媽媽分娩時，醫生告訴她將剛出生的麥克蓮放在自己的肚子上睡覺，反觀現在，這個建議被認為非常危險，甚至是疏忽大意，因為最終證明讓新生兒趴著睡覺會增加嬰兒猝死症（Sudden infant death syndrome，縮寫ＳＩＤＳ）的風險。

顛覆以往的教育模式

最重要的是，當你將西方的育兒策略與全世界（跨越人類歷史）的那些方法進行比較時，我們大多數的所做所為都非常奇怪。

早在喬、史蒂夫和阿拉共同發表具有里程碑意義的研究，將西方加冕為世界上最奇特的文化之前，人類學家大衛．蘭西（David Lancy）就想知道我們的養育方式是否有同樣的情況，我們的做法是例外嗎？我們是異類嗎？

大衛研究了幾十年，分析人類學數據、人種學描述和歷史記載，得出的結論是肯定的！許多我們認為對養育孩子至關重要的常見做法，在世界上的任何其他文化中都不存在，或者只是最近才開始出現。「象徵著西方和其他文化差異的清單真的非常、非常地冗長。」大衛告訴我，在他的經典著作《童年人類學》（*The Anthropology of Childhood: Cherubs, Chattel, Changelings*）中總結了這些對比，「我們做的事情可能有四十到五十件不會出現在其他文化中。」

舉例來說，讚揚是激勵孩子的最佳策略嗎？父母的職責是不斷地鼓勵和逗樂小孩子嗎？文字是與幼兒溝通的理想方式嗎？口頭指導真的是教育孩子的最佳方法嗎？大衛表示，西方人的許多見解實際上讓教育子女變得更加困難，而且經常違背兒童的自然本能。

以核心家庭為例，在西方文化中，人們普遍認為理想的家庭結構是由一個媽媽、一個爸爸和他們年幼的孩子所組成，並且生活在同一座屋簷下，為了使這種家庭結構更加理想，有些人可能會說，媽媽要待在家裡，全心全意地照顧孩子，這是最「傳統」的想法，對吧？[1]

根本不是那麼回事，如果你好好觀察世界各地，並且調查人類的歷史，你會發現核心家庭（和一個全職照顧孩子的媽媽）可以算是最不傳統的結構之一，人類出現在地球上百分之九十九．九的時間裡，核心家庭根本不存在。羅格斯大學（Rutgers University）的歷史學家約翰．吉利斯（John Gillis）研究西方家庭的演變已經超過三十多年，他解釋道：「這一種家庭結構存在於人類歷史上的時間微不足道，它不是舊有的，也不是傳統的，在過去也找不到任何根源。」

這絕對不是人類孩子在演化過程的成長方式，核心家庭使得孩子生活中缺少了重要的導師，數十萬年以來，養育子女是一件由多個世代的人共同參與的事情，孩子在成長過程中會向一群不同年齡層的人學習，包含曾祖父母、祖父母、叔叔、伯伯、姑姑、阿姨、世交、鄰居、表兄弟以及所有和他們互動的孩子。

在過去幾千年左右的時間，西方家庭已經從多世代的自助餐慢慢縮小成一個精緻的開胃菜，只有媽媽、爸爸和兩個孩子，也許加上一隻狗或貓，我們不僅失去了家裡的奶奶、爺爺、菲姨和比爾叔叔，還失去了保母莉娜、廚師阿丹以及一大群只是在前廊閒逛或在沙發睡覺的鄰居和訪客，一旦這些人從家裡消失，大部分的教養重擔就落在爸爸媽媽的身上。

結果，人類歷史上頭一遭，媽媽和爸爸突然要做這種瘋狂且艱難的事情——育兒，全部得靠他們自己（甚至是靠自己一個人），兩個人負責照顧小孩的想法太荒謬了，完全匪夷所思，」約翰補充道，「這兩個人必須一肩扛起以前由很多人分擔的所有工作。」

大衛．蘭西將這種育兒方式比喻成暴風雪將媽媽和孩子單獨困在房子裡時會發生的事情，孤立的處境迫使母親成為孩子唯一的玩伴，成為愛、社交、娛樂和刺激的唯一來源，這些情況會導致緊張和疲憊，大衛在書中寫道：「我們完全有理由相信，在現代的生活情況下，嬰兒和幼兒在單親或核心家庭中與其他同年齡層的孩子隔絕，也產生了類似的影響。」

這些隔絕讓我們的家人陷入虛擬的暴風雪，可能不利於父母和孩子的心理健康，我請教過的許多心理學家認為，大家庭的崩解是美國產後憂鬱症比例提高以及兒童和青少年焦慮和憂鬱症逐漸盛行的根本原因，媽媽、爸爸及孩子們都感到很孤獨。

這種孤立也導致另一個有害的影響：父母甚至失去了他們的指導者，我們可能已經遺忘了這些指導者的重要性。

在西方文化中，我們傾向於將母性視為「女人的一種本能，就像性慾對於男人而言一樣」，約翰・吉利斯在他的書《自我創造的世界》（*A World of Their Own Making*）[2]中寫道。但是在現實中，育兒是一種需要經過學習的技能，傳統的知識來源是來自於那些已經養大了好幾個妄自尊大者的男性與女性，也就是祖父母、姑姑、伯伯和吵鬧但樂於幫助的鄰居們，老一輩的人一旦從家裡消失，他們的教養知識也不復存在，新手爸媽現在需要靠自己了解育兒的基本知識，例如怎麼樣幫助嬰兒整晚安睡，安撫幼童的脾氣，以及教育大姊姊愛她的弟弟，而不是打他。

演變到現在的結果是一位被困在岩石和嬰兒車之間的媽媽，她現在承擔的教養責任比歷史上任何時期都還要多，但是她對這份工作的準備卻少得可憐。

約翰總結道：「從來沒有一位母親承擔過如此沉重的母性包袱。」

難怪和蘿西度過週末以後，我在星期日下午會感到筋疲力盡，原來連續兩天我一直在做大約三到四個人的工作，我不僅是她的媽媽，還是她的祖母、表妹和姊姊，最可怕的是，我幾乎在即興發揮。

換句話說，核心家庭的創建不僅改變了我們撫養子女的方式，也改變了我們如何學習教育子女。再見，奶奶；再見，卡蘿阿姨；永別了，育兒知識和技能，還有分擔照顧、料理與哄睡工作的另一隻手臂。然後，讓我們迎接孤獨、疲勞和壓力。

為什麼我是如此怪異的父母？

了解到我的育兒方式有多麼奇怪後，我一直懷疑其中一定有潛在原因，當然，像養育子女這麼複雜的事情，肯定存在著許多原因，但是我還是想知道是否有某個重要事件引發了西方文化的雪崩式改變，經過數百年，最終導致為人父母的我們如今進入了筋疲力竭的高壓狀態。

所以過去幾個月以來，我打電話給無數的歷史學家和心理學家，詢問他們同樣的問題：為什麼我們的養育方式如此奇怪？

每個人都提供了不同的答案：啟蒙運動、資本主義、工業革命、低兒童死亡率、每戶孩子個數變少、我們對隱私權的執著。

很顯然地，答案來自眾多層面。

然而，後來我聯絡上喬・亨里奇，他是創造怪異（WEIRD）一詞的三位心理學家之一，他的回覆確實讓我感到驚訝，「嗯，其實我正在寫一本書，叫做《怪異》（*Weird*），試圖解釋西方人為何在心理上變得如此奇特，」他表示，「關鍵原因實際上與天主教會有關。」

「怎麼說？」

於是在接下來的二十分鐘，喬娓娓道來他從最新研究中所得到的有趣發現。

幾千年以前，歐洲的家庭看起來很像現在許多其他文化中的家庭：龐大、多世代且關係緊密，房屋結構有多個出入口，親戚、僕人、工人、尋常老鄰居和朋友都能隨意進進出出，不需要大驚小怪。

同時，孩子們享有大量的自主權，龐大的家庭結構在幼兒和兒童周圍形成一個保護圈，父母不需要在小孩的周遭徘徊，因為其他成年人（或者一個有能力且有愛心的大孩子）總是在附近提供幫助；因此，中世紀（以及在大多數的西方歷史期間）的兒童從大約六歲起，基本上就過著沒有大人指示的生活，他們可能在家裡承擔部分義務和責任，但是大致上來說，他們可以制定自己的原則，並且決定自己每天要做什麼。

然而，父母仍然掌握著兒女生命中一件重大的決定：婚姻，雖然這個想法可能會讓你有點膽怯，請容忍我用一點時間說明，因為父母有一個頗具說服力的理由來介入其中。

在許多情況下，父母強烈鼓勵（或哄騙）他們的孩子與家庭親近的人結婚，例如遠房表親、姻親的親戚或教父教母的親戚，喬如此解釋道，人們認為這些婚姻可以維持在家族之內，但是在大多數的案例下，並沒有「生物學」理由足以禁止這些婚姻，新娘和新郎沒有血緣關係，或者血緣關係沒有相近到足以導致近親繁衍的健康問題。

這些婚姻發揮了非常重要的作用，它們形成一種將大家庭維繫在一起的線，有了這些紗線，家庭可以編織出多彩且堅韌的掛毯，保留住宗族的土地和財產，經過長時間的累積，宗族便獲得了金錢、聲望和權力；而且，或許對我們來說，更重要的目的是，宗族為父母提供了大量的幫助，家庭成員保持眾多，孩子們可以在相對安全的情況下獨立自主。

然後，大約在西元六〇〇年左右，天主教會開始拉扯這幅大家庭掛毯，於是掛毯逐漸出現磨損。

「天主教會開始為近親通婚所困擾。」喬敘述道，或在當時被稱為「亂倫」。

教會開始規定誰可以和誰結婚，首先，他們禁止堂／表兄弟姊妹互相通婚，這是一個合理的限制，因為堂／表親擁有大約百分之十二的相同基因，近親繁衍會導致健康問題。

但是到了七世紀，教會將婚姻禁令擴大到所有的「親屬」，無論血緣關係有多麼遙遠；五十年後，他們將教父母的親戚和姻親都納入禁令，因此，打個比方，如果妳的丈夫死去，妳就不能再嫁給他的兄弟（對於寡婦來說，實際上這是一個很常見且在生物學上是安全的選擇）；違反這些法律的懲罰非常嚴厲：你必須把財產交給教會。到了十一世紀，歐洲各地的主教和國王已經實施了很多婚姻限制，甚至於第六代堂／表親都不能結婚，請記住，第六代堂／表親的血緣關係要追溯一百二十八位曾曾曾曾祖父母，他們擁有人約百分之〇．〇一的共同基因，在生物學上，絕對不是具有血緣關係的親戚。

喬和他的同事們在二〇一九年的研究報告指出，這些法律產生了無數的餘波盪漾，婚姻法將大家庭粉碎殆盡。到了公元一五〇〇年，西方家庭開始發展成有點類似現在的模樣，「至少在英國，或許涵蓋德國，主要的家庭型態可能是核心家庭。」喬說道。

在這個時候，仍然有些人可以協助父母照顧孩子，富裕的家庭和中產階級家庭會僱用住家保母、廚師和清潔工；幾個世紀以來，貧窮家庭繼續生活在大型家族中；但是藉由分裂強大的家族和宗族，教會可能引發連鎖反應，改變人們的思維模式和價值觀。在這項研究中，喬和同事們發現，一個社群受到天主教會婚姻限制的影響時間越長，這個社群的人越有可能像西方人那樣思考，也就是說，他們會重視個人主義、不墨守成規以及其他西方獨有的心理特徵。

我們不確定天主教會是不是西方父母如此怪異的一個關鍵因素，就只因為兩個變數在時間和空間上有相關，並不代表一個變數會導致另一個變數，況且我們有些奇怪的育兒做法，實際上是最近才出現的。但是，如果你仔細想一想，肯定能察覺一件事，**縮小家庭規模明顯影響了我們在西方社會中看到的強烈個人主義，並且徹底改變我們對待孩子的方式。**

當你在一個數代同堂的大家庭長大時，你對他人有很多義務和責任，你必須照顧弟弟妹妹，幫助生病的奶奶，或者為你的堂／表親準備食物，你必須滿足其他人的需求，並且隨波逐流，你的個人需求在社交和合作方面居於次要地位，你是生活在擁擠且緊密的池塘裡的一條小魚，當全家人坐下來吃飯時，每個人會共享用同一個鍋子煮出來的相同食物，沒有任何區別。

如今，當我們將家庭縮減為兩個已婚成年人和兩個小孩時，許多義務都煙消雲散，相互合作不再必要，人人只會強調隱私權，我們失去了與他人相處和包容他人所需的技能，我們的時間和空間是為了滿足個人的需求和喜好。歷經了數百年以後，終究演變成一種窘境，就像某些晚上我們在家裡的情形：在餐桌上，每個人都吃著不同的菜色，搭配不同的醬汁，而每個人對於這道菜應該如何料理和品嚐都有各自獨特的意見，個人主義變得至高無上，孩子們也變得非常霸道，我的天啊！

注釋

1 當你讀到這裡，根據自己的背景，你可能會認為媽媽待在家的想法已經過時了，但是即使是十四年前，皮尤研究中心在二〇〇七年的報告中指出，仍有百分之四十一的人覺得外出工作的媽媽對社會有害。

2 *A World of Their Own Making* 無中文版本，暫譯為《自我創造的世界》，作者約翰．吉利斯以有趣的方式揭露目前普遍認為的理想家庭結構和價值觀，其實充斥著迷思和象徵性意義，而且為了滿足人類的需求會持續不斷地轉變。

第2章 為什麼我們採取這些手段來養育子女？

當蘿西大約六個月大時，我和丈夫麥特帶她去看小兒科醫生，給她做檢查和接種疫苗，診療結束時，醫生給了我們一張手掌大小的表格，上面羅列了幫助小嬰兒發育和成長的「行動項目」，這份表格的資訊包含睡眠訓練、餵養時間表以及與嬰兒說話的重要性，「描述你所做的一切，」醫生進一步告訴我們，「例如，當我洗手時，我會告訴蘿西『我正在用肥皂和水洗手』。」

「這方面正好是妳的強項，」麥特看著我說，「妳可是個專業的聊天者啊。」這是真的，身為一名電臺記者，我的確很擅長進行良好的談話。

當我們回到家時，我把小表格貼在冰箱上，然後，像美國數以百萬計的父母一樣，我開始運用紀律、慣例和碎碎念來教育孩子。（蘿西，我現在要打開冰箱門，拿出一瓶紅酒，然後倒在玻璃杯裡，現在我要喝酒了。）

我心想：這個我懂。接著從冰箱往後退一步，盯著那張表看，它用黑白墨水列印在紙上，讓我想起了在必修「培訓課程」結束時，人力資源專員可能會交給我的東西，我心中萌生出一顆懷疑的種子，開始好奇：這張建議是從哪裡來的？這是最好的建議嗎？

剛開始當媽媽時，我直覺地認為現今養育孩子的方式就是我們長久以來遵循的教養方式，爸爸媽媽總是像我們一樣與嬰幼兒說話，用同樣的方法激勵和指導孩子，總是給小孩一大堆玩具、小玩意兒和讚美，當一個三歲的小孩吃完晚餐把盤子拿到廚房的水槽裡，父母總是用高昂的聲調說：「哦，好棒喔！你真是個好幫手！」

換句話說，我假定小兒科醫生圖表上的建議是經過多重驗證和代代相傳的。幾百年前在馬其頓的一個村落裡，曾曾曾……曾祖母杜克萊夫抱著她的孩子，也遵照醫生圖表上的相同建議。

當然，多年來，身為父母的我們也從科學和醫學中學到了一些新技巧和工具，使我們的生活更輕鬆、孩子更健康，這些創新方法雖然沒有歷史慣例，但是取得了完善科學數據的支持。

所以我相信今日來自醫生和專家的建議是父母所能得到的最佳指導，現代的父母都有志一同地依循教養兒女的最佳制度。有一天晚上，其中一個朋

友甚至直率地對我說：「麥克蓮，我們絕對可以做得更好。」

將醫生的圖表貼在冰箱上大約一年以後，我偶然發現了以前讀過最印象深刻的書籍之一，不記得在哪裡找到的，它不是暢銷書，我記得在亞馬遜書店的嬰幼兒教養書籍排行榜中大約是第四千位，它的內容很扎實，我花了幾個月的時間才看完整本書，但是閱讀過程中的每一分鐘都很值得，這本書改變了我如何看待「育兒建議」以及我們的文化對待孩子的方法。

荒腔走板的育兒知識

一九八〇年代初期，英國作家克莉絲汀娜・哈德門（Christina Hardyment）發現自己陷入困境：她有四個六歲以下的孩子（四個六歲以下？這在生物學上可能嗎？我不敢想像。）她從醫生、記者和作家那裡聽到的所有建議都讓她不知所措，最後她對這些建議產生了質疑，就像我一樣，她想知道這些知識究竟從何處得來？

所以克莉絲汀娜展開一個大規模的專案計畫，她閱讀且審閱了六百五十多本育兒書籍和手冊，出現相關知識的最早時間可以追溯至一七〇〇年代中期，大約從這個時期，「專家」開始為「聰明的父母」撰寫手冊，小兒科領域也開始成為一門單獨的學科；這個行動後來誕生了一本書，名為《理想寶寶》（*Dream Babies*）[1]，回溯歷史從一六〇〇年代約翰・洛克（John Locke）[2]提出的育兒建議，到一九九〇年代比爾（Bill）和瑪莎．西爾斯（Martha Sears）[3] 的崛起。

這本書的結論揭露了一個彌天大謊：現代提倡的許多育兒建議都不是基於「科學或醫學研究」，甚至不是幾個世紀以來從祖母傳給母親的傳統知識，反而有絕大部分來自數百年歷史的小冊子，通常由男醫生撰寫，提供給棄嬰醫院使用，那裡的護士必須同時照顧數十個、甚至數百個棄嬰，藉由這些小冊子，醫生們最初只是嘗試將嬰兒照顧標準化，但是他們的出版物找到了另一群渴求的讀者：筋疲力竭的爸媽，在日積月累下，醫生小冊子的體積和內容不斷擴增，最終，它們變成了我們現在拿到的育兒建議，這些書是「十八世紀醫生為棄嬰醫院護士編寫簡易手冊的浮誇版本。」克莉絲汀娜在著作中寫道，「不同於一些童年歷史學家的斷言，教育兒童的技巧並沒有穩定地改進，」相反地，「這些技巧總是為了適應不同的時代而量身訂做，有時具有吸引力，有時造成不愉快。」

例如，小兒科醫生告訴我，嬰兒需要按照特定的時間表（每兩個小時一次）進食，這個建議最早可以追溯到一七四八年，當時威廉．卡多根（William Cadogan）博士為倫敦科拉姆棄嬰醫院（Coram's Foundling Hospital in London）的護士寫了一篇文章，這家醫院每天收容將近一百名嬰兒，很顯然地，科拉姆的工作人員無法在嬰兒哭泣時（或者如我們所說的按照時間表），餵養（或者甚至抱著）這麼多嬰兒，所以醫生建議剛開始每天餵食四次，三個月後減少為兩次或三次。

威廉最初是一名戰地醫生，一七四六年女兒出生後才轉去小兒科，他秉持著厭惡女人的育兒觀點來到小兒科領域：「我非常高興地見到，兒童照護終於由理智的男人來看管，在我看來，這項事務已經有很長一段時間丟給女性胡亂地管理，她們無法擁有適當的知識來適應這個任務。」（完全忽視在歐洲千年來以及在其他地方二十萬年來，女性一直都適合這項任務的事實。）

自從威廉發表關於餵養時間表的建議，經過了幾十年以後，醫生們開始針對嬰兒的睡眠以及形成壞習慣的傾向提出意見。一八四八年，約翰．提克．康奎斯特（John Ticker Conquest）博士完全無視數萬年的歷史，警告母親們不能搖著嬰兒入睡，以免他們養成習慣，他寫道，搖籃是一種「人為設計的裝置，曾經一度用來制服憤怒的精神病患。」專家還開始建議嬰兒晚上跟媽媽分開睡，甚至要停止哺乳，克莉絲汀娜寫道：「雖然嬰兒本能地渴望母親的存在，但更重要的是培養他們獨自睡在嬰兒床的簡便習慣。」

那睡眠訓練呢？猜猜看是誰提出了這種獨特的方法？居然是一位從外科醫生轉職的運動作家，當然，他是用筆名發表的。如果讓嬰兒「在嬰兒床上睡覺，並且使他們發現哭鬧無法達成目的，他們很快就能變得順從，而且短時間內更容易在小床上睡著，而不是大腿上。」約翰．亨利．沃爾什（John Henry Walsh）博士於一八五七年在《家庭經濟手冊》（*A Manual of Domestic Economy*）[4]中寫道：除了提供有關嬰兒睡眠的建議外，約翰．亨利還寫了幾本關於槍枝的書，包括《散彈槍和運動步槍》（*The Shot-Gun and Sporting Rifle*）和《現代運動員的手槍和步槍》（*The Modern Sportsman's Gun and*

Rifle）。（有一天，當一支手槍在他手中爆炸時，他的左手失去了一大塊肉。）

最終，這些醫生的書籍改變了父母對孩子睡眠的看法。有史以來，嬰兒和幼童再也不是等到累了才睡、休息足夠就醒來，相反地，父母現在需要控制、規範和安排孩子的睡眠時間，就像他們用烤箱烤火雞一樣，突然之間，以前從未存在過的睡覺規則和要求全部如雨後春筍般冒出來，父母變成了睡眠糾察隊，「就寢時間現在成為一個展現誰是老大的機會。」克莉絲汀娜寫道。到頭來，睡眠規則轉變成一個道德問題：如果你的孩子沒有在最佳時機睡覺，並且每天睡滿充足的時間，那麼你不僅是一個糟糕的父母，而且請注意！你的孩子以後在生活中會遇到各種問題，有學校問題、求職問題……總之，層出不窮的問題。

我讀完克莉絲汀娜的著作後，對冰箱上的圖表有了全新的觀點，我不再相信如今的西方父母有最好的建議，能夠經過幾個世紀的經驗磨練，並經由科學獲得進一步的改善，我們沒有採取最佳的教養方法，事實相去甚遠。

然而，在大多數的情況下，我們開始將第一個建議列印出來，無論它到底有沒有效，「就寢時間、就寢時間、就寢時間！」聲音來自四面八方，從我的女性朋友到小兒科醫生，但是，如果就寢時間非常有效，為什麼我們家在晚上八點聽起來像一個戰區呢？為什麼一本名為《媽的，快去睡覺》（*Go the F**k to Sleep*）在過去十年左右賣出了數百萬本？

事實上，如果仔細觀察現代西方人育兒的許多核心觀念，你會驚訝地發現它們的起源非常薄弱，這些慣例的盛行並沒有經過證實對兒童有效或有幫助，反而是因為某種時機和置入性行銷。

過去一百五十年以來，西方父母會採用三大做法，奠定現在我們與孩子的關係，這些事情是我們認為必須且會不假思索地去做，當你了解這些做法最初如何誕生時，就會發現這些模式反覆地出現。

第一種：有些事物過量增長

舉個例子，我們的客廳角落堆滿了大量粉紅色、黃色和粉藍色的東西，我每天晚上都要整理這一百個左右的塑膠物品，沒錯，我指的是玩具（特別是樂高積木和透光彩色磁力片）。我給蘿西玩樂高，一個原因是我認為樂高有助於她的認知成長和發展，另一個原因是我想讓她忙一點，但沒有科學證據證明小孩子需要這些玩意兒；事實上，沒有源源不絕的新玩具把我們的家弄得亂七八糟，蘿西在大學裡和未來工作中很有可能會表現得更好，哎呀，即使在日常生活中也一樣。

那麼為什麼我覺得有必要為蘿西提供英文字母火車拼圖、扮家家酒茶具組以及她可以用假木刀切開的木製水果？為什麼這些物品會占用到我們狹小舊金山公寓的寶貴空間？

答案與工業革命和新興消費主義有不可切割的關聯，而不是與認知科學或兒童發展有關。

在一八〇〇年代初期，所有美國兒童幾乎都以相同的方式玩耍，無論是有錢人、窮人還是介於兩者之間，他們的家裡都沒有玩具，相反地，他們依循著二十萬年以來孩子一直在做的事情：他們用住家周遭或外面找到的物品製作自己的玩具。歷史學家霍華德．查達柯夫（Howard Chudacoff）在他富有啟發性的著作《遊戲中的孩子：一段美國歷史》（*Children at Play: An American History*）中解釋道：「缺少商店購買的玩具並不是劣勢，即使在富裕的家庭中，有創意的玩具看起來也比罐頭玩具更重要。康乃狄克州（Connecticut）出生的卡洛琳．斯蒂克尼是一家造紙廠老闆的女兒，她會把不要的床單剪成洋娃娃的衣服；許多男孩會用樹枝和廢棄的木塊削出玩具船和武器，並且把收集到的紙張、碎布和繩子製作成風箏。」

到了一八〇〇年代中期，心理學界出現一種與工業革命結合的新思維，從此改變西方兒童的玩樂方式，育兒專家開始提倡「在學校和家裡使用積木來教導價值觀和建構技能」，並且宣揚使用「棋盤遊戲來增強計畫和秩序的力量」，霍華德寫道。

幾十年以後，工業革命開創了數不盡的新技術來大批量生產玩具、洋娃娃、拼圖和書籍，兒童玩具的生產成本變得非常低廉，同時更加具有吸引力；玩具的色彩更加豐富，娃娃變得栩栩如生，這兩者都不停對口袋裡有更多可支配收入的熱切父母廣泛地宣傳；

與此同時，心理學家開始認為遊戲對兒童的發展很重要，他們建議父母去鼓勵孩子玩耍，而不是幫忙做家務事或家族生意。

最後導致中產階級家庭的玩具呈現爆炸性的增長，「好父母」不再讓孩子們用床單和木頭打造自己的玩具，而是努力提供最新上市的風箏、武器、玩偶和仿真食物，曾經被認為完全沒有必要的玩具，現在變成不可或缺，曾經被認為是「萬惡之源」的遊戲，現在變成有益健康且令人嚮往。

值得注意的是，你會看到同樣的模式在西方育兒的重要層面一次又一次地重複出現，只要歷史上剛好出現什麼做法，就會被媒體、心理學家、小兒科醫生、公共衛生專家或者所有專家誇大吹捧，然後透過你購買的產品或閱讀恐怖的自救書籍來放大它的重要性，這種做法滲透到我們的家庭、學校、教會和醫療機構，最終融入幼兒教養的核心，而我們甚至沒有意識到這種模式的存在。

第二種：盛大的學習聚會

沒有任何事情比育兒的第二基礎更加真實，我將它稱為「學習的盛大聚會」。這種想法在西方文化中醞釀了大約一個世紀，直到一九五〇年代，它才像火箭一樣迅速攀升。

一九五七年十月四日，蘇聯成功將第一顆人造衛星史普尼克一號（Sputnik 1）發射到地球軌道，震驚了全世界，記者芭芭拉．艾倫瑞克（Barbara Ehrenreich）和迪爾德麗．

英格麗絲（Deirdre English）在她們的著作《為了她好：兩個世紀以來專家對女性的建議》（*For Her Own Good: Two Centuries of the Experts' Advice to Women*）[5]中寫道，這項成就「在美國育兒專家、教育家和冷戰宣傳者的眼中，就像一口痰卡在喉嚨裡」，一群權威人士指責美國父母缺乏蘇聯父母的智慧，後者教養的孩子顯然在創新和學術上超越了美國孩子，或者說「至少一部分的俄羅斯孩子比美國孩子更有創造力和想像力。」

史普尼克一號幾乎瞬間激起了全國恐慌不安的情緒，基於美國小孩落後於俄羅斯兒童，如果民主和自由意志要生存下去，天啊，該死的，美國的年輕世代（從嬰兒到青少年）必須學得更快、更多且更早啟蒙，「強尼最好學會閱讀……，否則我們可能會進入一個再也沒有英語的世界」，衛星發射不久之後，在《新聞周刊》（*Newsweek*）和《讀者文摘》（*Reader's Digest*）的公共服務宣導這樣斷言。

猜猜看是誰突然要承擔起教導三歲強尼的重大責任？當然是媽媽們！芭芭拉和迪爾德麗寫道：「讓小孩子的感官全天候運作是母親的工作，現在她們應該讓環境充滿挑戰、聲音和色彩，製造一些變化。」

身為父母，你不僅要跟四歲的兒子一起做餅乾，還必須為他上一堂關於分數的數學課，每次在樹林中散步都變成一項科學訓練，睡前的每個故事都變成測驗孩子詞彙量的機會，生活中的無時無刻成為爸爸或媽媽激發孩子的時機，而且次數越多越好，如果你不這樣做，不僅共產主義的紅軍會征服全世界，而且小強尼也進不了大學。

在一九六〇年代，育兒專家利用罪惡感、面子和恐懼逼美國父母強加一項新任務：無時無刻都要激發、指導和教育孩子，這種充滿活力和對話的方式就像強力膠一樣緊黏在美國的文化中，我們將這種做法視為理所當然。那個爸爸正在操場上給剛學步的幼童上一堂完整的物理課；理所當然地，我從蘿西兩個月大的時候就開始讀書給她聽，一直讀到現在她已經三歲了；當然，我們家裡有一百四十三本兒童讀物，這樣不僅再正常不過，而且很實用。

這麼做卻也很折磨人，對於媽媽、爸爸和孩子而言都一樣。可是，上述這些還是不夠，因為除了感官刺激和上課教學之外，我們還需要做到另一件事情——不能間斷。

第三種：稱讚、表揚和更多的讚美

進入二十世紀末，社會又賦予過度勞累的父母另一項責任，這真是糟透了。孩子們的周遭漸漸充斥著讚美，以至於你幾乎沒有注意到，但是，如果你仔細觀察（甚至開始計算），你會發現大家對幼童的稱讚多到不計其數。我們去郵局，蘿西會在一封信上貼上郵票，而櫃檯後方的人員會表現得好像她剛剛在中東地區完成和平協議似地，直呼：「真不得了！妳會替信封貼郵票？真是個了不起的小幫手。」

實際上，我也可以不假思索地讚美蘿西，「哇，妳畫了一個字母 R！真漂亮。」「妳把叉子放在桌上啷，真棒！」

「妳自己把鞋子穿好了，來跳舞慶祝一下吧！」

「妳畫出了一顆心！真是個不得了的藝術家呀！」這些話要多少有多少。

為什麼我要這樣做？因為在一九八〇到九〇年代，書本、報章雜誌、心理學家和小兒科醫生開始告訴父母，如果沒有滔滔不絕地讚揚孩子，可怕的事情就會發生——我們會傷害他們剛萌芽的自尊心。

「自尊」該怎麼定義，那是別本書要處理的事，但是我們可以這樣說：自尊是一種文化創造的產物，而不屬於人類的共通性，這個概念於一九六〇年代在美國流行文化中擴散開來，接著在幾十年後以狂熱的報復方式攻佔了我們的思想、學校和家庭，成為價值數十億美元自助產業的基石。

西方文化可能是唯一存在「自尊」概念的地方，而且我們絕對是唯一需要父母為孩子們維護和培養自尊的文化。在美國，父母被迫覺得他們必須培養孩子「健康」的自尊感受，否則他們的孩子可能會遭受各種社會和情緒問題，包含學業失敗、酗酒和吸毒、犯罪、暴力以及未成年懷孕。

但是，當你實際檢視自尊心低下和這些問題之間的關聯性數據時，最終研究結果出乎意料，這其中的因果關係微乎其微，趨近不存在。儘管如此，證據的不足依然無法阻止專家告訴父母如何防止這樣可怕的未來降臨在他們的孩子身上，他們推薦了一個令人傻眼的簡易方法：給予孩子們無限的讚美，並且忽略他們的錯誤，心理學家佩姬．米勒

（Peggy Miller）和格蕾絲．曹（Grace Cho）在她們二〇一七年出版的傑出著作《適當的自尊發展》（*Self-Esteem in Time and Place*）[6]中寫道：「父母被告知要把握每個稱讚孩子的機會，謹慎地批評、小心地處理紀律問題，以免他們的自尊受到一絲一毫的損傷，還要鼓勵孩子們自我表達和嘗試新事物。」

這兩位學者寫道，沒有人知道這些讚美與消除批評對孩子們產生了什麼影響，科學對於這一點眾說紛紜，在某些情況下，表揚可以激勵孩子的學習和行為，但在其他情況下，表揚卻會讓人失去動力，結果取決於一系列情境：你表揚哪一種行為、孩子認為自己是否值得稱讚、你如何表達讚美、孩子的年紀多大和個性如何、你與孩子的關係如何等等。

當讚美遠遠超過批評時，即父母忽視錯誤和缺點的時候，米勒和曹擔心從長遠來看，父母可能會讓自己的生活變得更加艱難，他們可能會誤導孩子以自我為中心，並且與兄弟姊妹競爭，以獲取表揚和關注，隨著孩子長大成人，他們可能會變得更容易憂鬱和焦慮。

參照我的自身經驗，所有的讚美只會讓蘿西變得更煩人、更令人討厭，她會不斷追隨我，尋求回饋和關注；除此之外，不斷提升蘿西的自尊心對我來說簡直疲憊不堪，正如米勒和曹所指出，這種方法需要父母「花費大量的時間和精力來監控孩子的行為」。

綜觀所有的文化和歷史，我們的教養方法是絕無僅有的（大肆表揚、毫不批評且不斷迎合孩子的喜好），有些人可能會爭辯我們不會是唯一採取這種作為的人，可是在許多文化中，父母很少稱讚孩子，甚至完全不會；然而，他們的孩子在成長過程中充分展現了心理健全以及良好的同理心，此外，在本書後面即將登場的文化中，很少受到表揚的孩子，比沉浸於讚美的美國同齡孩子表現出更多的信心和精神力量。

老實說，讀完米勒和曹的書之後，我感到如釋重負，自從蘿西出生以來，第一次覺得我不需要讚揚她的一舉一動，她的自尊不是我隨時可能打破的法貝熱彩蛋（Fabergé egg）[7]，我可以拋開這一切，單純享受與她在一起的時光，在公車上，我可以只是坐在她旁邊，而不用告訴她：「妳做得很棒！」（或者對她講解公車輪子的物理特性），我們在一起的時間更像我小時候和爺爺一起度過的時光：冷靜、祥和、表演壓力更小。

而且還發生了一個有趣的現象，經過不給予任何稱讚的一個星期，我注意到我說的話更有效果，當我給她真實的回饋

時，她好像比較聽得進去，以前源源不斷的讚美和回饋淹沒了對我來說真正重要的東西，現在就算我沒有特別強調，蘿西反倒更容易理解我何時真的需要她傾聽或合作，每晚的刷牙也變得輕而易舉。

尤瓦爾・諾亞・哈拉瑞（Yuval Noah Harari）在他的非小說巨作《人類大歷史》（*Sapiens*）中認為，人類的進步是一種幻覺，在許多方面，科技和科學實際上讓我們的生活變得更辛苦，而非更輕鬆，以電子郵件為例，這項科技確實使得溝通更加快速，但是我們付出了什麼代價？電子郵件有讓我們的生活更輕鬆嗎？尤瓦爾寫道：「很遺憾地，並沒有。」如今，每天都有數百封郵件湧進我們的電子信箱和腦袋，而且每位寄件者都希望得到立即的回覆，「我們認為新科技節省了時間，然而，我們的生活步調卻快轉十倍，讓日子變得更加焦慮和煩躁。」

對於養育子女方面也可以提出相同的論點，隨著我們累積了更多科技、更多產品以及更多的心理觀點，也許我們已經讓自己的工作變得更加困難。我們期望孩子們每分每秒都忙得不可開交，立刻滿足我們的每一個要求，並且盡早達到每一個里程碑，我們已經將教養兒女的節奏調快十倍，而且的確變得更加焦慮和煩躁。

換句話說，隨著我們為孩子投入越來越多的資源，我們有成為更優秀的父母嗎？還是更加心力交瘁？或許，在這段過程中，我們失去了祖先，甚至於祖父母曾經擁有的關鍵育兒技巧和知識，那些技能可以幫助我們更和諧、更冷靜且更有效地撫養孩子，讓我們成為家長後，能夠更愉快。

此時此刻正是我們重拾這些技能的大好機會，甚至在過程中可能獲取一些新技能。為了達成目的，我們將轉換方向，跨出原本關注育兒專家的教育圈，不再只依賴醫生、科學家和外科醫生轉為體育作家的育兒建議，而是要向全世界的超級父母學習，他們的工具和技術具備我們現代工具所缺乏的條件：經過了歲月和多數人的驗證，他們的策略已在數以百萬計的孩子身上進行數千年以上的測試和淬鍊，對父母來說是真實可行的育兒哲學。

我們的第一站將前往尤卡坦半島上瑪莉亞的家，她的未成年女兒安琪拉，在某天早晨起床後，完全不須要人叫，自動自發地去洗碗。

科學不能教導我如何養育子女嗎？

當我第一次得知自己懷孕時，簡直欣喜若狂，不，是開心到飛天的程度！不誇張，先生和我嘗試了六年多，在先進科學的協助下，我們終於看到驗孕棒顯示兩條粉紅色的線。

八個月後，體重增加了五十磅，我真的認為自己已經準備好要當媽媽了，而且是史上最好的媽媽；我剛從伊波拉疫情的重災區報導回來，那段期間我從未感到害怕或不知所措，我心想，為人父母不可能比這項工作還要難。（噢，可愛孩子即將在夏天出生。）

另外，如同解決生活中的所有問題一樣，我有一個萬無一失的策略來處理任何帶小孩的問題——科學。寶寶不想睡覺？別擔心，我會找到一篇提供最佳策略的研究論文；蹣跚學步的孩子像上岸的魚兒一樣在人行道上亂竄？完全沒有必要煩惱，我確信心理學家已經找到一種簡易的方法來制止小孩胡鬧，而且這個方法肯定獲得許多有效數據的支持。

所以在蘿西出生之前，我購買了一大堆育兒書籍，書本後面列出的大量參考資料令我感到安心，科學將成為我的救星。（還是這只是個美麗的陷阱？）

當媽媽兩個月後，我突然開始遇到障礙，一個嚴重的瓶頸——事實證明餵母乳幾乎不可能，我和蘿西都付出了極大的努力，才能度過她生命中的前六個星期；解決這個困擾之後，我們碰到了一個更頭痛的問題：睡覺，我沒辦法讓小蘿西好好睡覺，當然，她會在我的胸口、大腿上、甚至在我的背上漸漸入睡，但每當把她放在嬰兒床上，那就要注意了！連我們的德國牧羊犬也曉得將自己的頭藏到床底下，以躲避驚天動地的哭聲。

經過一遍又一遍，有科學證據支持的策略並沒有幫上我什麼忙，我知道這很令人驚訝，有時這些策略可以有效維持一個星期，甚至撐到一個月，但成效總是會消退，然後我們發現自己又回到了原點。

所以我開始深入研究購入書籍後面的參考資料，睡眠不足的大腦立刻開始警鈴大作，過去一個星期，我可能只睡了二十個小時左右，但是奉行科學的大腦並沒有完全糊塗，從許多方面來看，我仍然可以察覺許多研究都存在著重大的問題，於是開始質疑這些研究成果，也懷疑這些育兒策略是否真的有效。科學真的有助於我學習怎麼當一個更好的父母嗎？

我不大確定，科學確實可以藉由疫苗和抗生素幫我維護蘿西的身體健康，但是照顧得到她的心理和情緒健康嗎？科學能夠教我如何讓她更容易入睡嗎？告訴我如何在晚餐時阻止她亂扔食物？還是當你某天早上醒來發現自己兩歲的小孩在人行道上裸跑時該怎麼辦？科學可以告訴我如何培養一個善良且合作的孩子嗎？

科學無法解決所有問題

我對維吉尼亞州立大學（University of Virginia）的心理學家布萊恩．諾塞克（Brian Nosek）提出了這些問題，他輕笑一聲，接著發表了一個我永遠不會忘記的聲明：「育兒問題是科學界最難解的問題之一，與這些問題相比，發射火箭到火星還比較容易。」他表示，當我們希望科學解決幼兒的哭鬧，或是告訴我們如何讓孩子樂於助人時，父母對於科學的期望完全不切實際，即便身處於二十一世紀，科學家也沒有辦法回答如此複雜的問題。

布萊恩解釋，育兒研究往往有一個主要問題：科學家稱之為效能不足，這正是我身為媽媽的感受——心有餘而力不足，我總是過度操勞，努力用極少的資源完成過多任務，許多心理學實驗都出現相同的情況，他們試圖用極少的資訊得到許多的結論。

在許多個案研究中，研究人員沒有找到足量的孩子或家庭進行實驗，以確認某一種方法是否真的有效，研究通常只涉及幾十個小孩，「大」規模的研究也頂多到幾百個而已，沒有數千或數萬個實驗對象，來取得任何一個育兒策略的真正結論，由於研究中的兒童太少，沒有人可以自信地說這項工具是否真的可行，還有是否別的小孩也能適用。[8]

效能不足的研究使數據看起來模稜兩可，正如布萊恩所說，「有點像用一架功能不足的望遠鏡來研究星系」，天空中的物體模糊到分不清界線，土星環和行星本身融合在一起，木星的一些衛星消失不見，小行星帶甚至變成一條實心帶狀。

研究人員可以撰寫成論文，並且發表這些論述，但是，如果有人配備了功能更強大的望遠鏡呢？不對，木星其實有更多衛星，而小行星帶根本不是一整條帶狀，反而更像一串懸浮的岩石，最初的研究結果完全錯誤，科學家完全推翻了他們最一開始的結論。

許許多多的育兒研究都有同樣的狀況，支持這項建議的數據通常非常模糊，以至於當另一項更強大的研究出現時，科學家不僅收回最初的建議，甚至倡導完全相反的行為。

這種徹底翻盤的情形讓父母感到非常沮喪，也會帶給孩子嚴重的影響。這種狀況真實發生在對花生過敏的論點上。

花生會讓嬰兒過敏？

最早回溯到二〇〇〇年，美國兒科學會（American Academy of Pediatrics）開始建議父母不要讓嬰兒吃花生醬，因為有幾個小型研究顯示，過早接觸花生醬會增加對花生過敏的風險，但是後來規模更大、數據更強大的研究接踵而至，這些研究呈現了完全相反的結論：早點接觸花生會降低孩子過敏的風險，以往的建議竟然是錯誤的，在最初建議提出二十年後，醫學界發表了徹底翻轉的觀點，從此提議父母在小孩四到六個月大時，可以將花生醬加入嬰兒的副食品中。

然而，不準確的建議可能導致過去二十年花生過敏人數的增加，美國國家衛生研究院（National Institutes of Health reports）的報告指出，從一九九九年到二〇一〇年，兒童對花生過敏的比例從大約百分之〇．四上升到百分之二。

即使研究擁有足夠的實力和強而有力的證據，大多數都沒有告訴父母真正想知道的：這項工具或策略是否適用於我們自己的孩子，即便這個工具在實驗室中或一小群孩子中可以有效地發揮，也不代表它對你的孩子有用，或者適用於你的家庭，這些研究充其量只能告訴你，平均來說什麼是可行的；因此，一個工具對於四分之一的家庭來說可以有顯著的效果，而對其他家庭則完全不是這麼一回事，甚至於實際上會讓部分父母的生活更加痛苦不堪。

有鑑於此，布萊恩建議媽媽和爸爸要提防任何研究中產生的新觀點，尤其是在證據不夠強大且樣本數量很少的情況下；與此同時，小兒科醫生、公共衛生專家、記者和書籍作家等具有影響力的人物，也應該在宣傳這些想法時更加謹慎，人們需要了解任何科學結論中的不確定性；布萊恩補充道：「關於科學中的一切，最好抱持著虛心求證的態度。」

注釋

1 Dream Babies 無中文版本，暫譯為《理想寶寶》。

2 約翰．洛克（John Locke）是啟蒙時代最具影響力的思想家和自由主義者，除了最著名的《政府論》以外，他在《人類理想論》提到在嬰兒時期所接收的任何瑣碎印象，都會對以後產生相當重大的長期影響，因此後來幾乎所有的教育家都警告父母不該讓小孩子發展出負面的聯想。

3 筆名為比爾博士的威廉．西爾斯（William Sears）為美國最著名的小兒科醫師之一，和太太瑪莎合著多本育兒暢銷書，他們在《親密育兒百科》（*The Baby Book*）提倡親密育兒法，透過母乳餵養、與寶寶同睡、背着寶寶、及時回應寶寶需求等方式，讓父母與幼兒及早建立親密關係。

4 *A Manual of Domestic Economy* 無中文版本，暫譯為《家庭經濟手冊》。

5 For Her Own Good: Two Centuries of the Experts' Advice to Women 無中文版本，暫譯為《為了她好：兩個世紀以來專家對女性的建議》。

6 *Self-Esteem in Time and Place* 無中文版本，暫譯為《適當的自尊發展》。

7 法貝熱彩蛋（Fabergé egg）是一八八〇年代由珠寶工匠彼得．卡爾．法貝熱（Peter Carl Faberge）為俄羅斯皇室打造的精巧寶石藝術品，由黃金、鑽石、祖母綠與珍珠所製成，每一款都是獨一無二的設計，外表的玻璃琺瑯、金箔和金屬製品讓色彩更為豐富，一顆曾經拍賣到一八五〇萬美元（約新台幣五．七億元）。

8 最終，研究結果往往成為科學家所說的不可重複驗證，也就是說，如果你第二次進行相同的實驗，你會得到不同的答案，或者結論無法成立。布萊恩和他的同事曾經提出證據表明，只有大約百分之六十的心理學研究是可重現的，針對人際關係的社會心理學研究看起來更無用，他們發現這類研究中只有百分之二十能夠重複驗證。

第2部

馬雅人的團隊合作

「如果小孩行為不佳，代表著他們需要承擔更多的責任。」

第3章

世界上最樂於助人的孩子

六月的一個早晨，蘿西和我從舊金山搭機，六小時後降落在天氣酷熱的坎昆，我租了一輛棕色的日產汽車，一路往西開，前往尤卡坦半島的中部，幾個小時後，我們看到了一整排販賣粉紅色塑膠紅鶴的攤販，大約有十二個攤位，我認得他們，上次來這裡有看見，就像一排友善的士兵，噢，我想我們該在這裡轉彎。

我們向左急轉，進入一條布滿坑洞的碎石路，以每小時二十英里的速度一路顛簸前進，途中經過一些整齊排列的房屋，屋頂以茅草覆蓋，前面豢養著雞隻，接著經過一個賣馬雅蜂蜜的攤販，途中有一次還要停下來禮讓一群山羊過馬路。

我往身後瞥了一眼，發現蘿西在兒童座椅上睡著了，手裡抱著一隻藍色泰迪熊，擁有金色卷髮，嘟著粉紅色嘴唇的她，睡著時看上去像個天使。

這條路逐漸變得狹窄，當我們轉向避開道路上的大坑時，葡萄藤和樹枝都會刮到車窗，眼前沒有瞧見任何一間房子，我開始感到緊張，我們是不是走錯路了？

突然間，道路通往一個大庭院，約略有足球場那麼大，然後我們迎面撞見那個看起來像雙頭雷龍的大型物體，而且是粉紅色的雷龍，其實這是一座十八世紀的西班牙式教堂，擁有兩個尖頂，高出地面六十英尺，外觀全部漆成粉紅色。

我的臉上展露笑容，因為我們總算抵達了目的地，而且我喜歡這個地方。

我們到達了姜卡雅（Chan Kajaal）[1]的中心，一個坐落於熱帶雨林的馬雅小村莊，距離奇琴伊察（Chichén Itzá）的古老金字塔不遠，溫度計顯示氣溫高達華氏一百度（將近攝氏三十八度），午後的陽光像在熱烤爐裡面一樣迎頭撲來，但是沒關係，村子裡依舊熙熙攘攘，在角落裡，有個屠夫用一把剁肉刀切開一頭剛宰殺的豬，在對面街上，一名大約六歲的女孩提著一袋玉米到玉米餅店賣，幾個青少年在一輛閃亮的藍色敞篷小貨車旁閒晃，我瞧見智慧型手機從他們後方口袋露出來，還聞到空氣中淡淡的煙味。

我們距離充滿遊客喧囂的坎昆不到三小時，但這個社區感覺遺世獨立，沒有冷氣，網路訊號也很微弱，所以外界發生的事情都被阻隔在外，隨之而來是一種溫暖而奇妙的感覺，彷彿周遭每個人都是你的家人，每個人都是你的後盾。

觸目所及之處都會有人聚在一起行動和聊天，姊姊們會拿著書，陪妹妹們從學校走回家；將灰白頭髮紮成一束整齊髮髻的奶奶，把南瓜子撒在人行道上曬乾；幼小的孩子們騎著三輪車和自行車曲折地前進，年紀大一點的孩子騎著摩托車飛馳而過，在他們的穿梭之間，媽媽和爸爸駕駛大型的載貨自行車，推著前方載滿幼兒、雜貨和幾加侖飲用水的箱子。

村莊圍繞著一個稱為天然井的地下石灰岩坑洞，裡面蓄滿了淡水，幾個世紀以來，馬雅家庭會從中舀水供給自己、動物和果園使用，純天然的淡水滋養了全村莊的動植物，棕櫚葉大得像大象的耳朵，整片芒果樹像熱氣球一樣在後院拔地而起，鳥兒（噢，天啊，有好多鳥！）唱出牠們的心聲。

大多數家庭的房屋由小院子和幾間小屋所組成，廚房通常用木頭架構成牆壁、用棕櫚茅草搭成屋頂，而臥室會用煤渣磚砌成牆面，你經常可以在後院看到一個用來存放玉米的棚子，一個用來養雞的圍欄，以及散佈於各處的果樹，包括香蕉、苦橙和刺果番荔枝，白色濕軟的果肉嘗起來像小鬼酸軟糖（Sour Patch Kids）一樣酸。

在村子裡轉了幾圈後，我們沿著一條陰暗的街道走去，那裡有一棵巨大的皇家鳳凰木形成遮蔽處。我覺得我們越來越靠近了，在一個後院裡，一名年輕女子在一桶泡沫水中刷洗牛仔褲，一隻火雞在柵欄旁展開牠的尾羽，然後在正前方，我看到了一幢帶有白色鑲邊窗戶的青綠色房屋，我的心跳有點加快。

「醒一醒，蘿西，別再睡了，」我說道，「那個就是我們橫跨三千英里來這裡的目的。」

「什麼，媽媽？那個是什麼？」蘿西回應道。

「那是瑪莉亞的房子，」我回答她，「她將會教我所有關於自發助人（acomedido）[2]的知識，以及如何讓妳成為一個自動自發的人，妳準備好了嗎？」

在過去的四十年，人類學家一直來到姜卡雅村落研究兒童如何從他們的父母身

上和社群中學習，這裡的父母已經想出了一些美國父母（包含我自己）不屑一顧的辦法：如何讓孩子自願做家務。馬雅孩子與墨西哥其他原住民社群的兒童，都需要在家中從事許多工作，他們洗衣服、幫忙準備飯菜、洗碗和照顧果園，他們會製作玉米餅，週末時拿去市場上賣，他們既能屠宰又會料理豬肉，懂得照顧年長的親戚和年幼的手足，他們看起來能幹且自律，還非常樂於助人，而且大多數的情況下，他們不需要命令、威脅或獎勵就能夠完成這些任務，沒有金色小星星，沒有零用錢，更沒有冰淇淋的承諾。

納瓦人的育兒祕密

心理學家露西亞．阿爾卡拉（Lucia Alcalá）一直是相關研究領域最重要的人物，她一開始是加州州立大學聖塔克魯茲分校（University of California, Santa Cruz）的研究生，目前是加州州立大學富勒頓分校（Cal State, Fullerton）的教授。在其中一個研究項目中，露西亞和她同事採訪了十九位母親，她們屬於墨西哥另一個歷史悠久的原住民群體，稱為納瓦人（Nahua）[3]，研究人員向媽媽們詢問了一系列關於六到八歲的孩子如何在家幫忙的問題，孩子幫忙做家務的頻率多寡？他們做了哪些事情？經常自願投入這些事情嗎？媽媽們的回應著實令人印象深刻。

一位母親告訴研究人員，她八歲的女兒放學回家後會宣誓：「媽媽，我會幫妳做所有的事情。」然後她就「自動把整個家都整理好」。研究報告這麼寫著。

研究發現，隨著孩子年紀漸長，他們的幫助變得更加複雜且全面。「媽媽下班回到家後真的很累，」加州州立大學聖塔克魯茲分校的芭芭拉．羅格夫（Barbara Rogoff）說道，她為瓜達拉哈拉（Guadalajara）的納瓦人媽媽研究付出了許多的貢獻，「媽媽只是倒在沙發上，女兒就說：『媽媽，妳看起來好像很累，但家裡需要打掃，不如打開收音機，我整理廚房，妳負責客廳，我們一起把整個房子清掃乾淨？』」

大致上來說，這些小孩子已經學會了複雜的任務，比如在沒有大人監督的情況下料理三餐和照顧兄弟姊妹。大約四分之三的母親表示，她們的孩子經常「主動」做家事，只要看到哪裡需要做事，就會馬上動身開始執行，她們看到水槽裡面的碗盤就會開始洗，看到客廳的凌亂就會開始收拾，如果弟弟妹妹開始哭，他們會走過去，把小孩抱起來，帶出門去玩耍……這一切都不需要母親的指令。

露西亞告訴我，比起單純地知道如何洗碗或洗衣服，這些父母正在教他們的孩子學習一種更複雜的技能：**注意周遭的環境，以及辨別何時需要完成特定的家務，然後動手去做。**

「他們正在教導孩子們成為負責任的家庭成員，他們希望孩子們理解何時有人需要幫忙，對正在發生的事情保持警覺，然後提供協助。」露西亞說道，這種技能同時必須知道什麼時候不應該伸出援手，「所以妳不會干擾團體的凝聚力或方向。」

她補充道：「了解你周遭的情況，然後知道該做什麼，這是一項終生受用的技能。」

對於兒童來說，這種專注和行動的技能是一個非常重要的價值和目標，因此，墨西哥的許多家庭對此有一個特別的稱呼：自動自發地助人。

這個概念很複雜，不僅僅是因為有人指示你去做家事或執行任務，而是因為你隨時保持關注，所以知道在特定時刻提供哪一種幫助比較合適。

在同一個研究中，露西亞和她的團隊還採訪了在瓜達拉哈拉擁有更多西方背景的媽媽，也就是說，他們在這座城市生活了好幾個世代，與原住民社區幾乎沒有聯繫；猜猜這些媽媽中有多少人說他們的孩子經常在家裡「主動」幫忙？連一個都沒有！這些大都會地區的孩子不僅很少做家事，也不常面對複雜的任務，而且一般來說，必須有人要求他們去做這些事，幾個媽媽坦言，她們必須不遺餘力地透過談判或製作家務分工表來說服小孩子幫忙，而且還需要經常用獎勵、零用錢或禮物來激勵他們的小孩，擁有兩種背景的父母承認，他們有時不得不藉由剝奪特別的娛樂來逼孩子幫忙，例如限制或取消看電視的時間。

但是真正讓我大開眼界的部分是：在許多時候，馬雅人和納瓦人的孩子們真的很喜歡做家務！他們的父母不僅教育孩子們成為自動自發的人，還教會了他們重視自己的工作，並且為自己對家庭的貢獻感到自豪，幫忙做家務竟然變成一種權利。

父母不需要賄賂或嘮叨，因為他們的孩子已經感受到一股給予貢獻的內在動力，他們想幫助家人，想身為團體的一分子，一起貢獻。

這就是我回到姜卡雅的原因，為了了解這些父母如何激勵孩子，他們到底如何挖掘孩子主動幫忙的自然慾望？

漸漸地，我開始意識到他們激勵孩子的方法並非專屬於馬雅和納瓦社群，一點也不，反之，它是世界各地的父母用來將他們文化的重要價值觀傳遞給孩子的基本方法。

積極協助家務的態度是馬雅社區的核心價值觀，父母刻意將這種價值觀傳遞給他們的孩子；在西方文化中，我們也有這種價值觀，但是，在許多方面，父母忘記要怎麼傳承給下一代，讓我們的生活變得困難許多。

你看看，當你把樂於助人的價值觀傳授給孩子時，你會得到一整套額外福利，孩子們在心理上變得更健康，也不再那麼令人討厭，為什麼？因為當孩子們學會樂於助人時，他們也懂得與你同心協力地一起工作，所以當爸爸早上整裝好走出門時，孩子就會跟在後面，沒有一絲抱怨，也沒有哭天搶地。

注釋

1 為了保護本書中這些家庭的隱私，我會使用假名作為村莊的名稱。

2 Acomedido 出自西班牙文，新罕布夏大學的教育學者安德魯　寇本斯（Andrew Coppens）說：「這是一個意義相當複雜的詞彙，不光是孩子做了被要求去做的事，也不只是在幫忙，而是因為一直細心地注意，能夠察覺在某個情形下，有什麼事情需要幫忙。」

3 納瓦人指的是位在墨西哥中部使用阿茲特克方言——納瓦特爾語的族群，為墨西哥最大的美洲原住民族群，與阿茲特克帝國的歷史淵源密切。

第4章 如何教育孩子「自願」做家務

瑪莉亞告訴我：「從第一天起，當他們很小的時候，妳就要開始向他們示範如何提供幫助。」

瑪莉亞．洛杉磯．敦布哥斯是一位完美的超級媽媽，她教導我們如何培養樂於助人的孩子，讓他們為自己在家裡負責的工作感到自豪，顯然她做得非常出色，將這種價值確實傳遞給她的大女兒安琪拉，而安琪拉不僅自願洗碗，在她媽媽外出辦事時也會打掃房子；瑪莉亞還有兩個年幼的女兒，分別是五歲和九歲，她們處於學習過程的不同階段，所以我們可以一窺這位媽媽如何隨著孩子的成長而調整訓練的方式。

耐心是一切的關鍵

因為這是關於學習自願做家務的事情，而學習通常需要數年的時間，瑪莉亞告訴我：「妳必須慢慢地、一點一點地教，總有一天孩子們會完全明白。」

換言之，教導孩子樂於助人有點像教孩子讀書或算數，你不能只是給一個四歲兒童口頭指示，把一張九九乘法表掛在冰箱上，然後期望年幼的孩子馬上知道三三得九、八四三十二。

做家務也是同樣的道理，你不能單純地掛上家務表，然後在你沒有要求的情況下，指望一個四歲小孩在每個星期二和星期四開始洗碗；正如瑪莉亞所說，你必須循序漸進地教孩子，你必須訓練他們，孩子們不僅要了解「如何」做家事，還要懂得「何時」該做家事，以及「為什麼」完成家務對於這個家庭和他們自己很重要、很有助益。

如果仔細推敲，**家務表實際上可能會阻止小孩學習自發助人，為什麼？因為最主要的目標是讓孩子們關注周遭的世界，並且學習在需要的時機完成特定的家務**，假設家務表指明小孩星期二洗碗、星期三掃地、星期五倒垃圾，孩子可能會歸納出這些任務是他們唯一需要做的，那麼在其他時間裡面他們會認為自己不需要關注周圍的環境，還有他們甚至可能忽視沒有列在圖表上的家務，到最後，這份圖表反而給予孩子和自發助人完全相反的訊息，表示「你的責任僅限於表格上的內容」。

就像父母教孩子學數學一樣，瑪莉亞也刻意地教她的孩子成為一位自動自發的小幫手，你可以將這個過程分解成三個關鍵步驟或階段，正如我們將在本書中看到的，這三個步驟互相結合成為一個非常強而有力的方法，可以將價值觀傳遞給孩子們，全世界不同的文化，包括西方文化，都能用這個方法來傳授給孩子各種重要的技能或價值。

由於這些步驟對於教養孩子非常關鍵，我們將為每個步驟分別開闢一個章節來說明，然後再重頭回顧我們學到的內容，我們會在這個章節介紹第一個階段，並在接下來的兩個章節中，分別學習第二和第三個階段。

好，我們開始吧。

對於像我一樣的西方父母來說，第一步絕對是違反直覺的，你必須做出自己認為幾乎不合理的事情：**把任務交給家中最不稱職的成員。**

❖第一階段：重視學步兒童的企圖心

當我直接問瑪莉亞她是如何養育出這麼樂於助人的孩子時，她的介紹讓我聯想到學步兒童的概念，沒錯，我說的是年紀在一到四歲之間，笨手笨腳、牙牙學語、走路像喝醉一般的孩子，我們往往將這一群迷你人類與「可怕」一詞聯想在一起，而非「樂於助人」。

瑪莉亞表示，這些笨拙的小小人類是培養樂於助人的關鍵對象，為了解說其中的涵義，她以最小的女兒亞莉克莎為例。

「無論我在做什麼，亞莉克莎也想照著做，」瑪莉亞說道，「當我製作玉米餅時，如果不讓她跟著做，亞莉克莎就會開始哭；然後一直想要拿掃把去掃地。」

「妳怎麼回應她？」我詢問道。

「我讓她自己做玉米餅，也給她掃把去掃地。」瑪莉亞回答道。

「她真的開始掃地，而且沒有弄得亂七八糟嗎？」

「那不重要，她想以某種方式幫忙，所以我放手讓她做。」瑪莉亞陳述道，她坐在吊床，雙手交疊放在腿上。

「每當她想幫忙的時候，妳都會如她所願嗎？」我仍然無法理解，於是繼續問道，「即使她把事情搞得一團糟也無所謂嗎？」

「是的，這就是教育孩子的關鍵。」

如果你觀察過全世界的家庭，無論是在尤卡坦半島種植玉米，在坦尚尼亞獵捕斑馬，還是在矽谷寫書，他們的幼兒都有兩個共同特徵，第一是容易耍脾氣，沒錯，民族誌的紀錄顯示，無論你居處何處，幼兒發脾氣幾乎是不可避免的，但第二個共通點更令人驚

訝，竟然是樂於助人，**每個地方的幼兒都渴望幫助他人，甚至是極度渴望。**

幼童是天生的助手，他們渴求進入某個區域，並且「全部由他們自己」完成工作，廚房需要掃地嗎？洗盤子嗎？還是打個雞蛋？不用擔心，兒童服務團隊會迅速地出現在那裡，小心！他們來了。

在一項研究中，**二十個月大的孩子實際上再也不需要新玩具，而是會越過房間幫大人從地板上撿起東西，沒有人需要向小孩提出幫忙的請求，他們也不需要因為幫忙而獲得獎勵，研究發現，如果孩子後來因此獲得一個玩具，他們再次幫忙的可能性就會降低。**

從現在起，培養小孩子的自發助人吧！

沒有人確切地了解為什麼蹣跚學步的兒童會如此積極地提供幫助，也沒人知道為什麼獎勵似乎會減少這種衝動，但這可能源自於他們強烈地希望和家人在一起，並且與父母、手足以及其他照顧者建立關係。

「我認為這一點非常關鍵，」瓜達拉哈拉耶穌會大學（ITESO University）的心理學家蕾貝卡・梅赫亞—阿勞茲（Rebeca Mejía-Arauz）表示，「與其他人一起做事會讓他們感到快樂，對於他們的情感發展至關重要。」

當我在尤卡坦拜訪瑪莉亞時，她也強調了這一點：「當孩子還小的時候，他們喜歡嘗試母親正在做的事情，亞莉克莎喜歡和媽媽一起玩她的玩具和洋娃娃。」

換句話說，世界上每個幼兒一出生時就具備了培養自發助人必需的全部要素，即使在美國也是如此，不同之處在於父母如何對待他們孩子的助人天分，而這種差異至關重要，很可能會決定孩子在成長過程中是否持續自願提供幫助，或是「隨著年齡增長而放棄這種本能」，蕾貝卡說道。

包含我在內，許多具有西方背景的父母經常斷然拒絕幼童提供的幫助，我的意思是，我們面對現實吧，小孩可能想要幫忙，但他們不太能給予實質的幫助，我知道蘿西肯定不是很好的助手，她是一臺破壞機器，她的參與會拖累我做家事的速度，留下一團混亂給我清理，所以我寧願她在客廳裡玩耍，或者當我打掃廚房時在旁邊的地板上畫畫，這樣至少我不會孤單。

蕾貝卡告訴我：「我們遇到許多媽媽都坦言：『我需要迅速地完成家務，如果我的小孩試圖幫忙，他會把事情弄得一團糟，所以我寧願自己做，也不想讓他們幫忙。』」在多數情況下，具有西方背景的父母在處理家務的時候，會告訴他們的孩子去別處玩，或者給他們的孩子看影片，仔細想想就會發現，**我們一直在教育小孩不用關注外界、不要提供幫助，告訴他們「這些家事不適合你」，在沒有注意到這一點的情形之下，我們扼殺了幼兒樂於助人的渴望，讓他們遠離有用的活動。**

但是墨西哥的原住民媽媽反其道而行。「她們欣然接受小孩的幫忙，甚至要求他們來幫忙。」蕾貝卡說道，即使孩子的行為很笨拙，只要小孩真的從父母那裡搶過器具來接手工作（聽起來是不是很熟悉？）父母仍然會屈服於孩子，讓他練習這項任務。

舉個例子，在墨西哥西北部的一個馬薩瓦（Mazahua）社區，有一個兩歲的幼兒渴望幫她的媽媽開墾玉米田。

媽媽先替菜園除草，她的女兒馬上開始模仿母親的行為，這個蹣跚學步的兒童接著要求獨自完成這項工作，母親同意讓她負責並且在一旁等待，過沒多久，女孩便完全接手母親的工作，當媽媽試圖重新加入時，女孩提出抗議並請求允許她這樣做，全靠她自己！再一次，媽媽屈服於這個嬌小且專橫的人類。

蘿西經常出現這樣的行為，她想搶走我的工作。當我早上要炒蛋時，她會抓住叉子；當我為了準備晚餐在切洋蔥時，她想抓住刀子；當我打算餵狗時，她會拿起狗碗；在我掃地時改抓掃帚；在我寫作時搶走筆電（然後盡她所能地快速敲打每個按鍵）。

通常我會像小時候父母對待我的方式，回應她的搶奪：推開她肥嘟嘟的小手，接著說一些譴責的話，例如「不要搶我的東西！」然後我將她的行動或行為解釋為命令和控制，甚至在腦海中聽見我媽媽的聲音說：「她想要控制妳，麥克蓮。」

但許多原住民父母很高興有這種愛搶事情做的小孩跳進來幫忙，他們很開心見到蹣跚學步的孩子採取主動，並且將小孩的咄咄逼人解釋為渴望為家庭做出貢獻，唯一的問題是孩子太小，一開始不知道如何以最好的辦法提供幫助，其實孩子只需要學習。「有一位媽媽告訴我們：『我年幼的孩子洗碗時，剛開始會把水濺得到處都是，但我依然允許兒子繼續洗碗，唯有如此他才能學習。』」蕾貝卡描述道，當時她採訪瓜達拉哈拉的納瓦族媽媽。

這些父母將這種混亂視為一種投資，如果你持續鼓勵現在真的很想洗碗的笨小孩，隨著歲月的增長，他會變成一個能幹的九歲孩子，而且仍然願意幫忙，如此真的可以有所作為。

「舉例來說，我和一個從事肉品生意的家庭進行對談，」蕾貝卡進一步說明，其中一個兒子很早就對料理豬肉產生興趣，「母親做飯時會抱著這個孩子，」有時候，她甚至會讓兒子將料理好的食物盛起來放到盤子上，「她說這樣其實很危險，因為他可能會被燙傷，她向我坦承：『我會小心看著他。』」但是經年累月，這個男孩對家族生意的能力和興趣越來越明顯，當他九歲的時候，已經在家族企業負責重要的工作，「他甚至可以屠宰動物。」蕾貝卡補充道。

在此必須事先說明一些限制條件，**父母不會接受孩子每一次提供的幫助，或者說莫可奈何地讓孩子做任何他們想做的事；如果任務對孩子來說太難，父母可能會忽略孩子的請求，或者將任務拆解成更小、更可行的次級任務；如果小孩開始浪費寶貴的資源，父母會引導孩子提高生產力，否則就請他們離開。**

在墨西哥恰帕斯州（Chiapas）的一個馬雅社區，父母會故意拒絕年幼孩子給予協助的提議，以增加他們對這項任務的動力。例如，一個兩歲的男孩貝托想要幫他的爸爸安裝水泥地板，這項工作對於蹣跚學步的小孩來說過於艱難，起初爸爸無視貝托想要參與的請求，然後告訴男孩，他還需要再等一年才有能力接受這個工作，這種委婉的拒絕激發了男孩更想參與的渴望，最後男孩抓起一個工具並開始打磨水泥，爸爸看到男孩如此積極，便很高興地露出微笑，然後他仔細地觀察貝托，適時地提出簡單的修正，例如「寶貝，不是那樣。」；當貝托犯了一個嚴重的錯誤，一腳踩進濕軟的水泥時，父親會描述男孩做錯什麼，「寶貝，嘿，你踩到了水泥……，這樣會毀了它。」接著他藉口媽媽正在找他，結束了貝托的首次參與。

從很小的時候開始，孩子們就開始學習並實踐他們在家庭中的角色，將年幼的孩子納入一項任務中，實際上是在告訴孩子：「你是這個家庭中的一名工作成員，應該盡你所能給予幫助和貢獻。」

心理學家一致認為，**年幼的孩子給予家庭的幫助越多，即使是從蹣跚學步的時候開始，他們越有可能成長為一名樂於助人的青少年**，做家務事對他們來說會變成很自然的事情，早期參與家務可以讓孩子走上一條引導他們在日後生活中自願提供幫助的軌跡，改變他們在家庭和社區中的角色，使他們成為負責任、有貢獻的成員。

反過來說，如果你一直勸阻孩子不要幫忙，他們會認為自己在這個家庭中扮演不同的角色，不是玩樂就是走開，換言之，如果你不斷地告訴小孩：「不，你不能參與這件家務事。」孩子到最後會相信你，然後再也不想幫忙，孩子們會理解成：幫助他人並不是他們的責任。

心理學家露西亞・阿爾卡拉和她的同事在實驗室紀錄下這種效應，在一個實驗中，她的團隊給予好幾對手足一項需要合作執行的任務，他們必須相互協助，在一間模擬的雜貨店挑選商品。有一組歐洲裔的美國兄弟，弟弟不停地提供購買的建議，露西亞敘述道：「他想幫忙，但他的哥哥一次又一次地將他推開，有一次，哥哥直接把弟弟的手臂挪開，這樣他就不能指著任何雜貨了。」

幾經嘗試後，弟弟對這項任務失去了興趣，「他躲到桌子底下，完全放棄。」露西亞回憶道，「而在另一組的情況是，弟弟直接走開，不想繼續下去，因為在這項活動中根本沒有他的容身之處。」

露西亞認為，每當需要做家務時，父母一遍又一遍地告訴孩子們去玩，很可能會發生同樣的情況，如此會形成一種模式，讓孩子們誤以為他們在家庭中的角色是在父母做飯或打掃時玩樂高或看影片。

慶幸的是，這一切絲毫沒有消失不見，所有年齡層的孩子（包括我認識的一些成年人）都具有令人難以置信的可塑性，他們樂於助人的慾望非常強烈，以至於這種模式很容易改變，**關鍵在於身為父母的你必須改變對孩子的看法，鼓勵孩子在任何年齡階段都要積極參與**，並且遵循下一章的想法，那麼在你察覺到之前，一個只關心自己的青春期孩子將會變成一個自動洗碗機器人。

最近我要幫忙照顧一個九歲小孩，時間為期一個星期，剛好有機會將這個想法付諸實驗，她是一個熱愛抖音（TikTok）的青春期少女，總是拿著手機近距離地看，在我們家裡走來走去，她來訪的第一個晚上，我請她幫忙替馬鈴薯削皮，她看著我的眼神彷彿我來自火星一樣，但我繼續應用下一章所提供的策略，在短短幾天之內，她已經產生一種敏銳的渴望，希望參與所有的家務，她會主動幫我鋪床，在晚餐時間跑進廚房協助切菜，同時為蘿西樹立好的榜樣。

到了第五天，她就像一隻小鴨子，跟著我在房子裡到處轉，她會問：「接下來要做什麼，麥克蓮？」她並沒有隨時在幫忙，但她為我們的家做出實質的貢獻，她和我以真誠的方式建立關係，看得出來她喜歡成為我們家裡的一員，並且為樂於助人和通力合作感到驕傲。

因此，培養樂於助人的孩子的第一個步驟可以總結成一句話：讓他們練習，練習清掃，練習烹飪，練習清洗，讓他們從你手中拿到勺子來攪拌鍋子，讓他們拿起吸塵器開始清潔地毯，在他們還小的時候包容他們弄得一團亂，隨著他們長大，混亂會越來越少，等到青春期的時候，你不需要命令他們，就會主動幫你清理任何雜亂，甚至負責所有的家務事。

讓孩子們開始幫忙永遠不會嫌太早（或太晚），蕾貝卡說道：「小孩子真的可以盡早參與家務，而且能夠做的事情比你以為的還要多。」西方父母經常低估任何年齡的孩子在協助家庭方面的能力，因此，請將你的期望值設高一點，讓孩子藉由興趣與要求向你證明他們可以做到什麼。（蘿西每天都跟我說：「但是，媽媽，我做得到！」）

在這個過程中，你將會了解有關孩子和你自己的一些知識，你會曉得如何為共同的目標並肩作戰。

實際操作一：訓練樂於助人

身材矮小、走路蹣跚的幼兒可以完成的任務有挑水、借火把、摘樹葉、餵豬……學會靈敏地跑腿是童年的第一課。

關於請求幫忙處理家裡的大小事，西方文化的看法早已落後，我們偏向認為剛學步的小孩和年幼的孩子可以免於參與任何家務，我們很常覺得他們無法幫上忙——這的確是我對蘿西的看法。等她長大後我會分配家務給她，但是當她才剛學會走路時，我不會尋求她的幫助。

然而，在許多狩獵採集文化中，父母採取相反的策略：一旦小孩開始走路，父母會開始請求他們幫忙完成一些簡易的小任務，久而久之，孩子就能知道家裡需要做的各種事情，因此，隨著孩子年紀增長，請求幫忙的次數實際上會減少而不是增加，到了接近青春期的時候，大人不再需要提出很多的要求，因為孩子已經充分了解有哪些必須做的事情；事實上，**對青春期的孩子提出幫忙的要求顯得非常不尊重，因為這樣代表他們還**

不夠成熟或者能力不足，甚至暗示他們是幼稚無知的。

心理學家謝娜・盧—利維（Sheina Lew-Levy）與剛果共和國（Republic of the Congo）的巴亞卡族（BaYaka）狩獵採集者漂亮地記錄了這種策略，首先，謝娜學會了這個部落的口說語言，然後她每天花幾個小時追蹤孩子們和他們的父母，並且計算社區中的父母或其他成年人請求孩子幫助的次數，諸如「拿著水杯」、「跟我去找蜂蜜」、「帶這些木樁去打獵」或者「幫你妹妹穿衣服」之類的任務。

謝娜最後得到驚人的發現：三到四歲的小孩子會收到最多請求，而十幾歲的年長孩子收到的要求最少。隨著孩子們的成長，他們大多數已經知道該做些什麼，因為那些早期微小且簡單的要求，使孩子們明白大人對他們的期望，父母已經成功地傳遞了樂於助人的價值。謝娜總結道：「隨著年齡的增長，孩子們會逐漸發展出合作的行為，他們學習如何完成大人要求的任務，也期望自己必須完成這些事情。」

另一種說法是年長的孩子已經懂得自動自發地助人，他們知道如何關注他人的需要以及如何提供幫助，所以不需要任何人的指令，任何要求都會造成貶低和尷尬的反效果，一個十四歲的孩子可能對你大翻白眼示意：「拜託，媽媽，我早就知道了。」

那麼你要如何開始將自發助人的概念引進家中？其實做法並不難，當你正在做家事且需要幫助時，主動對小孩提出要求，或者單純確認孩子們有在旁邊觀看。以下會提供一些建議，來幫助你引導從嬰兒到青春期的孩子。

請銘記，我只是粗略地用年齡分組，你的期望應該基於孩子們做家務的經驗，而非他們的年紀，如果一個九歲小孩在你準備晚餐或洗衣服時沒有花太多時間陪伴在你身旁，千萬別指望他知道如何做這些事情，一開始先給予一些簡單的小任務，例如「切洋蔥」或者「把襯衫收起來」，然後逐步提高工作的難度，你甚至可能想從「幼兒」的部分開始，這也是我對需要學習如何提供幫助的成年人所採取的方法。

提醒一下，這裡的方針只是試著提供一些值得一試的想法，請觀察孩子們想做什麼、有什麼回應，讓他們的興趣和傾向帶領你調整自己的做法。

嬰兒（〇歲到一歲）

◉主要思維：觀察和接納

尤卡坦的一位馬雅人媽媽告訴露西亞．阿爾卡拉和她的同事：「只要孩子學會坐著，當你在工作的時候，就可以讓他坐在你的旁邊，他會觀察你在做什麼。」

對於剛出生的嬰兒，他們「練習」如何助人的主要途徑，就是親近父母並觀看他們的工作，請捨棄你必須用玩具和其他「多樣」器具來「娛樂」嬰兒的想法，你的日常家務足以提供許多娛樂，盡量帶著小孩去做你的事情，可能的話，讓寶寶看見你在做什麼；讓他靠坐在座位上，這樣就可以看到你在洗碗、切菜或摺衣服；當你在雜貨店掃地、吸塵或走動時，把他背在你的胸前；將嬰兒納入對你和其他家庭成員有助益的每項任務之中。

幼兒（一歲到六歲）

◉主要思維：示範、鼓勵以及要求幫忙

一位納瓦族傳統媽媽告訴蕾貝卡．梅吉亞－阿勞茲：「一旦孩子開始走路，就可以開始要求他們協助，例如可以從對面的房間把我的鞋子拿過來。」

一位馬雅媽媽告訴我：「每天起床後，我會打掃環境和準備早餐，而且孩子們會在旁邊看著我；如果你每天對他們示範怎麼做，他們終究能學會自己做。」

在這個年齡階段，目標是去激發孩子幫助他人的熱情，而不是澆熄他們的熱情，以下分別說明如何達成這一點：

● 示範

就像對待嬰兒的方式，確保年幼的孩子可以規律地接觸日常家務，避免將他們趕到另一個房間或外面玩樂，在你工作的時候，邀請他們過來靠近你，如此他們就可以透過觀察和偶爾參與來學習。

依據她對納瓦族傳統媽媽的採訪，蕾貝卡告訴我：「許多媽媽會說：『靠過來，我的孩子，在我洗碗的時候協助我。』這類邀請都是為了一起動手，為了共同完成家務。」

● 鼓勵

如果孩子想要幫忙，讓他們幫助你！假如任務很簡單，放手讓他們自己試試看，不要給予任何指導，對於小孩子來說，用嘴巴講解就像教訓一樣，會令他們感到困惑，你只需要觀察孩子的操作，並試著重視他們的努力，如果他們開始弄得亂糟糟或犯下大錯，循循善誘地引導他們恢復生產力。舉個例子，在恰帕斯州的馬雅社區，兩歲的貝托想協助他的祖母剝豆莢，但是他笨手笨腳的，抓起一大把豆莢打算扔進垃圾桶，他的祖母制止了他，並且向他示範正確的方法，在孩子扔掉之前，她從孩子手裡拿出豆莢，告訴他不能整個扔掉，當貝托無動於衷時，她依然反覆地指導著。

如果某項任務對於孩子的能力來說，難度太高或者太危險，請放鬆心情，保持冷靜，沒必要嚇到他們，當你執行這項任務的時候，讓孩子在旁邊觀察。舉例來說，一位馬雅媽媽在煎玉米餅的時候，告訴剛開始學步的孩子：「你要邊看邊學。」也可以找到某種讓幼兒安全參與的方式，例如當我從烤肉架上取下雞肉時，蘿西可以替我拿著盤子，另外，她也能在一鍋義大利麵中加入鹽和油。

露西亞告訴我：「根據不同的活動，有時孩子們會從旁觀察，有時他們會動手幫忙，每個媽媽都知道自己的小孩能不能完成任務。」她們怎麼會知道？當小孩幫忙的時候，猜猜看媽媽一直在做什麼？沒錯的，就是在旁邊監看，發現重點了嗎？

● 要求幫忙

大衛．蘭西在《童年人類學》中寫道：「一個走路不太穩的孩子可能會被要求將一個杯子從他母親這邊拿到父親那邊，途中還必須穿越其他成員圍繞成的圈子。」

在世界上絕大多數的文化中（也許在所有的文化中，除了奇怪的西方文化以外），父母會要求年幼的孩子全天候協助他們完成各式各樣的任務，大衛稱之為「家務課程」，但在西方文化中，也許我們應該稱為「合作課程」，因為這些任務會教導孩子和家人一起工作。這裡講的不是你的孩子可能已經會替自己完成的任務，例如穿衣服或刷牙，更明確地說，在這裡提到的是可以幫助他人或整個家庭的小型、快速、簡單的任務，這些是與父母一起為共同目標所完成的請求，它們通常是更大任務中的次要任務，例如在你拿著垃圾走出去時，保持門口敞開，而且它們通常是很小、很小、很小的事情，譬如將一個鍋子放回廚房對面的櫃子裡，還有從櫥櫃裡拿出一個碗，可是這些任務真的能有所幫助。

沒有必要過分熱衷於提出要求：一天三、四個可能就足夠了，端看有什麼樣的需求出現，比如當你騰不出手或身體疲累的時候，還有孩子對什麼事情表現出興致時。以下是一些可以嘗試的任務：

● 取物

人類學家雷蒙德．弗斯（Raymond Firth）：「『過來抓我』是所羅門群島（Solomon

Islands）上蒂科皮亞人（Tikopia）最常對幼兒說的其中一句話。」

幼兒是優秀的跑腿助手，他們可以去汽車、車庫還有院子裡拿取東西，「上樓去拿衛生紙。」、「到另一個房間拿枕頭。」、「去外面摘取一些薄荷葉。」即便只是穿過房間去拿鞋子，對於舉步蹣跚的小孩來說也是一個很棒的任務，去！去！去！年幼的孩子最喜歡跑腿，充分運用這種活力，同時教育他們關注他人的需求。

● 拿著這個

對於所有年紀的小孩來說，當你忙碌的時候，讓他們拿著某樣東西是另一個很棒的工作，不僅鼓勵他們留下來，以便可以一邊觀察、一邊學習，還能解放你的雙手。以下是一些範例（請注意代名詞的用法，這完全是為了一起完成任務）：

- 「在**我們**修理瓦斯爐的時候，請拿著照明燈。」
- 「當**我們**把煎餅從平底鍋盛出來時，請拿著餐盤。」
- 「當**我們**出去倒垃圾的時候，請扶住大門。」

● 攪拌這個

幼兒是很傑出的副主廚，他們能夠：

- 攪拌醬料、蛋糕混合物和調味料。
- 打蛋。
- 醃製肉類和魚類。

・撕碎香草。
・用研磨器具搗碎糊狀物。
・開始切菜或削皮。（後面我們會討論更多關於刀具的事情，就目前而言，你可以替幼兒準備牛排刀或小型削皮器。）

● **帶著這個**

攜帶物品可以是全家人的工作，如果雙手已經掛滿了提袋，那麼可以讓你的孩子也盡量幫忙拿。到商場採買物品時，為孩子們準備一個小背包或肩背包，方便將物品帶到車上或家裡，然後齊心協力把各種物品歸類到合適的位置，藉由這項活動，孩子們將學習在廚房裡整理生活用品，並且與家人一起規劃飲食。旅行時，給孩子們使用一個小手提箱，他們就可以攜帶和打包他們的專屬物品。在我們家裡，每個人在旅行、購物或上學時都會攜帶一些東西。

● **分享愛的任務**

年幼的孩子喜歡扮演「媽媽」、「爸爸」或「大哥哥」、「大姊姊」，開始訓練他們善待兄弟姊妹，讓他們拿起乾淨的尿布去換掉髒兮兮的尿布，拿起嬰兒的玩具來逗弄，並且餵食小嬰兒，甚至和你一起準備食物和奶瓶；如果嬰兒開始哭，在你跳起來抱住嬰兒之前，先停下來看看剛學走路的小孩或較大的孩子是否會幫忙。

●最後……打掃、打掃、打掃

幼兒是完美的清潔工，他們可以沖洗餐具、將肥皂液倒入洗碗機或洗衣機、擦拭桌面、吸塵……只要你想得到，孩子就會清理，即便做得不夠徹底，他們都會用興趣和熱情來彌補，成果可能不會非常乾淨，但他們會非常努力去達到這一點，不用干涉他們的行為，只要提供合適的用具，讓他們盡情地大掃除。

一般來說，任何瑣碎的任務都適合年幼的小孩，其次，觀察孩子對什麼有興趣，並且歡迎他們的幫忙，只要將幾個原則銘記於心：

1. **任務要實際且明確，做對家庭能出真實的貢獻**。不需要很重要的貢獻，但是不應該用捏造的，例如，在你掃地之後要求小孩再去掃一遍，並不是一項真正的任務；也不是讓孩子切菜，切完卻扔掉；也許你可以稍微修剪蔬菜，或者幫助小孩完成掃地工作，但要確保孩子的工作對家庭有所貢獻。

另一個陷阱是給予孩子們「假」的器具，例如假食品、假烹飪設備或假園藝器具，小孩都知道其中的差別，他們知道自己沒有在學習「真正的」任務，當他們的任務是「假的」，就無法為共同的目標做出貢獻。

假如孩子還沒有能力執行一項任務，例如在火爐上料理或用尖銳的針來縫紉，不必因為他們想幫忙而感到驚慌，告訴孩子先觀看你如何做事，或者給孩子一件真正的工具，讓他們可以在旁邊練習，比方說，在縫紉時給熱心的孩子額外的布與線，還有給他們一口鍋子和一支湯匙來練習攪拌。在尤卡坦半島的時候，一位媽媽給了蘿西一小團玉米麵團，讓她在一旁練習製作玉米餅，這個和替小孩創造一項虛構的任務不同。

2. **任務必須大部分要是力所能及的**。重點在於分配適合他們個別能力水準的任務，在簡易的工作上出錯總比困難的工作好，如果工作過於困難，孩子會感到沮喪，很快失去興趣，或者說他們需要你提供很多的指導和監督；但是，即使是最簡單的任務，例如去雜貨店買一條麵包，對年幼的孩子來說也是非常興奮的。如果我給蘿西一把牛排刀去切馬鈴薯，她肯定會感到失望，然後走開，因為馬鈴薯很難用那把刀切開，可是如果我給她一把更鋒利的刀，我會很擔心她切到自己，以至於我們誰都無法放鬆；相反地，如果我給她一根香蕉去切，她會想去鎮上買更多的香蕉來處理。

3. **永遠不要強迫孩子做事**。我們稍後會詳細討論這部分，目前來說，請記得，強迫孩子執行任務會嚴重削弱他們的自我激勵。後面我們將學習更多的技巧來對付頑劣、不願幫助的孩子，但是強迫做家務只會阻礙自發助人的教學，製造緊張的情勢，如果小孩拒絕或不理你，別管他們，稍後再試，我們正在訓練孩子合作，而不是服從父母，共同工作的部分意義在於孩子選擇不幫忙時，請接納他們的偏好。

兒童：童年中期（六歲到十二歲）

◉主要思維：鼓勵、激發並使他們採取主動。

以她九歲女兒海咪為例，瑪莉亞說：「這是你真正教他們做什麼的時期，你不會給他們做母親的工作，而是一些比較輕鬆的事情，第一次他們可能不會留意到，或許還要經過第二次和第三次，但是最終他們會明白你的用意。」

隨著孩童漸漸長大，請繼續使用與幼兒相同的指導方針，鼓勵他們愛上幫忙，並且主動請求協助次要的任務；當孩子的能力不斷增進，給予的任務會變得更加複雜，以符合他們持續提高的技能水準；隨時關注他們願意嘗試做的事情，還有似乎有興趣的事情，只要他們表現出主動性，就可以暫退到一旁，讓他們大顯身手。心無罣礙地接受孩子們的奉獻，將為他們自願提供幫助打下良好的基礎。

1. **繼續專注於團隊合作**。把孩子叫過來坐在你旁邊，協助處理家務，這裡指的不是「晚餐過後把盤子收進去」或是「將你的衣服摺好」，而是將這些任務描述成集體活動，例如「晚餐後我們一起清潔廚房」、「我們全家一起幫忙摺衣服」。

蕾貝卡解釋道：「提出邀請是為了一起做事，在西方文化中，孩子們經常獨自工作，比如星期四由哥哥負責，星期五輪到妹妹做，但這裡強調的是『我們一起執行這些工作，將會更快完成。』」

我們家在星期六出門去進行一些有趣的活動之前，我會來個打掃派對，叫來蘿西和我丈夫，放點音樂，大家一起清掃樓下的空間，然後我會指出：「當我們一起工作時，清潔速度真的有比較快。」

星期日洗衣服時，我採用了類似的策略。外面的衣服都晾乾後，我把蘿西和麥特都叫過來，一起把彼此的衣服摺好，同樣地，我可能會觀察到一起做事比起獨自一人還要快，還有我會注意到下星期有乾淨衣服可以穿是多麼美好且重要。

2. 委派難度較高的任務。隨著孩子的長大，他們的能力會逐漸提升，你可以讓孩子承擔更難一點的任務，舉例來說，「九歲的海咪現在只是沖洗盤子，而十二歲的安琪拉會負責把它們刷乾淨，」當我在瑪莉亞家裡時，她向我詳述道，「這就是我教導她們的方式，讓她們分別做部分的任務，有一天海咪就能學會完整的流程。」

3. 嘗試激發孩子的積極性。與其明確地告訴孩子去做某項任務，不如藉由告訴他們你要開始做家務，或是暗示需要完成某項家事來激發他們主動幫忙。在露西亞的一項研究中，百分之五十的納瓦族傳統媽媽表示，他們有時會用這種辦法來促使小孩主動幫助，報告註明：「例如，一位母親表示，她在開始準備晚餐時會特別告知女兒。」如此一來，她女兒便知道此時是參與的機會，於是她會詢問：「媽媽，妳需要幫忙嗎？」媽媽回應道：「需要，幫我拿一個番茄，還有其他東西，洋蔥或豆子都可以。」她就會知道要替媽媽準備什麼。

有時候，我會對蘿西說「芒果餓了」或「芒果的碗是空的」，引導她注意狗狗什麼時候需要食物；而且我會說：「該倒垃圾了。」對她發出信號，我需要她為我開門，並且扶住大門；我還會說：「商店購物時間到了。」這樣她就會知道要去拿環保袋。不可否認，她並沒有總是做我期待或希望她做的事情，但是她正在一點一滴地學習，沒有任何抱怨或爭吵。

好吧，到了我們說真話的時間，進行到現在，你可能在想：天啊，相較於直接把孩子們趕走，然後在五分鐘內洗完那些該死的盤子，這個家務訓練過程聽起來要付出更多的心力。

的確，這個過程需要對這些小人物有相當多的耐心，比我預期的還要多。當蘿西用她的小手去洗碗或摺衣服時，整個流程就會慢下來，有時她會耗費一兩分鐘來決定如何在洗碗機中擺放餐盤；另外，在我們摺完並收好她的衣服後，她會開始從抽屜裡拉出所有衣服，同時全部扔在地板上，大叫道：「媽媽，我們再來一次！」我皺著臉說：「可是——可是——可是……，我們剛剛才……。」

有一部分的我想大聲吼叫將她趕出房間，另一部分的我想要舉起雙手投降，忽視周圍的一團混亂，但是這兩種方法都無法教導蘿西成為一個愛好幫忙的家庭成員，所以我深吸一口氣，找回更多的耐心，回想起恰帕斯州的馬雅奶奶怎麼教小男孩不要丟掉整個豆莢，我問自己：如果是她現在會怎麼做？她會引導蘿西回到正軌。於是我輕輕地從蘿西手中接過衣服，將它們放回抽屜裡，接著平靜地告訴她：「摺好的衣服就留在抽屜裡吧，下星期我們還有機會再摺一次。」然後我離開房間。

話雖如此，還有另一個原因讓我堅持使用這套方法（同時建立我的耐心）：實際上它為我節省了大量的時間，而且我談論的不只是未來（如果）蘿西變得更樂於助人，有益於節省我將來的時間，我認為目前已經為我省下一些時間，即使她依然是一個嬌小而笨拙的薯球。

在下一章學習訓練樂於助人的孩子的第二個步驟時，我將解釋這個原理如何運作，這是件很棒的事，在見識過它的實際效果後，我完全改變了蘿西在這個家中所扮演角色的看法，它不僅可以教導孩子們更樂於幫忙，還能讓他們知道，成為家中的合作成員也很重要，包括與兄弟姊妹的互動。

本章小結：如何培養樂於助人的小孩

重要觀念（所有年齡層的孩子）

- 孩子與生俱來擁有幫助父母的渴望，他們天生就是這樣，雖然表面上看起來不像，但他們確實蘊含一股內在驅力，期望成為家庭的一份子，並幫助他們在這個群體中贏得一席之地。
- 大多數時候，他們不知道如何提供最好的幫助，所以他們看起來很沒用或很笨拙，而父母的責任就是要訓練他們。

- 第一次開始協助完成一項任務時，孩子可能會笨手笨腳，也許甚至弄得一團亂，但是經由不停地練習，他們能夠快速地學習，同時仍保有幫助他人的熱忱。
- 永遠不要阻止小孩幫助父母或其他家人，無論在任何年齡階段，驅趕孩子可能會扼殺他們參與和合作的動力，如果某個任務對他們來說太困難或太危險，請說服他們在旁邊觀看，或者將任務拆解成他們能力可及的小任務。

實際行動

對於年幼的孩子（從剛會走路的幼兒到大約六、七歲小孩）

- 請孩子全天候幫助你和家人，不要過度頻繁地要求，每小時一個任務就足夠了。以下是建議提出的事情：
  - 請孩子去拿你需要的東西；提著一小袋生活用品；在火爐上的鍋子攪拌；幫忙切蔬菜；扶著大門；打開水管。
- 確認這些請求是：
  - 對這個家會產生實際貢獻的真實工作，不是捏造或模仿的工作。
  - 成為一個團隊一起做事，而不是讓孩子獨自完成。
  - 在沒有你的協助之下，孩子很容易理解和完成的簡單任務，比如請孩子將一本書放到書架上，而不是讓他們去打掃整個客廳。但你也不能讓任務過於簡單。

對於年長的孩子（大於七歲）

- 如果孩子不習慣幫忙，讓他們放鬆地融入，試試前面的訣竅，保持耐心。他們可能不會立即提供幫助，但是總有一天會適應。
- 如果孩子已經在學習自發助人，隨著他們能力的提高，必須增加任務的複雜程度，依據小孩的興趣和技能，調整你對他們的請求。
- 與其直接告訴孩子應該做些什麼，不如嘗試透過間接提到某項任務來激勵他們。例如，你可以說「狗碗裡面沒有食物了」來提醒孩子餵狗，或者說「該來做晚飯了」以吸引孩子過來，並打開冰箱拿取食材。

第5章 如何培育機靈且合作的孩子

芭芭拉．羅格夫告訴我：「在馬雅文化中，人們相信每個人生來都有一個目的或作用。」

我詢問道：「即便是蹣跚學步的幼兒也有嗎？」

「嗯，是的，任何一個人都有，而社交互動的其中一個目標就是幫助每個人實現他們的作用。」

嗯，我在腦中思考：蘿西在我們家的作用是什麼呢？

在姜卡雅村落的第四個晚上，我興奮得睡不著，在吊床上輾轉反側，盯著圓形電扇看，聽到狗在街上吠叫，我們的房間將近攝氏三十五度，即使現在是凌晨兩點鐘，我依然毫無睡意。

終於熬到了凌晨五點，在第一聲雞啼出現前，我聽見一輛卡車在我們的車道上怠速。

我從吊床上跳下來，穿上一件粉紅色的沙龍裙，趁蘿西還在睡覺時，往她黏膩的額頭親了一下，今天我要親眼瞧瞧等了一年多的事情。

每當我告訴家鄉的朋友和家人關於馬雅超級媽媽的故事，談到他們很少與孩子爭吵，許多美國人都異口同聲地說：「真的嗎？但你還沒有看到父母早上讓孩子準備上學的時候，你再回去觀察任何一個父母，我敢說你會看到親子衝突。」

嗯，我今天正打算搞清楚這件事：觀察馬雅家庭如何應付令人恐懼的晨間例行任務。

我跳上敞篷小貨車，方向盤後方坐著負責這趟路程的主要人物：魯道夫・普赫（Rodolfo Puch），三十歲出頭的魯道夫是一個引人注目的男人，擁有濃密的黑色眉毛和呈現蓬鬆波浪狀的閃亮黑髮，上半身穿著一件清爽的白色襯衫，最上面的幾顆鈕扣敞開，感覺很隨性。

「早。」他對我打招呼。

「早。」我回應道。

「妳準備好去看德蕾莎搖晃吊床了嗎？」他笑著詢問，魯道夫的笑容很燦爛，不僅展現於他的嘴型，甚至能從臉頰、雙眼和額頭感受到滿滿的笑意。

我告訴他，自己迫不及待地想拜訪德蕾莎的家人，並且再次感謝他安排這次的採訪。當我們開車穿過村莊時，太陽仍然隱藏在地平線以下，天空是明亮的橙色，就像成熟甜桃的核。

魯道夫在一個與姜卡雅相似的的村莊長大，如今他經營一家旅遊公司，我聘請魯道夫安排與各個家庭的採訪，並將我們的對話從馬雅語翻譯成英語，他的幫助實在難能可貴，不管我的想法聽起來多麼愚蠢，他總是以同樣的方式回應，他會點頭說：「好的，沒問題，我們可以做到。」然後他會想出一個既可行又能滿足我需求的解決方案。

今天也毫不例外。

魯道夫說服了村裡的一對夫婦，瑪莉亞・德蕾莎・卡馬爾・伊察（簡稱為德蕾莎）和貝尼托・庫姆・陳，讓我們凌晨到他們家錄製影片，記錄他們為孩子準備上學，更明確地說，在早上七點之前，讓四個孩子全部穿好衣服、吃完早餐並出門。

「如果孩子們在七點之前無法到校，他們就會被擋在學校外面。」魯道夫補充道。

很顯然地，如果我想要看到權力鬥爭和漫天尖叫，現在正是絕佳時機。

魯道夫和我停在德蕾莎和貝尼托的家，裡面沒有任何燈光，一片死寂，每個人都還在睡覺，除了德蕾莎本人，她站在前廊上等待著我們，她的裝扮無可挑剔，穿著淡紫色緊身窄裙和粉紅色蕾絲襯衫，看起來像是要去曼哈頓吃一頓活力午餐，她的長髮綁成一個隨興的髮髻。

當我們走進客廳時，她點著頭說：「早。」魯道夫和我輕聲回答：「早。」她的三個女兒仍然在客廳對面的吊床上睡覺，德蕾莎立刻展開例行任務，試圖叫醒她們，她拉著一張吊床的邊緣，溫柔地對最小的孩子說：「醒一醒，起床了，克勞蒂亞，該去上學了。」六歲的小女兒還在沉睡中，「快醒來，該起床了，哎呀。」德蕾莎的音調保持平靜，但你可以察覺到一點點的挫敗感。

啊哈！我覺得快出現了：母女的權力鬥爭，我緊抓著麥克風，準備記錄德蕾莎對於不服從的反應。

但是，實際上德蕾莎只是扭頭離開，她並沒有催促小克勞蒂亞醒來，反而轉身走到房間最遠的那一邊，到那邊後，她停頓了一下，然後做了一些我從未見過西方媽媽嘗試的事情；德蕾莎基本上變身成為一名指揮家，或者更像一名棒球經理，默默地引導

隊伍離開防空洞，她沒有大聲拋出指令、威脅和解釋，而是藉由臉部表情和手勢進行溝通，捏住鼻子代表「開始穿衣服」，拉扯耳朵表示「梳好你的頭髮」，快速點頭意味著「你做得很好」，如果沒有密切注意，你就會錯失所有的指示。

德蕾莎從一疊手開始：十一歲的埃內斯托，他喜歡上學，而且已經起床穿好衣服，準備出門，「回來，去找你的鞋子。」德蕾莎不帶情緒地說道，埃內斯托沒有任何回應，直接跑出了前門，他是不是把媽媽的話當耳邊風？不清楚，但德蕾莎似乎並不在意，她毫不猶豫地轉頭看向王牌投手：已經十六歲的勞拉，她很了解這個遊戲規則。

「妳需要幫妹妹們梳頭。」德蕾莎用一種公事公辦的語氣告訴勞拉，雖然她沒有表達任何急切感或壓迫感，但也沒有婉轉地提出要求，她沒有放軟語調或者添加多餘的詞語，例如「妳介意替妹妹們梳頭髮嗎？」或「妳想給妹妹們梳頭髮嗎？」相反地，她的要求很直接：「妳需要幫妹妹們梳頭。」而且這句話奏效了。

在半夢半醒之間，勞拉像一具行屍走肉，走到她最小的妹妹身邊，溫柔地叫醒妹妹，開始為她梳頭髮；德蕾莎把校服遞給克勞蒂亞，小女孩去另一個房間換衣服，當克勞蒂亞回來時，她的姊姊表現出我見過最甜蜜的姊妹情誼，十六歲的少女不需要任何指令就端來一盆水，開始給妹妹洗腳，勞拉仔細且親切地清洗掉克勞蒂亞腳後跟與腳趾間的棕色汙垢，然後擦乾她的雙腳，最後幫妹妹穿上鞋子，整個過程都非常溫柔。

我突然靈光一閃，也許德蕾莎的孩子們對彼此如此平靜和友善，是因為魯道夫和我在場的關係，所以我向德蕾莎詢問，我們的存在是否改變了他們的行為，德蕾莎輕笑了一下，接著說：「嗯，如果你們不在這裡，勞拉會更快地給克勞蒂亞洗腳，她會告訴妹妹不要亂動，這樣她可以更快完成這件事。」

埃內斯托突然在後門現身，還是沒穿上他上學的鞋子，德蕾莎問他：「你找到鞋子了嗎？昨天你把它們放在哪裡？」同樣地，埃內斯托不發一語，再次走出前門。

然後德蕾莎示意女孩們過來吃早餐，她們馬上過來並開始吃飯，我手裡拿著麥克風呆站在一旁，吃驚地看著大家超乎想像地平靜。在整個過程中，德蕾莎只不過說了幾句話，沒什麼情緒起伏，孩子們卻能順從著她的領導，而且女孩們吃飯的時候，房間內特別地安靜，甚至還可以聽到外面的鳥兒在唱歌。

這時埃內斯托從前院跑進來，打破一片寧靜，腳上還是沒穿上鞋子！啊，我心想，德蕾莎到現在已經講了兩遍，要求他去找鞋子，但她覺得沒有必要加強自己的反應，她不會將他的不服從變成雙方的衝突，甚至沒有提醒孩子她已經問過兩次，事實上，她保持泰然自若，以同樣就事論事的語氣，簡單地重申了她的要求：「去找你的鞋子。」我還注意到她重複向孩子要求前整整等待了五分鐘，相比之下，面對類似的情形，我的忍耐度恐怕只有十秒鐘。

德蕾莎的耐心終於得到了回報，埃內斯托很快地從外面回來，而且是帶著他的鞋子。

接著，德蕾莎又做了一個手勢，四個孩子全部走出了前門，勞拉爬上載貨三輪車的座位，她的弟弟妹妹跳上車子前面的平臺，勞拉負責送他們去學校，這一切就結束了，整個早上的例行公事大約花了二十分鐘，從德蕾莎搖晃吊床到孩子走出門，一切都很順利、很輕鬆且很平靜，沒有任何戲劇化、沒有頂嘴、沒有吼叫、沒有哭泣，沒有反抗。

他們的早晨沒有任何瘋狂的跡象，在大多數情況下，德蕾莎的孩子們順從指揮，他們會聆聽且知道該做什麼，即使沒有立即對命令做出反應，德蕾莎從來不會強迫他們加快行動，她只是等了幾分鐘，然後用同樣的語氣再次要求，沒有挑起任何衝突。

「每天早上都很輕鬆，因為孩子們會互相幫助。」德蕾莎坦誠道，而且她講的完全正確，孩子們非常合作，我看到他們不僅想幫助媽媽，也會互相幫忙。

但我在這個家裡體會到一些在姜卡雅村的其他家庭中也曾有過的感受，除了想要互相幫助以外，德蕾莎和她的孩子們似乎比我和蘿西還要了解彼此。德蕾莎很清楚，更強勢地逼埃內斯托不會讓他趕快地拿到鞋子，她也知道勞拉才有可能讓克勞蒂亞起床，勞拉更曉得如何整理她妹妹的頭髮，以免拉扯或受傷，每位家庭成員都了解其他家人的習性，因此，他們的家有一股奇妙的凝聚力和協調感，一種「我們是一體」的感覺，「我們都在一條船上」。

剎那間，我茅塞頓開：德蕾莎已經訓練她的家人像世界冠軍球隊一樣團結合作，而我卻反其道而行，培養了一個反對論者、異議者，有時甚至是一個徹頭徹尾的地獄天使（Hells Angels）[1]動亂份子。

為什麼蘿西沒有和我站在同一陣線？

如果我能用某種方式將她招募到我的團隊中，就可以解決我們之間的一大堆問題嗎？也許早上的例行日程會更容易，也許可以更快離開公園，也許……蘿西願意在沒有任何戲劇性哭鬧的情況下上床睡覺，難道所有問題全部源自於一個根本問題嗎？

❖第二階段：給孩子們一張團體會員卡

在遇見德蕾莎和瑪莉亞之前，我按照著原以為所有優秀父母都應該做的方式來安排蘿西的行程：當她沒有在日間照護中心時，我總是會為她規劃一項「活動」。

當她午睡或晚上睡覺時，我會處理所有的家務，包括打掃客廳和廚房、洗衣服，並且預先準備隔天的早餐和午餐的部分食材，這樣我們在早上就不用匆匆忙忙。

每到週末，我們會去動物園、博物館和室內遊樂區，到公園玩耍，還有為萬聖節和復活節製作手工藝品，若是遇到下雨天，我們的客廳會擺滿玩具、遊戲、拼圖和各種「學習用具」。我對這些活動感到很滿意，因為我認為它們透過讓蘿西接觸各種體驗來豐富她的生活，在實際操作的過程中，也可以讓蘿西忙碌到不會妨礙我，並且分散她的注意力，以免她將我逼瘋。

但是老實說，我從來沒有真正喜歡過這些活動，坦承這件事讓我覺得自己是個壞媽媽，但是我無法騙人。在標榜「兒童友善」的地方，我不是感到無聊至極，就是遭受噪音、燈光和混亂的過度轟炸；離開兒童科學博物館之後，我會全身筋疲力盡、緊張不安，感覺就像花十塊錢美元買到一片義大利辣味香腸披薩後，在速食店裡有一部分靈魂似乎被抽離了。（順帶一提，後來蘿西對著我的臉尖叫道：「噁心！我討厭這種乳酪！」我只好自己吃掉那片披薩。）

在家裡客廳和蘿西一起玩也好不到哪裡去。有好幾個下午，我寧願刺瞎自己的眼睛，也不想再玩一次艾莎公主和安娜公主，但是我努力說服自己：這是一個好媽媽應該做的事情，這些是蘿西需要和想要的活動，對她大有好處，有助於她的學習和成長。

聽起來似曾相識嗎？

然而，我在姜卡雅村與瑪莉亞和德蕾莎共度的時光讓我重新思考：我先入為主地謹記「一個好母親會做什麼」的想法，有沒有可能都是胡說八道？那些應接不暇且玲瑯滿目的活動，實際上該不會與我的用意背道而馳，不僅沒有讓蘿西更快樂，使我的生活更順遂，反而讓蘿西表現得更糟糕，還讓我的生活更艱難？這些活動會削弱蘿西在家庭中相互合作的內在動機嗎？它們會侵蝕她的信心和自我認知嗎？有沒有一種更輕鬆、更有效且更愉快的方式來和孩子共度時光？

蘇珊娜・加斯金斯（Suzanne Gaskins）在過去四十多年來一直在研究馬雅人的育兒方式，她是來自伊利諾州東北部芝加哥大學的心理人類學家，每年都會在姜卡雅村住上幾個月，觀察家庭並採訪父母，蘇珊娜非常了解村裡的每個家庭，當地村民也都熟知她這個人。

一九八〇年代初期蘇珊娜住在這裡的時候，她還是位新手媽媽，帶著一個一歲大的男孩，她立刻注意到馬雅父母和在芝加哥育兒的朋友之間的明顯差異。馬雅父母並不覺得需要不斷地取悅小孩或與之玩耍，他們不會提供源源不絕的影片、玩具和尋寶遊戲，來激發孩子並且使他們忙碌，換句話說，馬雅父母不會在地板上玩公主遊戲，在兒童博物館度過週末，甚至吃十塊錢美元的披薩。

蘇珊娜把這些活動稱為「以兒童為中心」，意味著它們是專為孩子設計的活動，所以沒有孩子的父母就不會從事這些活動；蘇珊娜發現，馬雅父母認為沒有必要安排許多活動（如果有的話）。

反觀馬雅父母會給予他們的孩子更豐富多元的體驗，這是許多西方孩子沒有接觸到太多的層面：現實生活。馬雅人歡迎孩子們進入大人的世界，讓他們完全接觸成年人的生活，包括他們的工作。

大人規律地執行他們的日常工作：打掃、煮飯、餵養牲畜、縫紉衣服、蓋房子、修理自行車和汽車、照顧兄弟姊妹，而孩子們會在他們身旁玩耍，並且觀察大人的活動，這些真實生活中的事件就是「充實的活動」，是孩子們的娛樂，也是讓他們身心靈學習和成長的管道。

孩子們能夠毫無阻礙地跑過去觀看，並在任何需要的時候參與幫忙，隨著歲月的流逝，孩子便能逐漸學會編織吊床、飼養火雞、用烤爐蒸墨西哥玉米粽以及修理自行車。

這種學習方式在姜卡雅村子裡非常普遍。某天下午，在瑪莉亞的家裡，她開始在水桶裡清洗玉米，這是製作玉米餅麵團的必要程序，這個過程需要用淡水反覆沖洗玉米，瑪莉亞在一個藍色水桶前彎著腰，讓乾燥的黃色玉米粒在沁涼且清澈的水中打轉；咻的一聲，兩個最小的女兒亞莉克莎和海咪忽然跑過來看，瑪莉亞把水倒掉後，請求海咪幫忙，她告訴九歲的孩子：「去那邊打開水管。」海咪飛奔到水龍頭前協助她的媽媽，而小亞莉克莎一直在旁邊看著媽媽和姊姊。

「藉由這樣的任務，我告訴孩子們要懂得觀察和學習，」瑪莉亞在休息時向我說明，「這就是我時常教導她們的，『這件事很重要，妳們要仔細看。』」

由此可知，馬雅父母也像世界上大多數的父母一樣，安排孩子們的活動行程，每當大人忙於例行事務時，提供給他們與家人一起或靠近家人的機會；當成年人在住家周遭做事、看顧家族生意或維護菜園時，孩子們都可以待在附近，無論什麼樣的事情都歡迎他們的參與。

年幼的孩子其實很喜歡這些活動，他們求之不得。心理學家蕾貝卡・梅吉亞－阿勞茲表示，小孩子不會分辨成人工作與玩耍之間的區別，**「父母不需要絞盡腦汁地想怎麼跟孩子玩，假使我們讓孩子參與大人的活動，那就會變成孩子們的遊戲。」**於是他們會把家務事當成有趣且積極的活動，做家事的過程就是一種玩樂。

「父母不會強迫小孩子做家務或去工作，但他們會營造家庭的環境和氛圍，讓孩子們發展這些技能，」心理學家露西亞·阿爾卡拉描述道，「從兒童發展的角度來看，這是一種精密複雜的方式。」

毫無疑問地，鼓勵孩子加入成人的世界讓學習做家務變成容易得多，當你做早餐或洗衣服時，孩子就圍繞在你身邊，他們會迅速了解如何炒蛋，或是將白色與深色的衣服分開。

這種方法還有另外幾個好處。首先，它讓父母有休息的機會，父母不必安排、支付和參與永無休止的兒童活動，並且可以過著正常的生活——工作或放鬆，而孩子們則跟著他們走到哪、學到哪，你的生活不用圍繞著小孩，被搞得暈頭轉向，反而是純粹地讓孩子融入你的日常事務。

其次，人類經過不斷演化，兒童絕大多數會透過模仿成人來學習，至少過去二十萬年以來，孩子們一直是這樣學習的，我們將會在下一章中看到。因此，對於許多孩子來說，用這種方式學習，比以兒童為中心的活動更容易，壓力也更小，而且比較不會產生衝突和抗拒。

多麼美妙的學習方式！孩子們不需要快速地掌握一項技能，也沒有任何課程和期末考，只要在大人身旁觀察與幫忙，他們可以按照自己的步調來學習。

也許最重要的是，這種方法給予小孩在許多美國家庭中缺少的東西：他們的團體會員卡。

在西方社會，我們經常採用兩種激勵孩子的風格：獎勵（例如讚美、禮物、貼紙和零用錢）以及懲罰（例如責罵、暫停活動、禁足和威脅）；但在其他文化中，爸媽會利用另一種激勵方式：激發孩子想要融入家庭，還有團隊合作的渴望，簡單地說，就是「歸屬感」。

這是一個很強大的動機，誰也擋不住的驅動力，如果少了它，媽媽和爸爸在教養孩子時就會顯得力不從心。藉由歸屬感的鼓舞，不僅能促使孩子們跳起來自願做家務，而且還可以幫助他們整體上更加合作和靈活，這股動力驅使他們早上自動準備上學，從公園回家時乖乖地上車，吃掉父母放在盤子裡的任何食物，並且毫不拖延地完成擺放餐具的要求。

孩子們可以甘之如飴地完成這些任務，因為他們正在為這個家庭奉獻，當每個家庭成員都在洗碗盤，孩子也會拿起菜瓜布，當所有人都在打掃房子，孩子就會拿著抹布幫忙。

小孩子天生喜愛這類的合作，這是我們身為人類的特徵之一，相互合作並幫助關愛我們的人會讓我們感覺良好。

露西亞表明，小孩最早在八、九歲就完全意識到這股動力，「我們詢問馬雅孩子為什麼要幫忙打掃房子，幾個小孩都說因為他們是家庭的一份子，這是一個必須共同分擔的責任，每個人都會伸出援手。」有一個小孩回答：「嗯，我住在那裡，所以，我應該要幫忙。」另一個回答：「因為我在家裡吃飯，我也需要去協助爸爸。」

但是父母運用這種與生俱來的動機，必須滿足一個關鍵的條件：**小孩需要認為自己是稱職、有所貢獻的家庭成員，他們需要覺得自己的奉獻真的發揮了作用和重要性。**比方說，如果某個孩子正在照顧一個弟弟或妹妹，這個孩子就真的要為弟妹的生活福祉負責。

小孩子會敏銳地意識到自己與他人的關係，他們知道誰是隊友，誰是敵人，即使是剛學走路的幼兒也會意識到他們對別人的依賴與連結，他們知道誰在提供幫助，以及他們幫助了誰。

他們會敏感地察覺到自己在這個團體中的角色，是一個幾乎參與棒球場上每場比賽的捕手，還是一個沒有太多表現的右外野手？或是坐在包廂裡吃熱狗、喝蘋果汁的VIP觀眾？

透過邀請孩子進入成人的生活，你肯定了他們屬於這個家庭團體，從比喻上來說，你給了他們一張會員卡，他們會放在後面口袋隨身攜帶，因為這張卡可以暢通無阻地擁有團體的利益和責任，這張卡片對孩子傳遞了一個訊息：基於我是這個群體的一員，我要做這些大人在做的事；當家人在整理衣物時，我會過去做同樣的事，當家裡大掃除時，我也跟著打掃，當家人早上要外出時，我會乖乖準備和他們走……，任何你想得到的事情，小孩子都會追隨在後。

每次我們讓小孩子參與大人的工作時，無論是像倒垃圾這種簡單的事，還是為了出書而帶他們去尤卡坦半島這樣複雜的事，這些都是在教導他們是屬於更龐大群體的一部分，他們是「我們」的一部分，與這個家庭的其他成員密不可分，他們的所作所為可能幫助或傷害他人。

相反地，每次我們選擇一項為兒童設計的活動，就等於慢慢拿走他們的會員資格。我們向孩子們透露的訊息是，他們跟其他家人不同，比較像 VIP 客人，被排除於家庭工作和大人活動之外，因而漸漸消磨了他們對於團隊合作的動力。

這正是我和蘿西過去遇到的情況，她在家裡的角色是玩樂高積木、看教育影片和吃特別餐（特別是無醬義大利麵和奶油抹吐司），而我的職責是打掃、做飯、洗衣服，還有讓她有玩不盡的遊戲；這樣一來，當我早上要求時，她怎麼可能穿上鞋子？她怎麼會吃下我給的綠花椰菜？甚至是在我們疲倦不堪時乖乖地上床睡覺？

從各方面來看，她就像一家科技公司的執行長，我是她的活動經紀人，負責規劃她的每日行程，還要確保她過得愉快。

然而，在訪問德蕾莎和諮詢蘇珊娜有關以兒童為主的活動之後，我深刻地自我檢討，最後想到：不能再這樣下去了，我再也不要去擠滿小孩的點心攤買一片十塊錢的起司披薩，然後逼自己吃下去；當我摺衣服的時候，再也不會讓她看 YouTube 網站上的貝安斯坦熊（Berenstain Bears）[2]；晚餐時我不會再替她準備專屬料理。杜克萊夫家的往日時光就此結束。

我決定再也不要當蘿西的活動經紀人，而是邀請她進入我的世界；我決定停止討好她，學會單純地和她在一起就好。

從姜卡雅村回到美國後，我對杜克勒夫家進行了三個巨大的改變：

首先，我徹底修改了蘿西的行程。我意識到週末和幼稚園放學後的下午，是蘿西獲得家庭會員卡的寶貴時刻，讓她能夠參與我們家庭的內部事務，並沉浸在成年人的活動中。所以我幾乎取消了所有以兒童為主的活動，沒有兒童博物館、動物園和遊樂中心，我甚至取消了生日派對——除了那些我和麥特重視的親友所舉辦的聚會。遊戲聚會也是如此：如果我不想花時間和某位家長應酬，我們就不會去，頂多只是將她送過去與另一個家庭相處，我發現蘿西也很喜歡暫時離開麥特和我一下子，即使她只有兩歲半，她也不介意我是否在場，只要旁邊有另一個大人與她互動，她也能過得很好。

等到大家都有空時，我們會選擇全家人都喜歡的活動，這些是我們在蘿西出生之前曾經做過的活動，有時必須稍微修改一下內容，好讓她可以加入，比方說，縮短郊遊的時間、變更自行車路線、在晚餐時跳過第二輪飲料；但是這些活動的主角不是她，不是為她準備，不是「孩童限定」，它們是大人會從事的活動，而她可以全程參與，僅此而已。

其中一個決定性的轉變：我們不需等蘿西午睡和晚上睡著後才開始做家事，而是在她身邊做這些家務；星期六早上，我們會一起做有趣的早餐，將房子打掃乾淨，麥特和我都沒有偷溜出去；到了星期日，早上我們一起洗衣服，下午去商店購物，傍晚時分我們會整理花園、遛狗或去拜訪朋友。

當她晚上睡覺和午睡時，我現在都做些什麼？好吧，老天，我竟然放鬆了！我會讀一本書、散步、看一下 Netflix 影片，還有與我丈夫好好聊天而不被打斷，有時我會躺在浴缸好好泡澡享受，或是躺下來小睡片刻。

二來，我完全改變自己看待她樂於助人的想法。即使她搞得一團亂、弄壞東西，或是從我手中搶走餐具，我都會提醒自己：她這麼做是想幫忙，只是不知道怎麼做，我需要教會她，而這可能需要花點時間；我會釋出主導權，讓她依照自己的意願執行任務，並且盡量減少指導或評論，我會鼓勵她對家務的興趣，即便看起來她只是在玩或開玩笑。

再來，我盡可能地給予她更多自主權。我們在本書後面訪問哈扎比人時，將會知道更多相關資訊。在這裡我想強調的是，**尊重孩子的自主權**，也就是盡量減少對孩子的專制，對於這套教養方法的運用是不可或缺的。

實際操作二：訓練相互合作

在西方文化的薰陶之下，我們致力於在兒童和成人的世界之間劃清界線。小孩要上學，父母要上班；小孩必須早睡，父母時常晚睡；孩子吃幼兒食品，父母吃「大人食物」（這是去年夏天七歲的姪女告訴我的詞彙）。這種區別顯而易見，但是不一定要變成這樣，你的責任是尋找連接兩方世界的橋樑，而且機會隨處可見，只需要學習如何發掘。

請謹記，有些孩子可能需要時間來適應他們的新環境，尤其是在成人世界中尚無太多經驗的孩子，他們一開始或許不知道如何表現正確，可能需要花幾個星期或幾個月的時間，循序漸進地向他們介紹全新體驗。

芭芭拉說：「我認為問題在於，孩子長久以來只能在對兒童安全的地方長大，當他們進入一個遵循不同規則的地方時，例如中產階級社會中的成年人環境，有時他們會展現破壞性，惹惱其他人，然後父母就會放棄他們。」

但是千萬不要放棄！再多給點耐心吧，請記住你正在訓練孩子學習一項新技能。

芭芭拉表示，經過一些時間和練習，孩子們可以在成人的環境中學會正確的行為，「如果早點開始，或者放手讓大一點的孩子去適應某些狀況，他們就可以自主學習，小孩子其實很擅長區分大人和兒童世界之間的差異，也很會辨別不同的規則適用於不同的場合。」

試想我們若是沒有經常讓孩子接觸成熟的大人，怎麼能期望孩子學會成熟的行為？如果蘿西把所有時間都拿來與其他三歲小孩一起玩，我怎麼能指望她表現得比三歲小孩更成熟？

接觸成年人的世界也能訓練小孩子為學校做好準備，讓孩子們學會如何保持耐心、安靜和受人尊重，同時懂得如何觀察和傾聽。

下面會提供一些展開行動的方法：

◉初階版

將星期六或星期日設定為家庭會員日。在這一天，家中每個人都會受到同樣的對待，並受邀參加所有相同的活動。用「以家庭為主」的成人活動取代以兒童為主或僅限兒童的娛樂活動（包括兒童電視節目、Youtube 影片和遊戲），重點在於讓孩子投入大人的活動。舉例來說，處理屋內、庭院中或辦公室裡的雜事；一起去採買生活用品；去公園和親友野餐；去釣魚；當小孩在海灘玩耍時，你可以看書或工作；讓孩子一起規劃晚餐，包含挑選餐巾紙、菜單、飲料和所有好玩的事物；參加適合所有年齡層的教會活動；或者在兒童適宜的地方從事志願服務，例如食物銀行、施食場所、社區農圃或淨山組織。在一整天的活動中，請反覆提醒自己：**我不必討好孩子，是他們要努力成為家庭團體的一員**。

每天從孩子的事務中抽出一點時間喘口氣。可以從一次休息五分鐘開始，然後持續增加，直到能擁有整個星期六或星期日的時間。

在這些緩衝時間，放任孩子在一旁待著，不要指導他們、不用對他們解釋或是給他們玩具玩（或是讓他們看影片），讓他們自己想辦法；只管處理自己的事務，讓他們在身旁即可，你可以做家務事、處理公事、無所事事，躺在沙發上看雜誌；剛開始，在戶外做這類嘗試可能更容易，所以帶孩子們去公園的時候，順便帶本書或一些工作去，坐在長凳上保持安靜，如果孩子們抱怨很無聊，也不用管他們，他們會想辦法自己找樂子，不需要你或影片的陪伴。隨著他們技能的增長，生活會變得更輕鬆、更安靜且更祥和。

如果這方法有效，請記住**二十法則：每天抽出二十分鐘，距離孩子至少二十英尺，**在這二十分鐘之內，我能享有短暫的寧靜。

◉高階版

減少（甚至捨棄）所有以兒童為主的活動。別擔心，你的孩子仍然會在學校與親友一起經常參加這些活動，但是，盡可能拒絕生日派對、參觀動物園、遊戲聚會和「多元的郊遊」，年幼的孩子真的不需要這些活動。

對於年齡較大的孩子，幫助他們負責以兒童為中心的活動，教他們計劃、組織和實踐自己的活動。讓他們自己去舉辦遊戲聚會並與朋友一起拜訪；向他們示範如何報名參加體育、音樂和其他課外活動；教他們騎自行車、步行或坐公車去參加活動，如果這樣行不通，請協助孩子與其他家庭共乘汽車。這麼做的目的是讓你盡量減少參與孩子們的活動，提高他們的自主權。

請記住，以兒童為主的活動是父母專為孩子規劃的，如果沒有小孩，父母就不會參與，而且父母往往無法真心投入這項活動，兒童活動的確切內容會因父母和活動類型而異，比如說，團體活動通常只為孩子設計，但經常涉及眾多家庭成員和好友，許多家庭聚在一起為彼此歡慶。因此，只有你可以決定什麼是「兒童專屬」。

以我自身的經驗而言，我會問自己，如果蘿西生病了，我是否會參加這項活動，例如，她的幼稚園會安排每個星期和別的家庭共進晚餐，我真的滿享受這些夜晚，還和其他父母成為了好朋友，也是我們家庭支持網絡的一部分，我挺重視且樂於加強這些關係，即便晚餐是由學校準備，在我的心中這種活動也算是「以家庭為主」，所以我們非常熱衷於參加；信不信由你，我也很愛去遊樂場，還喜歡賞鳥、閱讀，還有用筆電寫作，我喜歡所有年齡層的孩子都聚集在遊樂場，但我不喜歡進去一起玩，因為這讓這項活動從以家庭為主變成以兒童為主，所以蘿西和我經常去遊樂場，但是她玩耍的時候我通常都在工作，僅此而已。

另一種衡量標準，是依據孩子活動後的狀態，他們變得更冷靜、更合作，還是更躁動、更敵對？如果是後者，那麼就該放棄這項活動，因為這正在削減他們團隊合作的動力，假若還會引發衝突、爭論或抵抗，那麼就完全捨棄吧，任何活動都不值得造成對立，孩子們需要越少衝突越好。

另一方面，在家裡一起忙了一個下午後，你的孩子是否看起來更隨和、更合作、更能自我娛樂？家中的低氣壓依然存在嗎？衝突和抗拒是否降低了？

依我的經驗來說，我發現蘿西在一連串兒童活動之後，會經歷一段不愉快的「宿醉」狀態，當她轉換到必須遵守常規並保持合作的家庭生活時，剛開始大約有一個小時會表現不佳；我甚至認為兒童活動對她來說是有壓力的，因為這類活動迫使她與家人分開，還經常讓她興奮過頭；所謂的兒童活動通常是關於「我」，而她真正需要和渴望的是更多屬於「我們」的活動。

讓孩子們盡可能地接觸成年人的活動，帶他們去那些通常沒有強調「專屬兒童」的地方，讓他們知道成人的社會如何運轉。你可以帶他們去商場、醫生辦公室、牙醫辦公

室、銀行、郵局、五金行、影印店，基本上任何你需要去工作和處理家中事務的地方都可以。

請不要指望他們一開始就表現完美，你需要花點時間慢慢訓練他們，從較短的時間開始，譬如十五分鐘左右，然後再逐漸增加；或者你可參考孩子們的表現，關注他們在成人的環境可以待多久。蘿伊非常善於讓我知道她何時瀕臨崩潰的極限，然而，有時她的耐心和冷靜讓我感到驚奇，就像上星期我帶蘿西去看眼科，整整三個小時，她幾乎沒有表現出煩躁或搗亂。

但是，當她躁動不安時，我會提醒她：「這不是玩樂的場所，能來這裡是一種權利，如果妳無法表現得像一個成熟的女孩，妳就得離開。」當她觸摸或把玩某一件器具時，我會提醒她：「這些不是玩具，我們作為大女孩不會在這裡玩。」

扔掉玩具和其他專為兒童設計的物品。好吧，你不用全部扔掉，但絕對可以將庫存量縮減為幾本書、幾支鉛筆和蠟筆，也許只保留一套樂高積木（或孩子經常玩的玩具），而且絕對不再買新玩具，請記住，過去二十萬年來，孩子們沒有這些物品依然能夠長大成人，他們根本不需要這些東西，更何況親戚和朋友提供的禮物已經夠多了，足以讓家裡塞滿粉紅色塑膠製品和藍色玩偶熊。

一般來說，擁有較少玩具（以及減少關注玩具）的好處很多，你將會省下清潔和整理這些物品的時間，家裡可以騰出更多空間，減少雜亂，也不會看起來那麼幼稚；如果有一間遊戲室，你可以用來從事成年人的活動，比如縫紉或木工。一旦你開始將玩具視為非必要、可有可無的物品，就可以訓練孩子學習其他的技能，例如提供幫助和與人分享。

運用玩具來訓練自發助人的孩子。如果玩具和遊戲在家裡不再必要，而是孩子擁有的特權，那麼清理它們便不會是父母的工作——至少不是你自己的責任；針對這些物品，現在你可以訂出一些實用的規範，向孩子示範如何收拾他們的玩具，還有一起完成清理工作，如果他們不想整理或沒有定期收拾玩具，只需要將玩具丟掉或捐贈給慈善機構；這個想法來自露西亞研究中提到的一位納瓦族傳統媽媽，當她兒子不願收拾他的玩具時，媽媽只需警告要「把玩具丟出去」，那個小孩便趕緊將玩具放回原處。

假如我必須三番兩次要求蘿西把玩具收起來，或是發現自己需要一遍又一遍地撿起它，我會直接把玩具丟掉，不然就是放進箱子裡，等到週末再把整箱拿去二手商店。有時我會用這類聲明對她警告：「給妳最後一個機會收好它，不然我就丟進垃圾桶！」其他時候我會直接扔掉，而她從來沒有想要回已經丟棄的物品，過沒多久，篩選留下的玩具都是她真正喜歡的，而她也變得更擅長收拾東西。

善用玩具來教導分享。當你去拜訪朋友時，讓孩子挑出一樣玩具或一本書送給另一個家庭；也可以每月固定檢查所有玩具，從中挑出一半捐給慈善團體，我敢說，你的孩子會非常喜歡與朋友和慈善機構分享，幾個星期過後甚至會開始自動自發地去做。

重新思考你身為父母以及孩子在家庭中的角色，你的職責是讓孩子忙碌和玩樂嗎？還是向他們示範生活技能以及如何與他人合作？

現在想想孩子在家裡的角色，他總是在享受數不盡的玩樂嗎？還是致力於更偉大的目的——幫忙與合作？願意團隊合作嗎？他如何貢獻一己之力，他會想要對家庭有所貢獻嗎？

請教導孩子們協助完成日常事務，例如準備三餐、打掃環境、幫忙洗衣服和照顧寵物，請他們觀看或參與，或者單純在工作進行時確保他們待在旁邊，如果他們有所抗拒，請提醒他們，身為家裡的一分子，大家必須同心協力。

邀請孩子來幫忙時，請記得是請求一起合作，而非讓孩子獨自完成任務，你可以這樣說：「我們一起把這些衣服摺好，這樣比較快。」每項事務都能成為一起做事並強化孩子身為家庭成員身分的機會，另外，請銘記在心，這是邀請而不是命令，如果孩子不願意，他們是可以拒絕的。

開始把小孩當成同事來訓練。如果你真心希望孩子把自己視為成熟家庭的一分子，請讓他們參與你的工作或日常事務。

在管理階層允許的情況下，定期帶他們到你的辦公室或工作地點，但最好每星期待幾個小時就好，在你工作時讓他們做自己想做的事，可以著色、繪畫或閱讀，如果他們對你的工作表示感興趣，那就給一些對孩子來說簡單可行的小任務，比方說，蘿西喜歡製作精美的感謝卡送給我們採訪的人，她還會裝訂合約、掃描文件，並且在郵件上貼郵票。

週末在家的時候，如果你需要處理公事，在工作時可以請孩子待在你身邊，不需要告訴他們在做什麼，只要簡單地說：「現在我們正在工作，所以你得保持安靜。」在我寫作的時候，蘿西喜歡坐在我旁邊，即使我只是盯著螢幕看，她也會躺在我身邊休息，有時她會著色和「讀書」。

請發揮創意，想辦法讓孩子參與我們的工作，即使我們的文化通常不鼓勵這樣。舉例來說，帶孩子一起出差，還有參加商業晚宴或聚會；以商業問題或任務徵求你孩子的建議或意見，在晚餐或開車時討論工作並詢問他們的意見；甚至單純地展現你的工作樣貌，給他們看你的簡報、專案評估、會計表格，用地圖指出你的工作地點以及客戶的公司位置，讓他們看你所能做的一切，引導他們了解你的世界。

我經常與蘿西一起錄製她聆聽電臺故事的過程，即便主題與育兒無關，因為她喜歡錄音和聽到自己的聲音被播放出來，而且她很常對各種話題產生有趣的看法，也非常擅長整合不同想法，最後一個原因是，我希望有朝一日，她能幫我抄寫訪談逐字稿和編輯部分片段，所以需要她儘早了解這一切。

當我離開姜卡雅村回到家，並將這些改變付諸實行時，所有狀況是否立刻獲得驚人的改善？嗯，沒有，我花了幾個月的時間才停止討好蘿西，不再擔任她的活動經紀人，我依然發覺自己偶爾會替她安排「活動」，或者把我們在公園裡的散步變成她的生物課。

然而總的來說，這套新方法使我們的生活壓力大大地減輕，我和老公再也不需要每個週末奔波於各種兒童活動，反而有更多時間享受自己的嗜好和興趣，例如健行、園藝、閱讀，還有星期六下午在沙灘上慵懶地待上三個小時。蘿西也喜歡了解我們的興趣，無論我們為何感到興奮，她也會為之激動！這個方法確實增加了我們彼此通力合作的機會。

而且從此以後，我再也沒吃過一片十塊美金的披薩。

團隊教養一：團結合作的好方法

一九五四年七月，天氣異常悶熱的某一天，此刻是早上七點，在伊利諾州密西西比河中西部的一個小鎮阿爾頓（Alton），學校正在放暑假，九歲的米奇．杜克勒夫已經起床穿好衣準備去工作，幾分鐘以前，他爸爸打了一通「電話」。

「他只是用低沉的聲音說『米奇』，我就明白了他的意思，並且完全清醒了。」他後來回憶道。

年輕的米奇用梳子整理他的平頭，然後迅速走下樓梯，空氣中瀰漫著肉桂香甜的氣味。

米奇的爸爸站在工作臺前面，滾動肉桂捲並放在烤盤上，一個郵筒尺寸的大型攪拌機器正在揉打著大約三十磅的麵團，每隔幾秒鐘，白色麵團就會撞擊攪拌機的側邊，發出響亮、規律的「砰」、「砰」、「砰」聲。

「早，爸爸。」米奇打招呼後，從父親的身邊走過，來到麵包店的前面，玻璃櫥窗展示著巧克力甜甜圈、藍莓馬芬糕和杏仁丹麥麵包，在櫃臺後方架上擺著許多全麥麵包、黑麥麵包和巴布卡麵包（babka bread）[3]，幾位客人已經在排隊等著點單。

米奇抓起一條白色圍裙，將它繫在瘦削的腰上，然後開始工作。

他說：「早安，請問需要什麼？今天甜甜圈十二個特價一毛錢。」

如果你現在繞地球一圈，在有人居住的六大洲上，你會發現一種養育子女的普遍方式，從喀拉哈里沙漠的狩獵採集者和肯亞的遊牧民族，到亞馬遜流域的農民和密西西比河旁的麵包師，橫跨完全不同氣候與社會的父母們不停地運用這種方法與孩子建立關係，這方法可能已經存在了數萬年，甚至可能有數十萬年之久；直到最近，許多美國父母才開始實行，但在過去的五十到一百年間，有人說服這些爸媽們必須脫稿演出，導致此方法逐漸在美國社區消失。

現在我們要學習如何將它重新找回來。

這套方法由**團結**（Togetherness）、**鼓勵**（Encouragement）、**自主**（Autonomy）和**不干涉**（Minimal interference）等核心要素組成，這四種要素奠定了親子關係的基礎，於是我構思了一個簡單的首字母縮寫詞：**團隊**（TEAM），這樣當我與蘿西爭執不下時（或者杜克勒夫家亂成一團時），就可以輕易地想起核心元素，並運用它們來掌控混亂。

在本書中，我們將深入探討這四個字母背後的涵義。讓我們從T開始，它代表著「團結」。

西方社會非常注重培養孩子的獨立性，早上自己著裝完畢，打掃自己的房間，獨自完成作業……多不勝數。但這種思維可能與數十萬年來的演化背道而馳，人類擁有與他人相處和幫助他人的卓越動機，這是我們與其他靈長類動物有所區別的關鍵特徵之一，也可能是身為智人（Homo sapiens）的我們在過去二十萬年倖存下來的原因之一，而（至少）其他七種智人則沒有。

演化生物學家莎拉・布萊弗・赫迪（Sarah Blaffer Hrdy）在她的著作《母親和其他人：相互理解的進化起源》（*Mothers and Others: The Evolutionary Origins of Mutual Understanding*）[4]中寫道：「除了語言以外……，我們與其他猿類之間的最後一個顯著差異，涉及一組奇特的社會屬性，令我們能夠監控他人的心理狀態和感受。」

更重要的是，這種幫助的驅動力出現在生命早期。在一項研究中，蹣跚學步的孩童自願幫助成年人完成四個截然不同的任務，他們會去拿成年人拿不到的東西，在成人無法空出雙手時協助打開櫃子，糾正大人的錯誤，移除擋在成人前面的障礙，為了在多方面提供幫助，兒童必須具備非凡的同理心、讀心技巧和合作動機。

互相幫助的渴望已深植於我們的基因中，正如歌手女神卡卡（Lady Gaga）所說：「我們生來如此。」

因此，當父母堅持讓孩子單獨工作時，我們正在打擊他們與生俱來的渴望和需求，即「團結合作」，在孩子與我們之間製造緊張和壓力，讓我們自己陷入痛苦和衝突。

請回想造成小孩鬧脾氣或出現焦慮的導火線，大多數時候包含孩子與照顧者分開的那一天，例如在日照中心「丟包」，為什麼我們把下車稱為丟包？因為蘿西以為我們真的要丟下她！還有在午睡和就寢時刻，或是當父母要出門工作的時候。

為了更完善地傳達我的意思，我想以我們的寵物犬芒果為例。她是一隻十二歲的德國牧羊犬，很窩心又可愛。但是，老天爺啊，她好吵喔！她會對很多事物發出叫聲：當門鈴響起時、當人們走進我們家時、當人們擁抱時、當人們跳舞時……請自行想像。她的預設反應就是吠叫，起初我們試圖訓練她不要再發出叫聲，花了我們超多功夫，事實證明，任何解決方案都只能治標；直到最後我想通了，這個行為源自於她的基因，她天生就會吠，除此之外，狗叫聲是保護我們、幫助我們並對我們表達愛的方式，所以我決定不再對抗，與她的叫聲共處。

孩子們的團結合作也是相同的情形，在許多方面，年幼的孩子生來就要與人相處，然後與他人一起工作，這是他們既定的模式，也是愛我們的方式，不僅有助於他們與所愛的成年人建立深厚的關係，還可以協助他們在認知與情感上的發展，透過團結合作，他們才能健康地成長。

所以放眼全球，你會看見超級媽爸不會與這種本能鬥爭，而是善加利用它，他們深知「一起」完成任務比起單獨做某件事來得更有價值、更有意義。如果孩子看起來需要或是正在尋求幫助，父母會主動過去幫忙。舉例而言，如果一個五歲孩子早上需要協助穿衣服，那麼父母會很樂意出手幫忙，即使孩子完全有能力自己穿好，父母不會不斷強迫孩子獨立或是揠苗助長，反之，父母會給孩子空間和時間，按照他們自己的速度來發展。

請想一下，如果在他們有需要時，我們撒手不理，又怎麼能指望孩子來幫助我們，或是期望孩子去幫他們的兄弟姊妹？

反過來說，當超級爸媽需要幫助時，他們也不會吝於向孩子提出請求，即便是蹣跚學步的幼兒。在家裡可運用的請求有：「去拿一杯水」、「去鄰居那裡拿一支火把」、「打開水管給花園澆水」、「把玉米去殼」，甚至是「去看看瑪麗阿姨和鄰居鮑勃有沒有在交往」，沒錯，在玻利維亞亞馬遜地區的艾斯艾尼（Ese'Eja）狩獵採集部落中，孩子們是成年人的狗仔隊，因為大人交談時，小孩子可以神不知鬼不覺地在屋內閒晃。

好吧，又到了說真話的時間，當我第一次讀到團結的重要性時，聽起來像一種新的地獄。我發現和蘿西在一起會感到身心俱疲，有幾個晚上用餐後，我會偷偷穿過廚房、走到浴室鎖上門，冀望擁有片刻的安寧，我最討厭跟孩子每天像兩片魔鬼氈一樣黏在一起好幾個小時。

但是在姜卡雅村，我有幸看到瑪莉亞和德蕾莎如何落實團結合作，才發現原來我的想法大錯特錯。首先，我把這件事想得過於艱難，搞得太複雜，這就是我無法撐過一、兩個小時的原因；其次，我將它當成自己的課題，搞錯了團結一致的對象和內涵。

對象：團結合作絕對不僅限於爸媽，在許多情況下，父母根本不需要參與，任何愛護這個孩子的人都可以貢獻團結的力量，在類似姜卡雅村和庫加阿魯克（Kugaaruk）這類傳統社群的任何地方，你都會看到除了爸媽之外，其他人也會教導孩子團結的能力：祖母、祖父、阿姨、叔叔、兄弟姊妹、鄰居、保母和朋友，凡是你能想到的角色；所謂的團結友愛就是勞拉姊姊幫妹妹克勞蒂亞穿衣服，是莎莉奶奶帶著三歲泰莎到凍原上採摘漿果，是哥哥和弟弟睡在一塊，是鄰居幫忙抱著嬰兒，是朋友牽著孩子的手，團結是圍繞著孩子的愛，無論他們走到哪裡。

正如我們後續會繼續提到的，其他照顧者的參與是團隊教養的重要組成部分，使養育小孩變得更加容易，並且減輕父母的負擔。

內涵：與孩子在一起時，父母和其他照顧者不會時常給予指導、命令和警告，也不會藉由陪他們玩樂或授課來不停激勵孩子，所謂的團結友愛完全不是這麼回事，而且我保證你會發現這是一種成本較低且不怎麼耗費精力的教養方式。

團結在一起意味著讓孩子和你一起出去逛或一起做很多事，無論你需要或想做任何事情，請孩子去跑腿或做家務，也允許他們做自己的事；如果他們想過來幫忙或看看，隨時歡迎，但如果他們沒有任何表示也沒關係，讓孩子在你的生活裡做他們自己就好。照顧者和兒童這兩種個體可以在同一個空間和睦相處，但並不需要互相關注，稍後我們將了解更多關於要怎麼訓練麻煩的孩子學習這項技能，此時只需記住，**你對孩子的關注越少（尤其是透過命令、指示和糾正的關注），孩子想引你注意的頻率就會越少。**

和睦相處是一種很放鬆且細水長流的狀態，當我們都停止掌控彼此的行動，讓彼此做自己時，就能達到這種境界。在庫加阿魯克的鼓舞晚會上，因紐特的超級媽媽伊莉莎白．特谷米亞讓我釐清了這個想法，當蘿西與其他小孩玩時，我拚命告訴她該怎麼做，伊莉莎白轉頭看著我說：「隨她去吧，她沒有亂發脾氣，她做得很好。」

蘿西和我在為了撰寫本書旅行的所到之處，都看見這種平易且輕鬆的和睦相處。在姜卡雅村莊，馬雅媽媽餵食雞群或編織吊床時，孩子們則在附近爬樹；在北極區域的庫加阿魯克小鎮上，因紐特父母到河邊檢查漁網時，孩子們也會來岩石上面玩耍，還有其中一天，兩位媽媽在前方草坪上屠宰一頭角鯨，蘿西和一群年幼的孩子則騎著自行車到鄰近的小溪玩水，偶爾一個孩子會停下來瞧一瞧鯨魚肉（muktuk），但是父母從來不會給予任何指令，除非小孩子表現出興趣或者父母需要實質的幫助，父母和孩子們只是和睦共處。

與此同時，孩子們正全力傾聽並吸收。「就這麼簡單，這就是我們做事的方式。」他們也在學習。

在不甚久遠的年代，美國成年人依然將合群視為孩子學習各種技能的根本，我的祖父就是這樣在喬治亞州（Georgia）學會種花生和製作家具的木匠技巧，我的祖母也是這樣學會烘焙、烹飪、編織和縫紉，還有我媽媽因此學會做炸雞和修補鈕扣，同時也是米奇·杜克勒夫成為一名麵包師的方法。

米奇是我的公公，當我告訴他在姜卡雅的馬雅媽媽如何教育孩子做家務時，他立刻明白我在說什麼，他回應道：「聽起來很像我的成長方式，跟我在麵包店學習的方法一樣。」

米奇的父親是來自馬其頓（Macedonia）的移民，一九五一年，他的父親在伊利諾州阿爾頓開創了公爵麵包店（Duke Bakery），這個小鎮鄰近當初美國內戰開始以前，亞伯拉罕·林肯（Abraham Lincoln）和史蒂芬·道格拉斯（Stephen Douglas）進行總統大選辯論的地點。

從麵包店開業那天起，米奇的家人就希望他能為家族生意做點貢獻，他四歲時就開始負責摺派餅的紙盒，他暗自發笑道：「每摺一個盒子我都應該得到一分錢的報酬，但是印象中我從未收到任何酬金，這是一個誘餌。」

他所有的空閒時間幾乎都在麵包店裡度過，「我們每天都在麵包店附近玩耍，」米奇描述道，他和他的兄弟沒有保母、營隊或空手道課程，放學後、週末和暑假期間，孩子們的娛樂活動就是聚在麵包店，而家人則忙著做生意。

「我們幾個兄弟隨時可以去麵包店，我每天都在店裡晃來晃去，除非天氣非常好，鄰居小孩才會想要一起出去玩。」

在那幾年的時間，米奇學會了如何製作麵包店販售的所有品項，從密西西比泥沼派（Mississippi mud pie）[5]到巴布卡麵包，他運用兩種簡單的工具學習：觀察與實驗，「這是必須親自動手的工作，不斷嘗試各式各樣的任務。」他坦言。

米奇的爸爸是一個沉默寡言的人，與德蕾莎如出一轍，他會非常謹慎地斟酌用詞，關於如何製作某樣東西，他不會從頭到尾教一遍，而是會糾錯並給點小建議，比如：「肉桂麵包上的糖太多了」、「你把發酵麵團揉過頭了」或者「你有把麵包

送進去發酵嗎？」」但總的來說，他允許米奇和他的兄弟犯錯，做出不完美的糕餅和外觀畸形的派餅，還讓兒子們進來閒逛，米奇說：「我們從來沒有被逼著去工作，沒有任何壓力，如果我們只是在一旁看著，沒有人會大聲責罵或發脾氣。」

米奇滿九歲的時已學會足夠的技能來為家族生意做事，他說：「我大部分在外場工作，負責接待顧客。」但是他也會鍛鍊自己的烘焙技巧。

他記得，大約就在此時，他的叔叔尼克要他做一條肉桂麵包，「我幾乎無法在麵包工作檯工作，但我很榮幸他希望我替他做點什麼，所以我告訴他：『沒問題。』」

第二天，米奇放學回到家，爸爸問他：「米奇，你記得自己答應過尼克叔叔的事嗎？」

「所以我馬上走到麵包店的後面，爸爸留下一塊已經混合好的麵團要讓我使用，還在桌子底下墊了一個木箱讓我站，這樣我才能碰到檯面。」

米奇把麵團擀開，加入肉桂糖，捲成一整條麵包，接著放進烤箱。

「我對於最後成形的樣子不大滿意，而且我還忘了發酵，否則應該可以做得更好，但是依我的年齡來說，我覺得成果還不錯；尼克叔叔覺得很驚豔，他很開心地告訴我麵包非常美味。」

所有的努力與準備，最終讓米奇在大學畢業後接手麵包店，他在那裡工作將近五十年，直到二〇一九年退休。但是，作為家人身邊資深的麵包店員工，他得到了更偉大的成長禮物：對於工作的自豪感和對家庭的貢獻感，這位七十四歲的長輩眼眶泛淚地說：「天啊，我爸爸從來沒有拒絕過任何想工作的人，即使是一個小孩子。」

從現在起，我們開始看見教育兒女的一個嶄新尺度，完全不涉及控制的角度，我們發現了一種與孩子合作的方式，包括將我們與他們的行程結合，並追求一個共同目標。露西亞將這種複雜的合作形式稱為「如魚得水的自在」，在接下來的幾章中，我們將詳細討論這種合作的運作原理，了解如何在展開溝通和愛的同時，盡量減少親子對抗。

本章小結：如何培養團結合作的孩子

重要觀念

- 孩子們有強烈的自然動機，能夠像團隊一樣相互合作，可以視為「同儕壓力」，但是與家人有關，而不是同年齡的人。
- 專為兒童設計的活動會削弱這種團隊動機，並使孩子認為他們不需承擔家庭責任。
- 另一方面，當我們把孩子納入成年人的活動時，可以增強孩子合作和學習家庭事務的動機，孩子感覺自己是團隊中能獨當一面的成員，他們從家庭中受益良多，同時也應該負起責任。

- 當小孩不得不從幼兒的世界（包括幼兒娛樂）轉換到成人的社會時，他們往往會出現行為不端。
- 世界上絕大多數文化中，父母不會不斷地激發和討好孩子，這種養育模式對小孩和父母來說都是令人精疲力盡且飽受壓力的。
- 兒童不需要這種娛樂或刺激，他們完全有能力自我娛樂，在沒有父母或３Ｃ產品的干預下，他們幾乎可以靠自己完成一切。

實際行動

對於所有的孩子們：

- 盡量減少以兒童為主的活動，確保孩子可以接觸到你的生活及工作，當你在處理雜事或其他大人事務時，將孩子們帶在身邊，你本身的活動就足以娛樂和激勵他們。
- 盡量減少來自３Ｃ產品和玩具的干擾，小孩擁有的「娛樂」物品越少，你的世界就變得越有吸引力，他們越有可能願意在你身邊提供幫助。
- 盡可能讓孩子們接觸大人的世界，在你處理公事時，將孩子帶在身旁，善用機會帶他們去出差、聚會、拜訪朋友，甚至去你的辦公場所。

- 在週末的時候，選擇你想做的事情，尤其是你沒有孩子也會去的活動，例如：釣魚、健行或騎自行車，還有在花園做園藝工作，去海邊或公園，拜訪朋友。

給較大的孩子（超過七歲）：

- 讓年紀大一點的孩子計劃和組織他們自己的兒童活動，例如體育、音樂和藝術課，還有其他課外活動與遊戲聚會。鼓勵他們自己經手整個流程，例如註冊、交通等等。
- 慢慢增加孩子在家裡的責任，包括對弟弟妹妹的照顧以及對烹飪和清潔的貢獻，想想他們可以協助你工作的方式。
- 如果年紀較長的孩子很少接觸大人的世界，請逐步地教導他們。在你工作時，將孩子帶在身邊，如果孩子行為脫序，向他們解釋在大人的社會中需要怎麼做。
- 如果孩子仍然不聽規勸，請耐心等待，不要放棄，以後再試，他們總會理解你的用心。

注釋

1 地獄天使（Hells Angels）是一個被美國司法部視為有組織犯罪集團的重型機車幫會。

2 貝安斯坦熊（Berenstain Bears）是史丹和珍．貝安斯坦依照自己的育兒經驗，用活潑的畫風記錄下來，後來由他們的兒子麥克接手延續精彩的成長故事，從一九六二年至今已成為美國家喻戶曉的暢銷童書。

3 巴布卡麵包（babka bread）起源於波蘭和烏克蘭地區，是一種呈現漩渦狀的猶太麵包，充滿奶油香甜的滋味，最早使用肉桂做為內餡，後來演變出許多口味。

4 Mothers and Others: The Evolutionary Origins of Mutual Understanding 無中文版本，暫譯為《母親和其他人：相互理解的進化起源》。

5 密西西比泥沼派（Mississippi mud pie）是一款使用許多巧克力的美國南方甜點，外觀有如密西西比河河床邊的泥巴，因此得名。

第6章

比讚美更好的激勵訣竅

每天大約在中午時分，當你路過瑪莉亞的房子時，會聽到廚房裡傳來聲響，噠、噠、噠、噠、噠、噠、噠，停頓大概二十秒後才接著重複，噠、噠、噠、噠、噠、噠、噠。她是在牆上掛東西嗎？還是在打造一件家具？

噠、噠、噠、噠、噠、噠、噠，聲音持續了十五分鐘，也許更久一些。

當我靠近門口時，香味撲鼻而來：香甜的奶油玉米，在炭火上漸漸焦糖化。

瑪莉亞坐在廚房的桌子旁邊，面前是一大塊淡黃色玉米麵團，她捏下一個小麵團，相當於核桃般的大小，用指尖將麵團壓扁成一個完美的圓餅狀，噠、噠、噠、噠、噠、噠、噠，接著輕輕地將圓餅放在加熱的煎鍋上一分鐘左右，直到那塊餅鼓得像河豚似的，然後才翻面。這些玉米餅的滋味吃起來如天堂般美味，結合溫暖、奶油香和柔軟的口感，是我這輩子吃過最好吃的玉米餅。

這時，瑪莉亞五歲的女兒亞莉克莎走過來幫忙，讓我親自見識到要怎麼高竿地鼓勵小孩。亞莉克莎的小手指不太靈活且動作緩慢，幾乎沒有能力完成這種工作，但瑪莉亞沒有制止她，也沒有衝過去抓她的手，更沒有為孩子示範如何製作可口美味的玉米餅；反之，她悄悄地讓位，放任亞莉克莎做出形狀詭異的餅皮，直到孩子滿意自己的作品。她會讓女兒練習；當小女孩厭倦了這個任務，瑪莉亞也不會硬要她留下來完成，看著亞莉克莎蹦蹦跳跳離去後，瑪莉亞便繼續工作。

接下來，瑪莉亞的二女兒海咪來到桌邊，九歲的她剛才一直在外面跟朋友玩，現在想一起幫忙；與妹妹相比，海咪可是做玉米薄餅的達人，但她還有很多細節要學習，如果想做出瑪莉亞的手藝，需要多年的經驗。

因此，海咪做的玉米餅到頭來還是有點奇形怪狀。她不斷嘗試做出完美的作品，然後，大家快看！海咪成功了！她創造了一個藝術品：一片完美的圓餅，厚度均勻，像月亮一樣圓。

猜猜接下來瑪莉亞做了什麼？或者更重要的是：她沒有做出什麼反應？

一九七〇年代，一名美國心理學家愛德華・迪西（Edward Deci）[1]設定了一個遠大的目標：搞清楚驅動人們自願做事的動機；在他的研究問世以前，心理學家一直專注於不同類型的動機，這些動機主要是由外部因素所塑造和控制，譬如獎勵（例如金錢）、懲罰（例如停權）和受到表揚；但是愛德華想知道，在沒有這種外部條件的鼓勵下，人們採取行動的原因是什麼，當眼前沒有明顯的回報時，什麼動機可以自然地驅使一個人尋求新挑戰或是自發助人？為什麼有人願意在沒人在意的情況下做某件事情？究竟是什麼點燃了他們內心的熱情？

舉例來說，剛開始撰寫本書時，我投入的心血看起來都很愚蠢，每週的工作量基本上都是加倍的，而且這次的旅行完全榨乾了我的銀行帳戶，同時，我不確定是否有人會關心這個故事，還有我能否賺到錢；儘管如此，在空閒時，我還是在寫作和研究，這一切究竟所為何來？因為我是著實樂在其中，喜歡去認識本書中提到的人，並且向他們學習。身為一名作家兼記者，我覺得自己在整個過程中獲益良多，成長不少。

我擁有艾德所追尋的「內在動機」，寫作的動力來自於我的內心，而非外部獎賞，有了內在動機，活動本身就很令人愉快，這是來自「內在的獎勵」。

內在動機讓人可以在夜晚時一個人在客廳跳舞，就算沒人欣賞也無所謂；讓蘿西在早上起床後，立即開始著色；也讓海咪放下和朋友玩樂的時光，進來廚房幫瑪莉亞做玉米薄餅。

在許多方面，內在動機具有神奇的力量，讓人們在沒有痛苦或抗拒的情況下自願成長、學習和工作，而且效果可能還比外在動機持久。

藉由獎懲呈現出來的外部影響，實際上會削弱內在動機。貼紙集點表、冰淇淋獎賞、休息時間、懲罰或其他後果的威脅，通常會破壞這種類型的動機。

換句話說，如果海咪每做出一個完美的玉米餅，你就給她十塊錢披索，或者在表格上貼一顆金色星星，過沒多久，她可能就不再主動做玉米餅了；然而，在沒有任何回報的情況下，小女孩依然日復一日，心甘情願地來到餐桌旁幫助她的媽媽，到底是什麼原因？是什麼激起了那股內在動力？

迄今為止，心理學家已經發表了至少一千五百篇關於此類問題的研究論文，這些研究結果與馬雅社區（例如姜卡雅）的父母對待兒童的方式之間，可能存在著明顯的相似之處。

西方心理學領域發現，激發內在動機需要三個要素，我們已經討論過第一個：自我連結。

要素一：自我連結（connectedness）。

自我連結是與他人有所關連的感覺，屬於某個團隊或家庭的感覺。研究表明，當孩子覺得跟老師有連結時，在班上就會想要努力學

習；與父母的相處也是如此，小孩子與家人的關係越緊密，就越容易一起完成家庭目標和日常事務。發會員卡給他們，這不失為和自己的孩子建立關係的好方法，歡迎他們加入我們的世界，成為家庭的一份子，一起完成共同的目標，比如為午餐準備玉米餅，能夠讓他們更開心且更有效率地合力工作。

要素二：自主性（atonomy）。前面我已經提過自主權，它非常非常重要，我們稍後會用一整章來討論，但在剛才描述的情況中，你可以瞧見這個因素在瑪莉亞與女兒們的互動中發揮了作用，瑪莉亞沒有命令亞莉克莎或海咪來幫忙做玉米餅，在他們失去興趣後更不會強迫留下來，她的一言一行表達出對孩子自主權的尊重。

要素三：勝任感（competency）。為了在任務中保持動力，孩子需要一種自己能夠勝任這項工作的感覺，一直感到沮喪或沒有進展時，就沒有人會願意繼續行動。另一方面，一項簡單的任務可能會太無趣，以至於他們沒辦法堅持下去，所以這當中要有最恰當的平衡：**該項任務必須具有足夠的挑戰性，讓人保持興趣，但也不能過於**

困難，這樣才會覺得自己可以勝任，而這個理想狀態正是啟動內在動機的關鍵點。

瑪莉亞和其他馬雅父母暗中藏著一些錦囊妙計，可以幫助孩子在做家務和其他成年人任務時獲得成就感，我們會很快地講到關於這些技巧的內容。但是，首先要談談他們很少運用的方法，那就是讚美。

在姜卡雅採訪的那段期間，我從未聽過父母稱讚小孩，而且絕對沒聽過浮誇的讚美，例如：「噢，安琪拉，妳居然自動把碗都洗好，真是太不可思議了，妳這個女兒真是棒呆了！」儘管馬雅孩子們的行為模式常會讓我讚嘆。

父母不會說「做得好」或類似的話，心理學家蕾貝卡·梅吉亞—阿勞茲說：「有時他們可能會用臉部表情來表示認可，這些非語言的表達方式很重要，是展現認同的明確指標。」

瑪莉亞與我說話的時候，我注意到她也對我使用這些信號，當她認可我已經掌握了她所說的竅門時，她會揚起眉毛，或者點點頭說：「嗯。」

馬雅人並不是唯一不採用稱讚方式的父母，當我在美國以外的地方遊歷時，我從未聽過任何父母讚揚他們的孩子，而且絕對沒有遇到像我一樣每天滔滔不絕地讚美的父母。（真是見鬼了，有時我甚至會在蘿西犯錯時褒揚她，比如「噢，妳願意嘗試真的很好。」這是怎麼回事？）

我遊歷世界各地，聽到稱讚的次數實在很少，以至於我開始產生質疑，覺得讚美對父母來說是弊大於利。

讚美就像一頭狡猾的野獸。基於各種原因，這個方法可能對孩子沒效，特別是當讚美聽起來不踏實、與成就無法吻合或不該出現的時候；**當孩子積極的所作所為都能獲得「做得好」或「不錯」的評價時，褒揚就會破壞他們的內在動機，降低孩子們將來執行任務的可能性。**

讚美還有另一個巨大的陷阱，那就是引起兄弟姊妹之間的紛爭，因為讚美會引發競爭。心理學家發現，當年幼的小孩在成長過程中經常聽到讚美，他們從很小的時候就學會與兄弟姊妹互相爭寵，來獲得父母的認同與注意。缺乏褒揚可能是馬雅小孩與手足間能夠好好合作的原因之一，而且孩子們爭吵的情形也比美國來得少，他們不需要為了口頭上的榮譽而相互競爭。

如果馬雅父母不會使用讚美作為教養的工具，那麼他們依靠什麼？事實證明，他們有很多選擇，接下來要介紹的訣竅實在太厲害了，當我實際了解如何使用之後，我和蘿西的關係就像春天裡的玉蘭花一樣燦爛綻放。

這個訣竅就是「認同」。

❖第三階段：認同孩子的貢獻

即使不表揚孩子，馬雅父母會認可或接受小孩的想法以及對活動的貢獻，無論成果有多麼微不足道、滑稽可笑或不像樣。

馬雅父母讓孩子對日常事務做出有意義的貢獻，不會因為孩子們的成果沒有符合大人的期望而大驚小怪。父母重視孩子的掃地方式、奇形怪狀的玉米餅以及孩子所提出的構想，他們重視孩子的觀點，並且給予尊重。

心理學家露西亞．阿爾卡拉表示，父母的認可會激起孩子對任務的興趣，「我認為這樣會孩子更多助人的動力，一個孩子看到自己的貢獻很重要，可以幫助這個家庭，反而比任何稱讚都能獲得更多力量。」

例如，當亞莉克莎做出一個形狀不夠圓的玉米餅，瑪莉亞可能會在放進煎鍋之前稍微修正一下，但是她並沒有試圖逼亞莉克莎做得更好，也沒有教導亞莉克莎如何做到更好，更沒有抓住小女孩的手來協助她。

反之，瑪莉亞肯定且重視亞莉克莎對於午餐的貢獻，接受她做的每一片玉米餅；瑪莉亞有信心，藉由練習和觀察，亞莉克莎終有一天會掌握玉米餅的製作技巧，何必催她加快學習進度？緊迫盯人只會引起衝突和壓力；在亞莉克莎獲得更多經驗之前，瑪莉亞會悄悄增強她的勝任感，同時很有可能會鼓舞女孩明天再次練習製作薄餅的動力。

反過來看也是同樣的道理，如果父母抵制孩子的想法或貢獻，就會減弱孩子的勝任感，降低他們的動機。父母的抵制有很多種形式，例如無視他們的想法、直接拒絕他們的做法（可能說：「不，我們不能那樣做。」或者「不，我們不會那樣做，應該這樣做。」），或者講授完成任務的「適當」方式，父母的否定也可能透過不採用孩子的成品、砍掉重練，還有把孩子手上的工具搶過來自己做。

不拒絕孩子的幫忙

馬雅人和其他原住民父母通常不會這樣否定或妨礙孩子的協助。「媽媽不會阻止小孩做某件事，即使小朋友錯誤百出。」蕾貝卡以納瓦族媽媽為例來說明。然而，關鍵在於父母會留意孩子在做什麼，讓孩子的想法付諸實現，自然而然地，父母建立了一個互相合作的美麗循環，小孩或父母提出一個點子，另一個會採用並擴展這個點子，露西亞稱之為「流暢的合作」，當兩人合作無間時，就像一個擁有四隻手的生物體，將言語、抗拒和衝突降到最低。

在某種程度上，馬雅父母將孩子視為活動中的合作夥伴，他們相信知識不是單向的，不只會從父

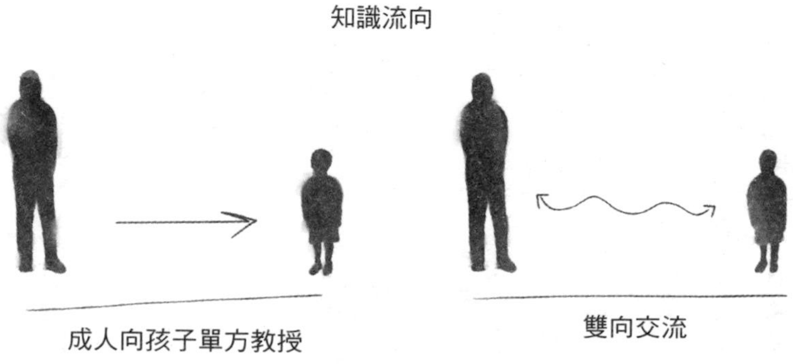

母傳遞給孩子，反之，是一種雙向交流，從孩童的身上也能獲得不同的資訊與看法。

與蕾貝卡對談之後的幾個星期，我腦海中不斷迴盪著她的一句話：「他們不會阻止小孩做某件事，即便他錯誤百出。」我一遍又一遍地咀嚼這句話，同時也試著與蘿西合作，很快地，我覺察到自己一直在做相反的事情，我會介入她的貢獻，不只是偶爾，而是一直這樣，我拒絕她的想法，甚至視若無睹，我也無法相信自己可以向蘿西學習，尤其是在廚房裡，我認為知識只會由我傳授給她，不可能反過來。

這方面的例子有如過江之鯽，但有件事很鮮明地浮現在我的腦海，也許是因為正好發生在我開始寫這一章之前。坦白說，我必須很慚愧地告訴你這件事，它讓我看起來既愚蠢又幼稚，但無論如何我一定要與你分享，因為這是個生動的例子，說明我對於蘿西想法的認可和重視，可以對我們的關係產生多大的變化。

某個星期日的下午，蘿西在客廳玩著色畫，我在為晚餐準備烤肉串，對於一個三歲小孩來說，這項任務再適合不過了：只要將一塊塊的雞肉和蔬菜（櫛瓜、蘑菇和甜椒）串成烤肉串，所以我邀請蘿西過來幫忙：「來吧，小寶貝，幫我做晚餐的烤肉串。」

她跑過來坐在我旁邊的踏腳凳上，我繼續組合烤肉串，她馬上偏離了正規的做法，堅持弄一個「全雞」烤串，我下意識阻止她，想要糾正她，迫使她的成品符合我對烤肉串的想像，我脫口說：「這不是我們要做的，這樣我們的雞肉會用完，其他烤肉串的雞肉會不夠。」

我們爆發了一場嚴重的爭吵，最後，蘿西開始大哭，傷心欲絕地跑掉，然後回到客廳裡繼續著色。

好吧，我承認這是一次慘敗，只好自己吃完烤肉串。我決定忘記那場爭執，繼續向前看，我好幾次試著與她合作，這已經不是第一次以淚水告終了，但起碼這次我沒有哭。

幾個星期後，當我坐下來寫本章節時，我重新聽了與瑪莉亞、德蕾莎、蕾貝卡和露西亞的採訪，才逐漸察覺自己的錯誤，我以為蘿西不願意和我合作，但現實中，我才是問題的癥結所在，是我沒有與她合作，我不想接受，也不重視她的想法，很多時候，我根本就不想聽她打算告訴我什麼。

所以我下定決心再給自己一次機會和蘿西合作。我再去一趟商店，採買更多烤肉串的材料，並且安排完全相同的場景：星期日下午，我在做烤肉串，蘿西在客廳畫畫；我再次呼喚她過來，「蘿西，小寶貝，過來幫我準備烤肉串。」可是，這一次她沒有起身，甚至沒有抬起頭來，嗯，似乎不為所動，所以我主動彌補上次的錯誤：「妳可以做出自己認為最完美的烤串，即使全部用雞肉也沒關係。」

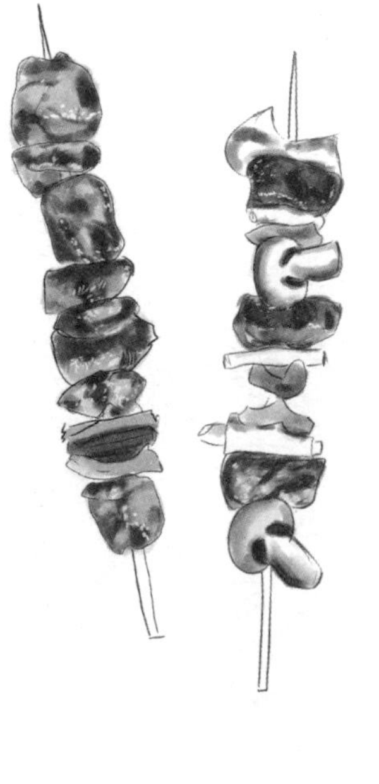

她馬上衝過來說：「我可以嗎？」

「當然可以。」

她跳上踏腳凳開始上工，做了一個巨大的雞肉甜椒串，大約有八塊雞肉都推擠在一起，我沒有制止她，而是肯定她的貢獻，不是用言語，而是透過我的行動，我把她做好的烤肉串放在盤子裡，與其他的料理擺在一起，這種認同行為確實奏效了，蘿西對我微笑，動手做另一個烤串，我心想：「噢，不，雞肉快用完了。」但是並沒有發生，出乎我意料的是，她改變主意並開始配合我，她注意我正在做的事情，並且加入我的行列，仿效我做的版本，也使用了櫛瓜和蘑菇；我們開始以一種流暢且有組織的方式做事，就像一個有很多肢體的生物體，我會幫忙把蘑菇穿進她的烤肉串，當我正需要一塊雞肉時，她會自動遞給我，彼此的合作進展得很順利、輕鬆且有趣，直到她玩膩了就跑回去塗鴉。但這一次沒有任何人落淚，事實上，我們兩個人一起擁有很愉快的經驗。

我甚至覺得自己臉上終於露出一絲笑容，看重她的付出並接納她的想法確實產生了不同的影響，改變了整個體驗的感受。

而且你知道嗎？她做的雞肉甜椒串真的很好吃。下次我們要做一大堆，還要搭配不同種類的蔬菜！

實際操作三：學會激勵孩子

身為父母，有很多方法可以認同孩子的想法，不需要真的按照他們的要求去做，有時「這是個好主意」的簡易評論，就是讓小孩感到被包容且有動力繼續參與其中的最佳方法，即便你沒有採用他們的主意。馬雅父母會說「阿山」（uts xan），字面上的意思是「也不錯」，成年人會將這句話解釋成「不太認同」，但對兒童來說，聽起來就有被接納的感覺。

正如之前所提到的，在姜卡雅進行採訪時，隨行口譯魯道夫．普赫提供了一種可供我日後參考的思維，我會冒出一些瘋狂的念頭，比如「蘿西和我可以搬進德蕾莎家度過剩餘的暑假嗎？」而魯道夫從來沒有直接拒絕這些提議，他從不會翻白眼，或者告訴我：「不可能，妳這個瘋狂的外國女人，我們不能侵犯別人的家庭。」（他完全有權利這樣做）相反地，他會認可這個提議並點點頭說：「好的，沒問題，我們可以辦到。」然後他會默默地思量這件事情，直到我再次提出來，到了那時候，他通常已經想好可行且合宜的方式來滿足我的要求。

納瓦族的父母有時會用小巧且隨興的禮物來感謝孩子們的努力（否則他們通常不會針對特定任務給予獎賞，這是露西亞和她同事們發現的）。

但這些禮物與特定的任務無關，例如「只要你幫我洗碗盤，我會買冰淇淋給你吃」，反而如同露西亞和同事們所寫的那樣，父母是獎勵小孩「身為對家庭有所貢獻的成員」做出的所有幫助，而且這些獎賞通常很普通，例如「做一頓特別的餐點，或者給孩子買貼身衣物之類的必需品」。

在許多文化中，父母會透過將小孩與成熟、有進步和好學等特質連結在一起，來認同他們的貢獻。

比方說，一位媽媽告訴露西亞和她的同事們，她如何感謝兒子在家裡的幫助：「當他把事情做好以及完成需要做的事時，我只是告訴他『噢，我的兒子，你都知道要怎麼工作了噎，然後他就會很開心。』」

其他媽媽表示，當孩子對家裡的工作做出更多貢獻，她們會「祝賀」孩子「長大了」。還有一位媽媽說她給了孩子一個擁抱，並承認他們「是成熟穩重的家人」。（昨晚蘿西自願開始打掃客廳後，我也試著比照辦理，她非常開心！）

與讚揚特定的任務相較之下，從整體上認同小孩子的樂於助人，可以向孩子傳遞更多訊息。你不是專注於單一成就，而是幫助孩子認識各種價值。

人類學家珍．布里格斯（Jean Briggs）紀錄了一些因紐特父母用來認同小孩的類似情形，在一個案例中，她描述了父母如何認可一個五歲女孩透過與兄弟姊妹分享她的糖果而學會慷慨，「一個五歲的小孩已經很聰明，她知道自己應該把大部分的糖果分享出去，即使沒有全部，至少要分給她的三歲妹妹，於是她就這麼做了，大人說：『你看，她會分享糖果，真是大方。』」

世界上許多父母讓這個做法更進一步，將合作的行為與成熟掛勾。在北極地區，一位因紐特媽媽將毆打弟弟妹妹視為「幼稚」的行為，對弟弟妹妹友善和慷慨則屬於「成熟」的行為。這個技巧在我們家發揮了極大的功效，我們將在下一個部分再次探討。

以下是如何開始在家中與任何年紀的小孩一起練習這些方法，從幼兒到青少年都適用：

◉初階版

區分出有用（和無益）的幫助。與其在小孩幫忙後表揚他們，不如轉而承認他們整體上的助益，不要太誇張或太頻繁，當孩子表現出自發助人或自願幫忙時，只需說些像「這幫了很大的忙」之類簡單的話即可，甚至可以等到週末再肯定孩子這段期間的努力，並且聚焦於學習方面或對家庭的奉獻，例如「妳開始學會幫忙別人了喔！」或「妳是大女孩了，能夠給家裡帶來貢獻了」。

為了讓孩子更加了解「樂於助人」的意義，你可以把他人當作榜樣，這樣有助於向你的孩子表達你對該特質的重視。當你要肯定他們的幫忙時，請順便強調，要同心協力才讓大家的生活更輕鬆。舉例來說，某天早上帶蘿西去學校的路上，我說：「今天早上爸爸真是幫了大忙，他都會關心我們，還會在需要的時候伸出援手。」

「對，我也會喔。」她毫不猶豫地回答。

請指出毫無幫助的行為。當孩子沒幫上忙時，不必害怕說出來。「納瓦族父母經常諷刺地說：『好像都沒看到熱心的人』或『怎麼沒什麼人來幫忙啊！』」露西亞說道，「這樣會向孩子發出需要幫忙的信號。」

當別人沒有表現出樂於助人時，你也可以挑明，這麼做可以幫助孩子學會什麼不該做，並強調這種舉止為什麼不可取，切記，要用簡單的言語才能更清楚地傳達，例如某天下午，蘿西的一位朋友沒有幫我們收拾客廳的玩具，所以我說：「她不是樂於助人的小孩，如果她願意幫助我們，這些事情本來可以更快完成。」

捨棄對特定家務的懲罰和獎勵，這些手段根本無法教導小孩自願做家務或任何事情，在許多情況下，反而積極削弱了孩子們幫忙的動機。

試試看用這些激勵工具來取代懲罰與獎勵：

說明該任務對全家人的意義，嘗試向孩子解釋為什麼互相幫忙如此重要。一位納瓦族傳統媽媽告訴露西亞，她從來不會懲罰女兒，但是當她的女兒不想整理自己的玩具時，「我確實很生氣，並且告誡她：『妳必須更加努力』。」那位母親向露西亞解釋道：「我告訴她，她很清楚我們都很努力，哪怕能力再小，她也應該盡力而為。」

這種方法對蘿西很有用，尤其當她看到我過度勞累的時候，我告訴她：「蘿西，妳父親和我正在努力讓這個家符合每個人的期望，我們會盡力而為，身為家裡的一份子，妳也需要盡自己最大的努力。」

將樂於助人視為長大成熟的象徵，如果孩子自動自發地從事家務，透過「噢，妳現在懂得付出了」或「收拾好玩具，證明你已經長大了」，來肯定他們的成長與進步。

當蘿西表現得像個嬰兒時，我也會明白地告訴她。譬如，如果她不整理玩具或幫忙洗碗，我會說：「噢，因為妳是小小孩，所以才不想做嗎？」這樣的評語經常衍伸出什麼事大孩子能做，而什麼又是嬰兒做的通盤性討論，例如「寶寶可以騎自行車嗎？」、「寶寶可以吃冰淇淋嗎？」到頭來，想成為大女孩的蘿西就會動手去整理了。

讓孩子開心地做家事。我並不熱衷於讓家務變得「有趣」或當成遊戲來進行，我無法長時間維持那種活力，而且不喜歡像三歲小孩那樣玩鬧。但如果蘿西想用自己的方法讓雜事變好玩一點，我也不會潑她冷水，而是會關注她的想法或貢獻，把這些當成出發點。

比方說，有一天下午，當她正把衣服掛在繩子上晾乾時，她把許多衣服亂七八糟地丟在陽臺上，所以我決定把她的「遊戲」融入到家務中，我告訴她：「妳站在晾衣繩旁邊，我把衣服丟給妳，你負責掛起來。」她很喜歡這樣子。她想不停地來回扔衣服，最後我們完成了工作，雖然耗時較長，但她處理衣物的意願急速飛升，現在只要我呼喊，有時候她會跑過來，而且我們已經把「扔」的概念融入了其他幾個家事，譬如收拾樂高積木和書本，我會告訴她：「蘿西，站在書架旁邊，我把這些書扔給妳。」這樣就能拐她來幫忙！

以自然的後果來驅使小孩配合。如果你必須用到威脅，請盡可能利用自然的後果作為懲罰，例如，有時我會告訴蘿西：「如果我們不清理廚房，螞蟻就會來佔領料理臺，妳希望我們吃東西的時候有螞蟻跑出來嗎？」，除此之外，我也會說：「如果我們不把妳的便當洗乾淨，明天妳就要用又髒又臭的飯盒吃飯，妳想要這樣嗎？」

適時地表示你何時幫助了他們。對於蘿西這個孩子而言，我發現要明確告知彼此互惠的責任，這會增強她去做的動機，例如，某天晚上她不想幫忙洗碗，當我請她來幫忙時，她淡淡地拋出一句話：「我累了。」然後就跑走了。十分鐘過後，她跑回來叫我幫她找出最愛的玩具，我趁機回應：「等等，幾分鐘前妳有幫我洗碗嗎？」

◉高階版

學會重視小孩的奉獻。當孩子過來幫忙完成一項任務時，聽聽他們的看法，以某種方式肯定他們，比如實驗看看、納入你的活動、點頭認同或者表示「我們可以這樣做」。如果小孩子採取行動，請不要阻擋他們，而是注意觀察他們如何做出成果，然後想辦法加以應用或者稍微改善他們的方式。

無論你怎麼做，請克制反對的衝動，避免干擾孩子或介入他們的學習過程；如果你退讓給孩子「主導」一項任務，而非拒絕、貶低或忽視他們的想法和努力，將來孩子們會更有意願去幫助他人。

衡量你表揚小孩的頻率，以及你反對他們的次數。智慧型手機是分析你育兒習慣的絕佳配備，也能給予你全新的角度；挑選一個晚上，將手機放在廚房料理臺或餐桌上，在與孩子互動的時候設定錄音三十至六十分鐘，當天稍晚仔細地聽錄音內容，評估你是否經常因為孩子完成微小的任務或者基於本份該做的事情而稱讚他們？你是否常常拒絕他們的想法？還是在他們試著貢獻時選擇無視？你有干預他們的行為並試圖改變他們的做法嗎？

某天晚上，當我和蘿西一起做晚餐時，我碰巧完成了這個實驗，那時電臺的麥克風在廚房的檯面錄製了兩個小時；後來聆聽錄音內容的過程實在很不容易，甚至讓我哭了出來。當我重頭播放我們的對話時，我意識到自己不僅在否定蘿西的思想和貢獻，而且根本沒有在聽她說話，很多次她想要告訴我 A，但我非常確定 B 是正確的，以至於我聽不進去她的聲音，我自以為知道答案而不需要聽她的意見，她不停地努力表達自己的想法，最後只能用啜泣來表示，她的聲音充滿令人傷心的懇求和痛苦，讓我的心都碎了一地。我發現自己必須停止說那麼多話（包括讚美她），反而要盡力關注她的言行。（心理學家蘇珊娜・加斯金斯在幾個月前提供我類似的建議，她說：「美國父母需要克制自己說過多的話，並且多傾聽孩子的聲音。」）

安排沒有讚美的日子。一旦發現自己對孩子過度稱讚，請試著將行為修正回來，可以從小處做起：設定一個十五分鐘的計時器，在時間結束之前盡量不要口頭表揚小孩，然後逐步調整成兩個小時，最後變成一整天。經歷這些沒有讚美的時刻後，評估你自己的感受，教養子女的壓力和疲勞有沒有變少？你的孩子表現如何？他們是否比較不會尋求你的關注了？他們有沒有減少吵鬧？你們在一起的日子是不是更輕鬆？孩子與兄弟姊妹的爭吵是否減少了？

我們現在擁有培養兒童樂於助人所需的三個要素或步驟。在接下來的兩個部分中，我們會看到父母可以使用這三個步驟，將他們期望的任何價值傳承給孩子；在地球上，所有文化都運用這組方程式來傳授各種價值觀，例如慷慨、尊重和耐心。

三個步驟分別是練習、模範和認可。

1. **練習**：給予孩子們大量的練習，學習從事家務和團隊合作，特別是年幼的孩子，為他們分配任務，邀請他們來觀看，並鼓勵他們參與其中的渴望。
2. **示範**：給予孩子們團體會員卡，讓他們融入在你的日常生活中，這樣他們可以藉由觀察而逐漸學習家務，並且開始認為自己是家中成熟的一員。
3. **認可**：當孩子試圖幫忙時，接受他們的貢獻，並重視他們的想法，尊重他們的眼光；對孩子說明他們正在學習的價值觀，指出他人行為中是否存在相同的價值；

將他們的學習與「長大」或「成熟」連結起來。

本章小結：如何激勵孩子

重要觀念

- 為了在沒有賄賂或威脅的情況下鼓勵小孩子，必須讓他們感受到：
  - 與父母有所連結，或者任何一個與這個小孩親近的人。
  - 他們自願從事這項任務，而且沒有任何人強迫他們。
  - 他們有能力承擔這個工作，以及所做的貢獻能夠受到重視。
- 讚揚會減弱小孩子的動機，更容易製造手足之間的競爭及紛爭。
- 父母也能從小孩子身上學習到很多，知識的流動是雙向的，請不要認定你的方法或觀點是最好的，當你注意孩子的視角或想法，你很有可能發現他們往往會透露重要且有用的資訊。
- 虛心接納小孩子的知識、看法或貢獻，是一種鼓勵孩子的有效方式。

實際行動

對於所有的孩子們：

- 抑制糾正孩子的衝動，尤其是在他們投入或幫助家庭的時候。請退後一步，讓孩子在不受干擾的情況下執行任務，即使孩子沒有依照你的期待或者沒有採取最佳辦法。
- 如果孩子拒絕你的請求（例如幫忙洗碗），突顯你可能對孩子逼得太緊，其實小孩子知道你想要什麼，請停止咄咄逼人並耐心等待，讓孩子決定自己的步調。
- 密切關注孩子如何努力做出貢獻，並且支援他們的想法，不要與之反抗。
- 為了幫助孩子學習一項任務，必須讓他們不斷地練習，不需要說教或解說任務的內容，只要在小孩採取行動的時候，謹慎地提供簡單的修正建議。
- 接受小孩子對任何活動的貢獻，即使不合你的期望或需求。
- 小心地使用稱讚的技巧，當你需要這麼做時，盡量表揚小孩學習到的整體價值或成熟穩重，例如「妳開始學會樂於助人」或「妳真像個成熟的大女孩」。

注釋

1 愛德華・迪西（Edward Deci）和理查・萊恩（Richard Ryan）於一九七〇年代提出「自我決定論」，主張我們行動的主要誘因並非來自物質獎勵，而是這些行為能給我們何種內在享受和意義，稱之為「內在動機」；他們指出，人有三個關鍵需求：勝任感、自主性以及與自我連結，當我們覺得這些需求得到滿足，內在動機才會持續下去。

第3部

因紐特人的高情商

如果小孩行為不端，他們需要更多的冷靜和接觸。

第7章

從來不會動怒的人們

乍看之下，北極小鎮庫加阿魯克（Kugaaruk）就像是新英格蘭（New England）海岸沿線的小鎮，有幾棟漆成紅色、綠色和棕色的木造房子坐落在鄰近卵石沙灘的高地，家家戶戶的前院都停放著一兩艘遊艇，兒童自行車倚靠在門前的階梯上，這裡的前門從來不會上鎖，所以你可以看到孩子們隨意出入鄰居家和親戚家，手上拿著花生醬三明治和果汁當午餐。

但是當你朝空氣中嗅一嗅，你會聞到這裡有股特殊的氣味，彷彿是海藻混合了燉牛肉；在其中一家的後院，一整塊馴鹿肋排吊掛在棚子的門上，藉著帶有鹹味的微風來吹乾；在馬路的對面，一戶人家前院的長凳上放著三個北極熊的頭骨，牠們白色閃亮的犬齒比人類的大拇指還長。如果你走進某人的廚房並打開冰箱，可能會發現一大塊海豹肉，儲藏起來供未來的晚餐使用。

這裡不是新英格蘭，而是很遠、很遠的地方。目前關於此地的記載可追溯至一九六〇年

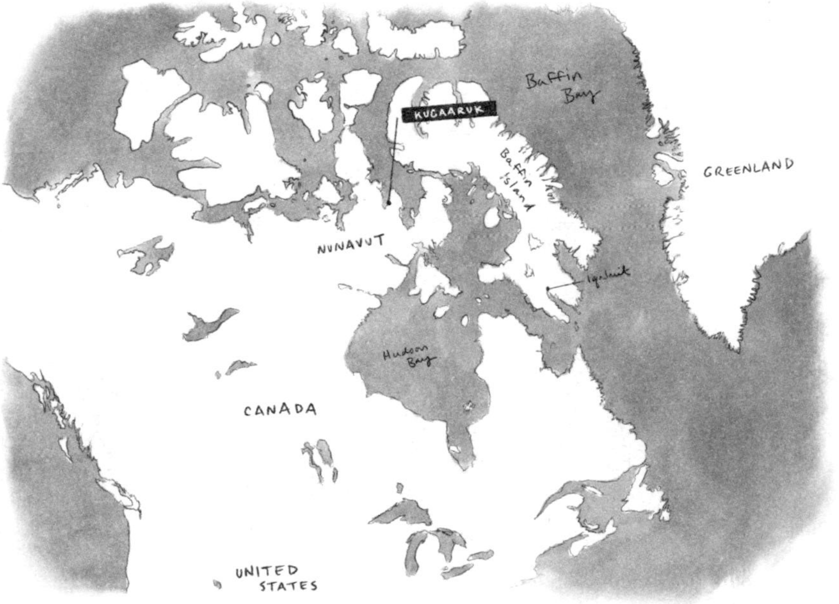

代初期，當一位在哈佛大學主修人類學的年輕學生來這附近探險時，很多人都認為她會死於這趟旅程。

珍・布里格斯後來說：「我很想往北方走，盡可能到達最偏遠、杳無人煙的地方，如此我才能找到幾乎沒有受到我們文化影響的人。」

這個願望將她帶到世界的北境之巔，跨越了北極圈，抵達哈德遜灣（Hudson Bay）以北約兩百五十英里的區域，這裡的陸地分裂成數百個，因此很難在地圖上分辨出哪裡是島嶼、哪裡是海域，這片廣博的土地是因紐特人的領域，而且已經存在了上千年。

對於一個來自西方的人類學

學生而言，這次旅行是有風險的；對於一九六〇年代的女性人類學家來說，這趟旅行在她許多同事的眼中是瘋狂且愚蠢的。冬季氣溫很容易降到華氏零下三十度（攝氏零下三四．四度）以下，再加上沒有道路、沒有電力供熱系統、沒有任何商店，珍隨時都有可能活不下去。

然而，她的冒險之旅最終獲得了回報，在該地區長達十七個月的停留期間，珍進行了開創性的實地考察，改變了西方心理學針對情緒（尤其是憤怒）的理解。

大約一千年前，一個獨特的部落生活在阿拉斯加與俄羅斯的邊境，這個稱為因紐特人的群體發展出與眾不同的技能，使他們能夠在地球上最惡劣的環境之一中茁壯成長，他們特別飼養狗群來拉雪橇，用海豹皮設計出防水的褲子，並且建造光滑的海上皮艇來對抗地球上最大的動物，這個部落是如此強大且幹練，才得以在北極圈穿越數百英里；之後的幾個世紀裡，因紐特人逐漸定居在一片廣闊的領土上，從白令海峽（Bering Strait）一直延伸到格陵蘭島（Greenland），橫跨了大約三千英里。

在一九六〇年代，許多因紐特家庭遵循他們祖先幾世紀以來的生活，以游牧、狩獵、採集維生，海洋是他們的商店，苔原是他們的花園，每個家庭為了追捕動物會不斷地移居不同的營地；他們在冬天用魚叉獵捕冰層下的海豹，在春天用矛刺向逆流而上的北極紅點鮭，並在夏天追蹤遷徙的馴鹿。動物毛皮可用來製成他們的靴子、連帽大衣和帳篷，鯨魚和海豹的油脂則做為他們燈光和取暖的燃料。

一九六三年八月，一架直達飛機載著珍降落在花崗岩懸崖上，這裡可以俯瞰北極河流的湍急水花，有幾個家庭在河邊露營過暑假。起初，珍在營地的生活似乎很放鬆，鐵鏽色的苔原上長滿了藍莓，營地下方的河流擠滿了銀色鱒魚，「通常有二十尾鱒魚，偶爾多達四十尾，每隻重達十到四十磅，可能會全部被一位漁民在一天之內抓走。」珍描述道。但是進入十月初，河流開始結冰，每天都在下雪，冬天來臨得很快，為了生存下去，珍認知到自己需要一個因紐特家庭的幫助，她說服了營地中一對夫婦愛拉和伊努帝亞「收養她」並「努力讓她存活」。

愛拉和伊努帝亞對珍非常友善和慷慨，他們教她學會因紐特語的一種方言：伊努克提圖特語（Inuktitut），為她示範如何捕魚，並且分享他們冬季的儲備糧食，還有准許她睡在家中的冰屋，和他們兩個年幼女兒，六歲的萊姬麗和三歲的薩拉，並排蜷縮在溫暖的馴鹿毯子下。（他們十幾歲的女兒離家去了寄宿學校。）

一開始，珍打算研究薩滿教（shamanism）[1]，但是與愛拉和伊努帝亞一起生活了幾個星期後，她覺得這個家庭和整個社區蘊含著一些更加與眾不同的事情。

「他們從來不會對我發怒，儘管他們有許多對我生氣的機會。」她事後回憶道。她觀察到愛拉和伊努帝亞都具有控制情緒的驚人能力，即便與兩名兒童和一位美國研究生一起住在零下三十度的小冰屋裡，他們從未發脾氣、失控或表達任何輕微的沮喪，而且珍後來坦白自己有時「很難搞」。

「確實，在難熬的環境中保持鎮定是成熟和成年的基本特徵。」珍在《永不動怒》（*Never in Anger*）[2]中寫道，她的著作描述了與愛拉和伊努帝亞的家人在一起的時光：

他們家裡不會在意微小的錯誤，所以不會產生任何委屈或抱怨，即使是重大的挫折也不會引起什麼反應。例如，某次愛拉的兄弟被爐火絆倒，把一壺沸騰的茶打翻在冰屋地板上，儘管此時地板遇熱融化，沒有任何人嚇得退縮，也沒有人從他們正在做的事情中抬起頭來，只有那位犯錯的年輕人低聲說了一句「太糟糕了」，然後他就開始清理混亂和修補地板，「我沒有感覺到不尋常的緊張，甚至連一丁點嘲笑聲也沒有。」珍如此寫道。

還有一次，身為家中妻子和母親的愛拉耗費了好幾天的時間，用馴鹿的肌腱編織出一條釣魚線，當她丈夫第一次使用這條線時，肌腱立刻斷裂了，沒有人對這次挫折表現出一絲沮喪，愛拉和伊努帝亞沒有情緒化的作為，而是專注於提高效率，在珍的描繪中，愛拉輕笑出聲，她的丈夫「毫無責備地」把那條線遞給她，簡潔地說：「縫起來吧。」

讀到這裡，我感到驚嘆不已，生活在一個如此平靜、沒有怒氣的家庭會是什麼樣的情景？

當一個成年人有點失常、無法克制自己的情緒時，其他成年人會淡淡地嘲笑這種行為。舉例來說，有一次伊努帝亞「衝動地朝著飛過的鳥開槍」，愛拉遠遠地瞧見且評論道：「像個小孩一樣。」意思是：缺乏耐心是小孩子的表現，成年人不該如此。

儘管珍非常努力壓抑自己的情緒，跟愛拉和伊努帝亞相比，她還是像個野孩子，永遠無法達到因紐特人的自律標準，成年人認為，只要表現出些微的憤怒或暴躁都是不成熟的跡象，但這種程度對西方人來說顯得微不足道。珍後來提到：「我的作風更粗暴、不體貼且更衝動。『以前的我』經常以一種反社會的形式表現衝動，我會生悶氣或突然發飆，甚至做出一些他們從未做過的事情。」

在珍的敘述中，愛拉特別能展現出冷靜和沉著的最高境界，甚至在分娩時也面不改色，儘管聽起來有如天方夜譚，但許多因紐特婦女在生產時不會尖叫、也不會大驚小怪。在珍與這家人住在一起的期間，愛拉生下了第四個孩子，而珍的描述簡直太好笑，好像生小孩是一件不足掛齒的事情：

愛拉在傍晚時分為我們製作班諾克〔麵包〕（bannock bread）[3]……〔她〕拿出來在宴會上分享，當她的姊妹們進來享用班諾克時，她們像往常一樣說笑；愛拉照常溫柔地安撫薩拉睡在她的胸前，接著吹熄油燈，顯然要準備睡覺，那時是晚上十一點三十分；到了凌晨一點三十分，我突然被新生兒顫抖的哭聲吵醒了。

臨近分娩的時候，愛拉一直保持沉默，以至於珍絲毫沒有察覺任何徵兆。

接著在寶寶出世後，出現了一個嚴重的問題：胎盤卡住了，讓愛拉面臨大出血的致命風險，而伊努帝亞是在場唯一的成年人，他對發表了幾句簡短的「勸告」，但從未大叫或哭泣，現場沒有任何像在急診室的戲劇性畫面，伊努帝亞反倒只是點燃一支菸斗，默念一段祈禱文，最後胎盤就滑出來了。

好吧，閱讀珍的著作到目前為止，老實說，我開始覺得她的觀察很難令人信服，生產時沒有尖叫？和小孩擠在冰屋裡好幾個月都沒有吵鬧？在舊金山，我每天都要忍受大吼大叫，無論在家裡、外面或推特上，我也會對蘿西大喊大叫，天啊，我羞愧到不敢承認我對蘿西吼叫到什麼程度。所以我敢肯定，珍在描述這家人的自制力有誇大的嫌疑。

倘若她的報告真的準確無誤，愛拉究竟是如何辦到的？我不僅好奇愛拉和其他因紐特媽媽如何在艱難的條件下保持泰然，更想知道他們如何將這種沉著冷靜傳授給孩子，這些父母如何將一個吵鬧且毛躁的三歲小孩教育成一個隨和、平靜的大小孩？他們能幫我降服家裡的小潑辣嗎？

因此，珍結束旅行的將近六十年以後，蘿西用她的冰雪奇緣行李箱完成打包，我們隨即飛往加拿大庫加阿魯克鎮，就是在珍居住過的半島對面。

抵達庫加阿魯克的感覺就像降落在明信片之中，我的腦袋想起一位日本朋友說過的形容：「為帝王打造的避暑勝地。」這邊的風景實在美不勝收。

庫加阿魯克擁有大約兩百棟房屋，坐落於兩個壯闊水域的中間，其中一邊的河流（因紐特語是Kuuk）如水晶般清澈，口渴時可以跪下來取水飲用，另一邊是灰藍色的海灣，在夏日低沉的太陽下層層漣漪閃閃發光，幾座島嶼聳立於海灣之中，猶如綠色巨人彎腰釣魚的背影。

在城鎮的後面，苔原帶往東蔓延，一望無際；七月下旬，豌豆大小的藍莓和黑莓果實會鋪滿在灰色的苔原上；灌木叢長得很矮小，離地只有一兩英寸，必須跪地才能親吻到馴鹿常吃的苔蘚，順便摘下它們的果實，但是辛勞會值回票價，這些漿果又酸又好吃。

在庫加阿魯克的頭幾天，我和蘿西發現自身的處境與年輕的珍．布里格斯相似：我們沒有很好的住宿地點，庫加阿魯克只有一間旅館，它的屋頂會漏水且價格昂貴，於是我開始四處打聽要出租的房間。

然而，當我敏銳地察覺到我們在鎮上的風評時，我的希望很快就破滅了。無論我們走到哪裡，蘿西都會搶著展現她鬧脾氣的功力，在前往商店的路上，她把一盒燕麥營養棒砸到我的臉上，當我們走回旅館時，她逕自躺平在一條砂石路中央，正好被一戶正在宰殺鯨魚的人家看見，當我試著問一位好心的女士知不知道鎮上其他住宿地點時，她大聲尖叫：「媽媽，媽媽！」

庫加阿魯克鎮的寬度大約有三個街區，長度有幾十個街區，鎮上有一間商店、一個遊樂場和一家咖啡店，每個人去其他地方的方式不是走路就是騎越野車，這裡的居民彼此相識，所有事情都無所遁形，最重要的是幾乎每個人都是因紐特人，單憑我蒼白的膚色和蘿西的金色頭髮，我們當然很引人注目。

當我們在鎮上閒逛時，我無法掩飾自己對蘿西發脾氣的無能為力，還有我克制不了的憤怒反應，全都展露無遺；即使待在旅館房間內，牆壁非常薄，我知道旅館女主人可以聽到我努力哄蘿西睡覺的聲音，甚至聽見我情緒失控地大喊：「停止！給我躺著睡覺！」

相較之下，無論我和蘿西走到哪裡，當地的媽媽看起來全都鎮定自若，似乎從來不會大發脾氣或心煩意亂，儘管到處都是一群群的孩子，父母對他們的回應從未出現任何緊迫感，也從未立刻採取行動來壓制孩子的精力和行為，更不會大聲要求或堅持小孩放下手邊事情，又或是強迫他們以特定方式行事，不管如何，成年人散發著沉著的氣息：一片平靜，我到處都能感受到這種冷靜的氛圍：在商店、在遊樂場、在我的大腦裡、心裡和骨子裡，老實說，我很喜歡這種感覺。

這種平靜似乎具有傳染力，因為即便是小朋友（在大多數情況下）也非常冷靜，我沒有看見孩子們在商店與父母爭吵或討價還價，每當從遊樂場回家時也沒有哀怨或哭泣。在鎮上的第二天，我注意到儘管周圍有很多小孩，但沒有瞧見任何一個幼童鬧脾氣

（除了蘿西），也沒聽到任何一個嬰兒的哭聲。

第二天晚上，蘿西和我在外面的一條小溪旁邊徘徊，我憂慮到了極點，精神過度耗損，就在這時，一位叫做崔西的年輕媽媽騎著一輛越野車路過，她的年紀不會超過二十五歲，三個小孩圍著她坐在車上，在她前面是一個剛學走路的幼兒，依偎在她的胸前，身後是一個五歲左右的小孩，用雙手摟著她的腰，還有一個嬰兒安置在因紐特語稱為 amauti 的嬰兒背帶，從她外套的帽兜中探出頭來。崔西說話時，可愛精靈造型的黑色短髮在她圓潤的臉龐隨意擺動，她的語氣輕柔、笑容溫和，當她分享自己身為

媽媽的經驗時，我能感覺到自己的心律從不規則的砰砰聲中漸漸平靜下來，我第一次對自己說：「麥克蓮，看來這是趟漸入佳境的旅行。」

從任何角度來看，崔西的生活都很不容易，除了養育三個孩子，她還全職在旅館打掃房間，甚至協助她的丈夫和公公準備打獵。我問她身為一個有小孩要照顧的職業婦女會不會充滿壓力，她回答：「不，我喜歡當媽媽，他們讓我很忙，但我很喜歡這樣的生活。」

我心想：噢，上帝啊。對於這麼年輕的女子（以及庫加阿魯克的所有父母）來說，我是個徹底失敗的母親，我的頭髮灰白，擁有化學博士學位，但我幾乎應付不了一個小孩，我覺得很羞愧，但完全不覺得崔西會批評我。事實上，我覺得自己交到了一位朋友，如果我和蘿西需要幫助，我們可以倚賴她。

這種情形在庫加阿魯克不斷出現，其他爸媽不會批判我糟糕的育兒能力——至少不會當著我的面——我也不會收到像在舊金山那樣的側目和評論，他們甚至還會想幫我，不會吝於伸出援手。

看到我和蘿西在鎮上逛來逛去，有幾個女人都不敢相信自己的眼睛，她們會問：「妳一個人嗎？獨自一人照顧女兒？沒有任何人的幫忙？」在商店裡面，另外一個女人在一籃蘋果前方攔下我，略帶憐憫地說：「小孩子不應該每天隨時隨地跟在一個人身邊。」

她們不會這樣做？我心想，這是個有趣的特點。

還有一個女人從她家客廳的窗戶窺見我們，於是跑了出來，她穿著一件粉紅色的迷彩夾克，提議照顧蘿西幾個小時，這樣我就可以休息一下，她表示：「我每天都看到妳和女兒一起走過去，總是一個人在帶小孩，我很希望能幫點忙。」

我已經習慣於將育兒視為一個女人的責任，以至於我對接受她的幫助感到不好意思，因此，我說了一些荒謬的話，諸如「噢，謝謝妳，但是我可以自己來。」

然後在庫加阿魯克的第三天，蘿西和我遇到了瑪莉亞．庫庫瓦克（Maria Kukkuvak）和她的女兒莎莉，讓我學會從不同的角度去理解小孩子。

「妳女兒一定很討厭妳，這就是她行為不佳的原因。」當我們在她母親的廚房餐桌旁喝茶，莎莉告訴我：「蘿西需要和其他小孩相處，而妳需要休息時間。」

嗯，我知道自己需要離開蘿西，好好喘口氣，我對她感到厭煩，但我從來沒有想過蘿西也會對我厭倦，這可能就是我們不斷吵架的原因。

莎莉說：「妳和丈夫一起旅行幾天，你們就會互相厭煩，對吧？這樣並不代表你們不愛對方，只是各自需要休息的時間。」

我真的毫不誇張地認為莎莉是我見過最棒的人之一，她是診所的心理健康推廣人員，說話時臉上洋溢著溫暖和善意，她一邊撥著瀏海一邊告訴我：「我的眼睛會微笑。」的確，每次莎莉微笑時，她的眼睛都會形成向上彎曲的細線，彷彿是天生的笑眼。

我們都是四十二歲，但是莎莉已經將三個小孩拉拔長大，又協助她的兄弟姊妹撫養了七八個，現在經常照顧四個年幼的孫子。以父母的角色來說，莎莉是世界級的專家，她已經對這一切瞭如指掌，雖然她從不會向我炫耀她的專業知識，但她可以看出我正在跟蘿西拔河，還提出很大方的建議：「我媽媽很快就要出去露營，她說她不在家的時候，妳們可以睡她的房間，然後我們可以幫忙照顧蘿西。妳真的需要幫忙。」她說得真是對極了。

隔天晚上，我和蘿西從旅館搬到瑪莉亞家，天啊，我們太幸運了，她的家人充滿了愛，即使現在回到舊金山，有時我晚上都會哭著想回去找他們，我想回到瑪莉亞的客廳，分享新鮮馴鹿肉或玩賓果遊戲，期盼再次置身於他們家自由自在的祥和氣氛中。

我和蘿西一進入他們家的門就感覺到了令人安心的氣氛。莎莉穿著灰色牛仔褲和黑色T恤，攪拌著一大鍋肉醬義大利麵，她看著我們說：「進來吃晚餐吧。」少說有六個小孩在客廳裡走動、玩電動遊戲和撲克牌，當我和蘿西提著行李箱經過時，莎莉已經端來義大利麵，盛裝在碗裡，然後分發給孩子們。

我們放置好大包小包後，我告訴她：「非常感謝妳讓我們和妳們一起住，莎莉，也謝謝妳準備的晚餐，我們真的餓壞了。」

莎莉一邊把義大利麵遞給蘿西和我，一邊回應道：「這裡有很多食物，想吃多少就吃多少，再加上妳們兩個完全沒問題，我們這間屋子裡一直有這麼多孩子，即使再多一個人也不會有什麼影響。」

千真萬確，這間客廳是庫庫瓦克家的社交中心，嚴格來說只有兩個孩子住在這個房子，但是這並不重要，在任何時刻，妳都可以看到來串門子的阿姨、叔叔、堂兄弟姊妹、姪女和姪子，親戚朋友在一天中的任何時間都可以自由地進出。

今天也不例外，當我們吃義大利麵時，我稍微計算了客廳裡有十個人，包括五個月大的嬰兒、十八個月大的幼兒、三歲小女孩、六歲小男孩以及兩個十五歲的大男孩。

這些孩子盡心盡力地為蘿西騰出空間，把她抱起來並給予許多呵護，其中一個十三歲女孩蘇珊立刻開始為蘿西梳頭髮和編辮子（因為她不讓我碰，已經連著三、四天都沒有梳好頭髮。）然後，九歲的蕾貝卡走進客廳，輕輕牽起蘿西的手說：「我們去外面玩吧！」另外兩個小朋友也跟著出去，於是蘿西正式

成為兒童團的一員。我感到如釋重負，卸下了這幾天、幾個月甚至於幾年以來獨自撫養孩子的重擔。

幼兒教養書籍經常提到來自心理學和神經科學的一個概念，稱為「執行功能」，基本上是一組心理機制，可幫助你深思熟慮而不會衝動行事，它是你大腦中的聲音，讓你在做出反應之前停下來自問：我的行為會帶來什麼影響？有沒有更好的辦法？執行功能可以幫助你控制自己的情緒和行為，有必要時還能改變方向。多項研究顯示，小時候擁有良好的執行功能，象徵著以後生活中會有一些更好的結果，比如更優秀的學業表現、更健全的心理、更融洽的人際關係、更容易找到和維持工作的機會等等。

在庫加阿魯克地區，小孩子充分展現優秀的執行功能：他們可以理解另一個小孩的觀點，在隨機應變的能力很好，還能適應他人的需求；比起美國許多更年長的小孩，他們在情感上表現得更加成熟，在很多方面，他們甚至比我更穩重；即便是小小孩也常表現得很有耐心、善解人意且慷慨大方，他們非常擅長分享玩具、食物、衣服等等，任何你想得到的東西，這些物品似乎是一種共同合作和玩樂的機會，而非爭吵和競爭的導火線。

我們待在北極的剩餘日子，蘿西可以每天與這些幼童一起玩上幾個小時，根本不需要我或其他媽媽的監督，也很少發生什麼問題；大一點的孩子已經熟悉了所有規則，他們會幫助小一點的孩子學習這些規則，十幾歲的女孩子都想要照顧蘿西，而年幼的小孩想要和她一起玩，如果蘿西不開心，年長的孩子會找出癥結點並解決它，或乾脆順著她，而不會與她一般見識。

在莎莉家客廳的第一晚，我看著孩子們一起玩了大約兩個小時，沒有任何爭吵或緊張時刻，只有一個吶喊：「那是我的！」大人不會出面調解或不斷發出命令，出人意料地，他們非常放鬆，用手機傳簡訊，談論即將到來的狩獵。

那天晚上，看著眼前這一幕，我深深覺得這個因紐特家庭可以教導我的事情比原先預期的還要多，我抱持著一個目標來到庫加阿魯克：想辦法教育蘿西控制她的憤怒，並且友善地對待她的家人和朋友，但是這些因紐特父母即將教會我更多的知識，包含如何控制我自己的反應和不停動怒的育兒風格。

注釋

1 薩滿教（shamanism）是分布於北亞、北歐和北美洲的原始宗教信仰，信仰中的薩滿（俗稱巫師）被認為擁有預言、治療、占卜以及與靈魂溝通的能力。

2 *Never in Anger* 無中文版本，暫譯為《永不動怒》。

3 班諾克麵包（bannock bread）源自於蘇格蘭，是一種用任何圓形平底鍋煎烤的快速麵包。

第8章

如何教孩子控制憤怒

在北極地區逗留十天後，我親眼見證了令人難以置信的一幕。

這是瑪莉亞家的一個尋常下午，戈登叔叔在沙發上看書，莎莉的兒子圖西坐在他旁邊看手機，而莎莉的兩個孫子在大型平面電視前玩著《勁爆熱舞》（*Dance Dance Revolution*），從三歲到四十五歲，每個人都只是在「做自己的事」，和睦共處在一起。

接著，蘿西和剛認識的好朋友莎曼珊蒞臨了現場，我也準備迎接亂成一團的場面，兩個女孩都穿著帶有薄紗裙的公主裝，蘿西是淺黃色，莎曼珊是亮紅色。

這對搭檔讓我非常害怕，她們的活力非常驚人。跟蘿西一樣，莎曼珊聰明、健談且具有冒險精神，在她狂野且卷曲的黑髮下，臉上的表情充滿純粹的喜悅，她笑著說：「我們正在替米希洗澡。」米希是這個家飼養的小型約克夏梗犬，牠的體重應該沒有超過七磅，莎曼珊與蘿希都想要逼牠跳進去一桶肥皂水裡面，現在可憐的米希躲在客廳茶几的下方。

「我抓到牠了！」當蘿西撲向小狗時，她尖聲叫道。

碰！蘿西的手臂撞到了一杯放在桌子邊緣的熱騰騰咖啡，杯子飛向客廳的另一邊，咖啡色的液體在空中劃出一道弧形，並灑落在莎莉的白色地毯上，古色古香的桌子上也佈滿著熱咖啡。我頓時心中一沉，天啊，蘿西！我想大聲尖叫，我們是這個家的客人，為什麼不能小心一點呢？

但是，當我環顧四周時，發現其他人都沒什麼反應，完全沒有動靜，戈登和圖西沒有從他們的閱讀中抬起頭來，小孩們還在不停地舞動身體，似乎沒有任何人注意到熱咖啡剛剛飛過去，搞得一場糊塗。

莎莉的手裡拿著一條毛巾，從廚房走了出來，慢慢地、小心翼翼地把毛巾放在地毯上，彷彿她正在鋪一張瑜珈墊來準備冥想。蘿西基本上重現了珍·布里格斯著作中的景象，年輕人將一壺沸騰的茶撞倒在冰屋地板上，也沒有任何人做出反應。

但最令人驚訝的是莎莉的回應，她沒有大聲喊叫，也沒有斥責蘿西，相反地，她轉向圖西，平靜地說：「你的咖啡放錯地方了。」

絕對不要大吼大叫

過去幾年裡，我在北極地區採訪了一百多名因紐特父母，從阿拉斯加到加拿大東部都有我的足跡。我曾經和八九十歲的老人家坐在一起吃「鄉村食物」午餐，包括燉海豹肉、冷凍白鯨和生吃馴鹿肉；我也訪談過在高中手工藝展上銷售手工縫製海豹皮夾克的媽媽們；我還參加了一個育兒課程，日間照護老師在此處學習數百（甚至數千）年前他們的祖先如何養育小孩。

整體來說，所有的媽媽和爸爸都提到因紐特人教育子女的一個黃金法則：「永遠不要對小孩大吼大叫。」出生於距離庫加阿魯克不遠的草皮屋，七十四歲的希朵妮．尼爾倫加尤克（Sidonie Nirlungayuk）聲稱：「我們的父母從來不會對我們大聲疾呼，以前沒有，將來更不會。」

連希朵妮母親生產的時候，她也沒有驚聲尖叫，就像珍．布里格斯《永不動怒》中的愛拉一樣。「我半夜起床，聽到了很像小狗發出的聲音，」希朵妮描述道，「我說：『有人能將小狗放出去嗎？』但後來我去察看我的母親，她跪著身體，剛生完小孩，原來『小狗』是嬰兒，而我媽媽沒有發出任何聲音。」

當希朵妮自己成為媽媽後，她延續這種不能吼叫的原則，她表示：「我們不准對自己的小孩大喊大叫，跟他們談論任何事情，我都會用沉著冷靜的聲音說出來。」

真的嗎？所有事情都能用平靜的語氣？即使小孩給你一個耳光？用力關上大門並把你鎖在門外？還有努力不懈地故意「讓你抓狂」？

「是的，」麗莎・伊皮利咯咯地笑著，似乎在強調她發現我的問題有多麼天真，「當孩子還小的時候，提高嗓門或對他們生氣都無濟於事，這樣只會讓妳自己更激動。」

麗莎是一名電臺製作人兼媽媽，住在加拿大的極地小鎮伊魁特（Iqaluit），她與十二個兄弟姊妹一起長大。「對於小孩子，妳經常認為他們在惹惱妳，但是事實並非如此，他們對某些事情感到不開心，而妳必須弄清楚是什麼事情。」

長輩告訴我，因紐特人認為對小孩吼叫是一種羞辱，成年人基本上會配合孩子的高度彎下腰來勸說，或者用大人的方式來表達不滿。用憤怒的聲音對小孩子責罵或交談也同樣不理智。

「對孩童生氣完全沒有意義。」八十三歲的瑪莎・提奇維克表示，她出生在巴芬島（Baffin Island）「的一間冰屋裡，總共養育了六個孩子，「生氣無法解決妳的問題，只會阻擋孩子和媽媽之間的交流。」

庫加阿魯克的利維・伊路托克深表同感，他出生在庫加阿魯克附近的一座島上，七歲左右就學會獵捕海豹和馴鹿，這位七十九歲的老人說：「在我的記憶中，父親從未對我粗魯或大小聲。」但是他的父母在教養子女方面並沒有輕易讓步，他表示：「我媽媽很嚴厲，她不會讓我們熬夜，並且要求我們早上同時起床，但她從來沒有大呼小叫。」

因紐特人育兒採取令人難以置信的溫和方式，如果你檢視世界上所有的教養風格，並依據它們的溫和程度進行排名，因紐特人的方法可能會排在前幾名。我們拜訪過的其中一個家庭，媽媽與阿姨對在場的嬰兒和學步兒童充盈著滿滿的愛，她們會從房間的另一頭喊道：「我愛她！我愛她！」因紐特人甚至為孩子們發明了一種特別的吻，他們稱為kunik，你可以將鼻子貼在小孩的臉頰上，聞著稚嫩嬰孩的肌膚味道。

在伊魁特努納武特北極學院（Nunavut Arctic College）教授因紐特育兒課程的古塔・喬表示，即便是輕微的懲罰，例如限制行動，也會被認為是不恰當的，這類處罰已證明是徒勞無功的，只會讓孩子感到孤立，「大喊：『想想你剛剛做了什麼，回去你的房間！』我無法認同這種做法，這不是我們教導小孩的方式，坦白說，你只是在教孩子逃走。」

情況還有可能更糟糕，「當你對小孩子大聲吼叫時，他們就會停止傾聽，」希朵妮與我分享她的觀察，事實上，她認為美國小孩不聽話，是因為他們的父母總是在吼叫，「當孩子不再傾聽大人的話，你可以想見他的父母習慣大聲喊叫。」

因紐特父母一而再再而三地重複同樣的論調，那就是「大吼大叫會讓小孩更難教」，因為孩子們不會再聽你說話，他們的心門將你拒之在外。七十一歲的德蕾莎・錫庫亞克同樣聲明：「我認為這就是白人孩子不聽話的原因，父母對孩子經常大吼大叫。」

後來證明，許多西方科學家同意因紐特長輩的看法。我回到舊金山之後，打電話給勞拉・馬克罕，她是一位臨床心理學家，撰寫了《與孩子的情緒對焦：做個平和的父母，教出快樂的小孩》（*Peaceful Parent, Happy Kids*）一書，我問她對孩子大喊大叫是否有負面影響，她的回答不可思議地印證了希朵妮的說法。

她告訴我：「**當我們對小孩子大聲吼叫時，其實正在訓練他們不要聆聽**。父母時常說：『但在我提高嗓門之前，他都聽不進去。』而我通常這樣回應：『好，提高你的音量讓他聽，但從此以後你都必須大聲跟他說話。』」

勞拉一貫地認為，西方父母大聲吼叫是搬石頭砸自己的腳，歸根究柢，大聲嘶吼並不能修正孩子們的行為，反而在誤導他們生氣，她說：「我們正在訓練他們在生氣時要大喊大叫，而且大聲吼叫可以解決問題。」

請回想一下這個公式，想訓練小孩採取某種行為方式，我們需要兩個主要成分，還有一點點第三個成分，也就是**練習**、**示範**以及**在必要時認可他們**。當我們憤怒地對孩子喊叫時，我們就是在示範生氣的樣子，由於孩子們經常大聲回應我們，他們等於在大量地練習吼叫和對我們生氣，然後，如果我們繼續用大聲嘶吼回應他們的吼叫，等同於我們認可並接受他們的怒氣。

相比之下，懂得控制自身憤怒的父母，無論是在孩子身邊或是面對孩子，都能幫助孩子學會克制，勞拉說：「孩子們會跟著我們學習情緒管控，」每次你阻止自己發怒時，你的孩子會看到一種冷靜處理挫折的方式，當憤怒的情緒浮現時，他們學會保持平靜，因此，為了輔助孩子學會情緒管控，父母可以落實的首要條件就是學會管理自己的情緒。

有些方法對你來說可能已經很熟悉，也許你早已閱讀了許多致力於「正向教養」的書籍，數量很龐大且好多本是暢銷書，畢竟顯而易見地，如果我們有所選擇，所有父母都寧願減少尖叫、責罵、甚至減少生氣。但是，在某個平常日的下午五點半，你工作了一整天，距離截稿期限只剩下三個小時，你的小孩還賴在商店的地上，尖叫著為什麼只買一盒冰棒而不是兩盒，你要怎麼繼續當個正向樂觀的父母呢？

許多現有書籍都沒有提供切中問題的解答，我覺得它們缺少兩個關鍵部分：**如何減少自己對孩子的憤怒，以及如何在不動怒的情況下管教或改變孩子的不良行為**；畢竟，一旦你不再生氣，你仍然需要教你的小孩對一盒冰棒心存感激，或者更優秀的是，與全家人分享冰棒。

在接下來的幾章中，我將提供你處理所有事情的技巧，包含小孩子脾氣一觸即發的時刻以及每天讓你感到疲乏的不當行為。這個部分的最後，我們將學習能夠長期改變行為的訣竅，同時傳遞尊重和感恩這類的價值觀。讓我們從如何讓自己停止生氣這件事開始。

注釋

1 巴芬島（Baffin Island）是加拿大第一大島以及世界第五大島，位於加拿大東北部，東隔巴芬灣和戴維斯海峽與格陵蘭島相對，大部分位於北極圈內，屬於寒帶苔原氣候。

第9章 如何停止對小孩發怒

依我的親身經驗來看，現行的育兒模式就是每天以大聲吼叫為中心，或者更具體地說，先碎碎念，然後再大吼大叫，有時本集鬧劇的結尾是我自己很諷刺地喊叫，例如：「蘿西，停止尖叫！停下來！」

因此，當我到北極時，免動怒的教育方式看起來有點像海市蜃樓，仔細想想，就像實施原始人飲食法（Paleo diet）[1]一樣，我知道自己不應該吃那麼多碳水化合物和糖分，但是沒人注意的時候，我會吃掉一整碗的義大利麵。不是每個人都會這樣嗎？沒人注意時，大家都會對自己的孩子大叫吧？

莎莉不會，她媽媽瑪莉亞、她妹妹內莉或她們家中任何一個父母都不會，她們讓不需動怒的育兒方法顯得輕而易舉。舉例來說，有一天晚上，莎莉照看著三個孫子和孫女，年齡從十八個月到六歲不等，而我在照顧蘿西；房子裡完全一片混亂，毫無秩序可言，一個叫做迦勒的小男童有許多脫序的行為，有一次，他甚至讓莎莉的臉受傷流血，但是莎莉從來沒有抓狂，連一次都沒有。

看著她的一言一行，我覺得太驚艷了，不僅因為她保持得如此冷靜，也因為她從來不會讓孩子們爬到她頭上，她運用其他技巧來修正和改變行為，而且不需要大叫，通常也不需要用說的。

在庫加阿魯克所見到的親子互動，讓我有生以來見識了不必生氣或吼叫的教養方式，令人徹底改觀。首先，我注意到成年人都非常地放鬆與平靜，也發現這種平靜對孩子們產生了深遠的影響，包括蘿西，成效十分立竿見影，在莎莉和瑪莉亞冷靜的羽翼下，蘿西的滿腔怒火迅速冷卻下來，她的焦躁獲得了舒緩。有一個晚上，她變得心煩意亂，因為她想要牛奶，但是那時候我們給不了她，於是她開始鬧脾氣，但當她意識到這個行為還無法影響房間裡的任何成年人時，她真的像西方的邪惡女巫一樣，倒在地上並哭喊著：「不——！」

觀察蘿西的這種轉變使我對自己的憤怒引以為鑒，這讓我意識到，當我提高聲音去責罵她時，其實在誘發她的發飆和崩潰，我們陷入了一個既可怕但可預見的惡性循環：我開始尖叫，蘿西用吼叫回擊，我加入更多嘶吼，並且發出一些軟弱的威脅，然後她躺在地上又踢又叫，我過去拉起她，試著讓她冷靜，但為時已晚，為了表達她的盛怒，她可能會搧我耳光或拉扯我的頭髮，讓我的怒火持續升高。

但不知何故，莎莉和瑪莉亞從未落入這個親子的情感陷阱，這種憤怒的你來我往，他們從來不會與孩童進行權力鬥爭；所以在與他們相處的時間中，我試圖逆向分析出他們所採用的方法。

據我所知，這是可以拆解成兩個步驟的過程：

1. **停止說話**：只要保持安靜，不說任何一句話。
2. **學習減少或甚至消除對小孩的怒氣**。（注意：我的意思不是當憤怒出現時你要去控制，而是一開始盡量別生氣。）

從表面上來看，這些步驟或許有點像是正向教養的陷阱，但是請聽我更詳細的解說。明眼人都知道這不是個簡單的過程，第二個步驟更是難上加難，天曉得，如果我能夠改變（或者至少有很大的改進），任何人都可以辦得到，還記得我提過自己在一個充滿憤怒的家庭中長大嗎？

遙想剛上大學的時候，我對於晚上宿舍裡的寂靜感到非常震驚，那些吼叫聲和尖叫聲都消失去哪裡了？為什麼大家都這麼安靜？

但是我不願意蘿西在一個怒氣沖沖的家庭中長大，我希望她學習其他應對挫折和惱怒的方法。老實說，當我邁向四十歲時，我認為現在是學習更巧妙溝通的好時機，不僅是和蘿西的對談，還有與丈夫、同事以及任何人的交流，而首要任務就是停止吼叫。

第一步：停止說話

我花了大約三個月的時間才停止對蘿西吼叫，然後又歷經了三個月，終於在我感到生氣時完全沉默，雖然仍時不時地疏忽大意，不小心開始下指令、要求和譴責，大致上來說，當蘿西瞬間引爆我血液中的怒火時，我已經學會保持沉默的藝術，以下是我採取的方式：

閉上嘴巴。當蘿西激怒我時，我總是像火山爆發一樣怒吼道：「蘿絲瑪麗，拜託不要這樣。」、「為什麼妳現在要哭？」、「到底怎麼了？」、「妳究竟需要什麼？」、「妳到底想幹嘛？」，這些質問和宣告都造成了非我預期中的反效果，傳達著一股緊迫感和壓力感，助長了蘿西的壞脾氣，即使我努力保持冷靜，這些一字一句總是洩漏出我的情緒。

但莎莉和瑪莉亞似乎總是採取完全相反的做法，每當我瞧見她們與孩子處於使人惱怒的情況時，她們都會暫停一會兒，什麼都不說，只是靜靜地觀察，她們看起來像個面無表情的治療師，傾聽她們當天第五個過度情緒化的客戶。假使莎莉和瑪莉亞有什麼話要表達，吐露出的話語都異常沉靜，我指的是非常輕聲細語，如果沒有待在她們旁邊，我根本聽不見她們在說什麼。我們在下一章中會繼續探討，保持輕聲細語和冷靜態度可以幫孩子樹立好榜樣；另一方面，看似好意的廢話連篇只會提升孩子爆發和憤怒的程度。

因此，在莎莉和瑪莉亞的帶領下，我徹底改變了策略。現在當我對蘿西感到生氣時，我會單純地閉上嘴巴，不發一語，我會在心裡默念：像顆石頭一樣紋風不動，麥凱琳，把自己變成一顆石頭，堅定自己的心；然後我只是靜靜地看著蘿西，來評估當下的情況。

轉身離開。在幾分鐘裡，甚至幾秒鐘之內，我會盡快掉頭走開。你可以離開房間、下車、沿著人行道走、穿越公園或者乾脆背對小孩。瑪莉亞在我們見面的第一天，圍著廚房餐桌聊天時，直接告訴我這個方法，她說：「當我感覺憤怒即將來臨時，我會讓孩子或孫子們獨自待著，離開他們一下子。」[2]

吼叫和嘮叨的慾望會隨著轉移空間而消散，所以你可以再回去幫助孩子。正如我們將在下一章中學到的，這種疏遠也有助於平靜地向孩子表示他們當時的行為是不可接受的，漠視是很強大的管教手段。

但蘿西依然能感覺到我很生氣，她就像煤礦坑裡的金絲雀[3]，可以嗅到危險的訊號，在我說話之前，她就能感覺到我的情緒；當我再度開口和她說話時（到最後我必須說些什麼），我經常用咬牙切齒或怒目對視來脅迫：「如果妳不聽我的話，我就會……沒收妳所有的洋裝！」（是的，我以前確實說過那種荒謬的威脅，甚至還有更可笑的。）

所以我設定了一個看似不可能的目標：停止對蘿西生氣，或是起碼減少對她生氣的次數。

此時此刻，講白一點，如果沒有親眼看見莎莉和瑪莉亞的教養方式可以有效地安撫我的女兒，我可能不見得會有動力去做這件事。實際上，在與莎莉和瑪莉亞相處之前，我打從心底相信，為了讓蘿西學會尊重和感激，我必須意志堅定且態度堅強，必要時要訓斥和責罵，因為我的父母就是這樣養育我，我也認為所有好父母都是這樣做的，採取柔和的方法不會有效；但是瑪莉亞和莎莉說服了我，懷柔政策不僅有效，而且效果顯著，尤其是對於像蘿西這樣的小孩。

雖然抱持著一定程度的懷疑，我還是盡力完成不可能的任務：停止對我的女兒感到憤怒。

第二步：學會放下一些或部分的怒氣

首先，在我們深入剖析之前，我需要澄清一點：我不是在談論壓抑怒火，也不是討論讓怒氣隨著時間自然消逝或緩和，不可否認，如果離開現場夠久，你的火氣最終確實會消失不見，我可以對你保證。問題在於，帶著小孩在小公寓裡，我常常沒有時間和空間走開，當蘿西心情煩躁時，她會跟著我走遍家裡，把我困在角落，甚至像攀在樹上的秀珍菇一樣抓住我的腿。

因紐特的爸爸媽媽為我示範如何在一開始就降低憤怒，不僅是對蘿西，而是對待所有的小朋友，比方說，如何在早上七點被一個三歲小孩毆打肚子而不會感到一絲憤怒。

你會怎麼做？跟媽媽、爸爸、奶奶和爺爺交談後，我漸漸看到了希望，這些因紐特父母對幼兒行為的觀點與我們在西方文化中的看法不同，他們對於小孩的動機有不同的解釋。舉例而言，在西方文化中，我們傾向於認為小孩子會「使人抓狂」或「測試底線」，更想操控他人，當蘿西還是個嬰兒的時候，我的姊姊在電話裡對我說：「令人驚奇的是小孩子很早就學會操縱我們，妳等著瞧。」

但是假如這個想法是完全錯誤的呢？我們真的確定幼童會像成年人那樣操控我們嗎？孩子們真的像大人一樣故意惹惱我們嗎？沒有科學證據支持這些聲稱是正確的，小孩子行為乖張時，腦部斷層掃描沒有顯示「操縱」區域在發亮，沒有任何心理學研究表明，兩歲的孩子會「全盤托出」並承認：是的，他們唯一的目的就是激怒爸爸和媽媽。

事實上，這些關於兒童的觀念是文化建構出來的，在某種程度上，它們是西方父母告訴自己的民間傳說，以幫助我們面對無法理解的行為。在其他文化中，包括因紐特人，父母接觸的觀念是另一套，讓他們更容易保持冷靜的腦袋，並且減少對孩子們的憤怒，這些故事還能強化親子關係而非製造緊張關係，讓教養兒女更加輕鬆。

那麼，假使我們拋開西方的思維模式，想出更好的敘事方式來了解幼兒的各方面呢？與其將年幼的孩子描述成想要找碴的搗蛋鬼，如果我們把他們當成沒有邏輯、想試著找到適當行為的新住民，或假設他們擁有良善的動機、只是需要改進一些行為，彼此互動的結果會如何？

換句話說，如果我想要減少對蘿西生氣，我必須轉換角度來解讀她的動機和不良行徑。

因紐特的長者一遍又一遍地提出三個原則，以幫助父母在孩子失去理智時保持**冷靜**：

包容小孩的不當行為。接受他們的粗魯、暴力和頤指氣使，容許他們把事情搞得一團糟、無法正確地完成任務，或是有時變成一個討厭鬼，千萬別放在心上（或者自認為是一個糟糕的父母），小孩生來就是這副模樣，而你身為父母的工作是教他們表現合宜並控制他們的情緒。

如果孩子當下無法達成期望，試著改變環境，而不要改變孩子。

某天下午，我坐在庫加阿魯克唯一一家餐廳的座位上，與朵雷蘿莎．納托克一起喝咖啡，她正在解說小時候家人如何用海豹油燈維持冰屋的暖和，而蘿西非常賣力地阻擾採訪，她不停地抓起麥克風，當成跳繩一樣來回擺動。

朵雷蘿莎看得出我漸漸感到挫敗，我哀求蘿西停下來：「蘿西，拜託不要再抓麥克風了，我到底要說幾遍？為什麼妳都不聽話？」

朵雷蘿莎用有點憐憫的表情看著我，簡潔地說：「如果小孩不肯聽話，是因為她還太小，無法理解，她還沒準備好學習這件事。」

這是我永遠無法忘懷的真知灼見。朵雷蘿莎繼續解釋因紐特父母如何看待年幼孩子的不當行為，她表示：「小孩子還沒有足夠的理解力，他們不明白什麼是對、什麼是錯、什麼是尊重、還有如何傾聽，父母必須教會他們。」

這種觀點類似於西方父母對閱讀或數學的看法；比如說，三歲的蘿西太小了，她不知道二加二等於四，如果她說答案是五或六，我絕不會生她的氣，因為我沒有期待她現在懂得數學，而是將來某個時候我必須教她；如果她太小而無法理解某個概念，我不會情緒失控或心情沮喪，而是等待適當的時機再試看看。因紐特父母採用類似的手段來教導幼兒學習情緒技能。

在美國這裡，我們高估了兒童的情感能力，期望小孩子在很小的時候（可能在十八個月到兩歲）具有發展良好的執行功能，並且理解複雜的情感概念，如尊重、慷慨和自我節制，當他們沒有表現出這些特質時，我們就會感到灰心喪志，對他們失去耐心。

許多因紐特父母從完全相反的角度來看待小孩，他們預期孩子的執行功能和情緒管控能力都很差，主張教導孩子學會這些技能是他們的職責。基本上，當小孩子不聽話或行為偏差時，原因很簡單：孩子還沒有學會

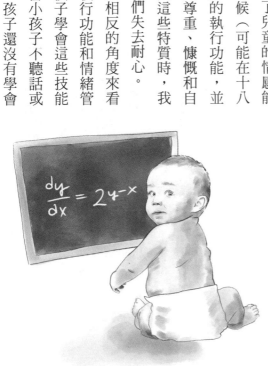

那項特定的技能，也有可能他們還沒準備好學習它，所以父母沒有理由感到灰心或生氣。

多位人類學家在位於北極圈的社群中紀錄了相同的教養理念，所以這種想法可能從古代流傳下來，至少可以追溯到一千年前，在因紐特人遷徙到現今的加拿大北部之前。珍・布里格斯在《永不動怒》中寫道：

> 烏特庫人（Utku）〔因紐特人〕深知小孩子容易被激怒（因紐特語 urulu, qiquq, ningaq）……被干擾時（因紐特語 huqu）容易哭，因為他們還沒有理智（因紐特語 ihuma）：沒有理性、思想、目標或理解力。成年人說他們並不擔心（因紐特語 huqu, naklik）孩子的非理性恐懼和憤怒，因為他們知道這不算真正的犯錯……因為小孩子本身就是不講理的個體，無法理解自己的苦惱是不切實際的，所以人們需要用心安撫他們……
>
> 在烏特庫人的觀點中，成長絕大多數是一個獲得心智的過程，因為心智能力的運用是區分成熟的大人行為與兒童、智能不足、重病或精神錯亂者行為的主要依據。

在烏特庫以東大約一千五百英里的地方，人類學家理查・康登（Richard Condon）在加拿大西北地區的烏路卡托克（Ulukhaktok）小島上與因紐特人相處時，也記錄了相似的觀察結果，他寫道：

兒童被認為非常專橫，由於他們還沒有具備文化規範中所重視的耐心、慷慨和自我約束，孩子們經常對別人提出過分的要求，如果要求無法即時達到，他們就會變得非常傷心難過。兒童也被視為過渡激進、吝嗇和愛出風頭，所有的行為都被判斷為與理想的行為規範正好相反。

因此，當一個小孩子粗魯地對你的臉尖叫或動手動腳時，你沒有理由大發脾氣，這不是反映父母的失職，而只是呈現孩子與生俱來的樣子。

停止與小孩子爭論。七十四歲的希朵妮．尼爾倫加尤克意味深長地說：「即使孩子折磨你，你也不會反擊一個年幼的小孩；無論錯誤是什麼，先放過他們，總有一天，表現會越來越好。」

有幾位長輩在訪談中也給予我類似的建議，不過是伊莉莎白．特谷米亞幫助我理解了父母對這個想法的重視程度。蘿西和我在庫加阿魯克的第一天晚上見到了伊莉莎白，她在旅館餐廳當廚師，我們吃完晚餐後，她從廚房走出來，腰間繫著一條黃色圍裙，手裡拿著一大盤多的炸薯條要給蘿西。伊莉莎白擁有嬌小的骨架和光滑無皺紋的臉，很難讓人猜出她的年齡，但我想她已經四十多歲，她有一頭紅棕色的短髮、灰色的眼睛，通常穿著黑色運動褲和灰色帽T。

伊莉莎白立刻對我的工作產生興趣，我們針對育兒話題展開了一場對話，當我告訴她美國的常見作法時，她難以置信地噘起嘴唇且睜大眼睛。

伊莉莎白表示，她在這塊「土地上」土生土長，對於因紐特的文化、歷史和教養哲學有深度的理解，也大方地分享她的知識，所以我問她是否願意和我一起做這個專案，我聘請她安排對長輩的採訪，並將談話內容從因紐特語翻譯成英語。她的建議非常有價值，不僅對於我的出版，還有對我個人而言，她協助我減少對蘿西的憤怒，教會我用更多的善意和愛來看待蘿西的動機和行為。

伊莉莎白告訴我，因紐特人認為跟孩子爭論是愚蠢的且浪費時間，因為小孩子幾乎是不理性的生物，當大人與小孩爭吵時，大人只是把自己拉低到小孩的水準罷了。

「我記得有一次和叔叔吵架，我不停對他頂嘴，然後他就被惹惱了。」她回想道，這場爭論極為罕見，以至於在她的記憶中保留了四十年，「我爸爸和阿姨只是對叔叔嘲諷，因為他和一個小孩在吵架。」

在我三度訪問北極的期間，從未見過父母與小孩爭吵，沒有權力鬥爭，沒有嘮叨或談判，完全沒有遇過。在尤卡坦半島和坦尚尼亞也如出一轍，父母根本不會與孩子爭辯，反之，他們會提出請求並默默等待孩子遵守，如果小孩拒絕，父母可能會說些什麼、轉身走開或將注意力轉移到其他地方。[4]

你也做得到，下次當你發現自己正在跟孩子嘮叨、討價還價或進入唇槍舌戰時，請馬上停止，合上你的嘴巴，有必要的話也閉上眼睛，等候一會兒，輕撫孩子的肩膀，然後掉頭走開，或者使用下一章討論的方法，但千萬不要爭執，否則永遠不會有好的結局。

好的，現在我們明白了兩個原則來減少我們對孩子的憤怒：包容不當行為以及永遠不要爭吵，第三項是什麼？嗯，這個原則是全世界通用育兒策略的核心要素。

團隊教養二：用鼓勵取代強迫

「強迫小孩子絕對會適得其反，誠實地告訴他們自己的錯誤，總有一天他們會了解。」來自庫加阿魯克的七十一歲德蕾莎．錫庫亞克強調。

為這本書訪問各地父母時，我最常聽到一個共同的建議，出自於母親、父親、祖母和祖父的口中，也從研究全世界狩獵採集社區的心理學家和人類學家那裡一遍又一遍地聽到。

從理論上來說，這則建議聽起來很簡單也很輕鬆，但是天啊，對我來說真的很難實踐，它違背了我腦中固有的育兒思維。

這個偉大的想法是什麼？就是「從不強迫小孩去做任何事」。

相較於逼迫，你要用鼓勵的方式，團隊教養的第二個要素就是「鼓勵」。

在許多狩獵採集文化中，父母很少責罵或處罰小孩子，也很少堅持小孩遵守請求或採取特定作為，他們相信試圖控制小孩會阻礙他們的發展，使親子關係更加劍拔弩張。

這種想法在全世界的狩獵採集文化中非常普遍，毫無疑問，這是一種歷史悠久的育兒方式，如果我們能夠回到過去，採訪五萬年前的父母，我們極有可能會聽到同樣的建議。

逼迫孩子會導致三個問題：首先，它埋沒了孩子們的內在動機，也就是說，它削弱孩子自願完成任務的自然本能（請見第六章）；其次，它可能會破壞你們的親子關係，當你強迫孩子做某件事時，你很有可能挑起爭端並引爆雙方的怒火，在彼此間豎立一道牆；第三，你奪走了小孩自己學習和做出決定的機會。

某天下午，莎莉的媽媽瑪莉亞在她的廚房裡，一邊喝茶一邊鏗鏘有力總結了這個想法，「教養兒女是一條雙向的道路。」她說道，成年人不喜歡被迫做某件事或以某種方式做事，小孩也有相同的感覺，瑪莉亞說：「當你強迫孩子做事時，他們會變得憤怒且瘋狂，孩子們不會尊重父母和長輩。」

然而，如果你將小孩子當作小大人來對待，冷靜地且尊重地對他們說話，終有一天他們會以同樣的方式來對待你。

「妳也這樣對待那些幼兒和兒童嗎？」我詢問道。

「對，即使是很小很小的孩子。」她回答道。

心理學家露西亞·阿爾卡拉表示，馬雅父母也有大同小異的哲學。「當地父母告訴我：『**你不能勉強小孩做某些事，你可以指導他們，幫助他們了解為何有些事情很重要，所以他們必須去做和學習，但你不能把學習強加在他們身上。**』」露西亞說道。逼迫孩子們不僅會製造衝突，還會破壞家庭的整體凝聚力。「你不會想要自己的孩子成為你的敵人。」她補充道。

沒錯，露西亞的話讓我深有同感，這說明了我和蘿西為何成為了敵人。我總是強迫蘿西做事，強迫她把盤子拿進廚房，強迫她在睡前停止大聲叫喊，逼迫她吃下青豆仁、刷好牙、過馬路時牽著我的手、停止毆打狗狗，我甚至強迫她應該從嘴裡說出什麼話（好比叫她：「要說謝謝！」）。

久而久之，這股控制她的慾望已經在我們之間堆砌出怨恨與衝突。

當然，停止強迫孩子並不代表你舉手放棄培育他們的行為，一點也不！（我仍然需要蘿西做很多事情，比如刷牙、飯後幫忙清理以及尊重我和她的父親……）反倒是意味著你不用控制和懲罰來完成這個目標，你應該擁有更熟練且細膩的能力。

在世界各地，父母使用大量的工具來鼓勵小孩子正確地聆聽、學習和作為，這些工具同時向孩子們展現如何成為相互尊重的良好家庭成員。我們已經了解過其中幾種工具（團體激勵、練習機會和認同貢獻），我們會在接下來的章節中陸續見識到更多，包含戲劇、說故事、問題、後果和身體接觸。

請注意：鼓勵和訓練有時需要一段時間，這些不是急就章的解決辦法，而是隨著孩子的成長會產生深遠變化的修練步驟，在此過程中，你將送給孩子一份對他們一生都有所助益的禮物——強大的執行力。

實際操作四：學會減少對孩子的憤怒

下一次當孩子做了一些讓你十分震怒的事情，或者在你的身體內引發越來越強烈的惱怒時，請依序遵照下列的做法：

1. 閉上你的嘴巴，不要說任何話；如果有必要，也閉上你的雙眼。
2. 掉頭離開幾秒鐘或幾分鐘，直到心中的怒氣平息為止。
3. 從不同角度思考這些不當的行為，或將其置於不同的脈絡中觀察。試著這樣想：「她不是故意惹惱我，也沒有在操控我，她是一個沒有邏輯、不理性的個體，而且還不曉得正確的行為規範，教導她理性和邏輯是我的工作。」（如果這些想法無法引起共鳴，你也可以嘗試不同的途徑，想想孩子樂於助人的強大動機，說服自己：「她想幫忙，她想做出貢獻和共同合作，只不過不知道方法，我必須對她示範最好的做法。」）
4. 接著用你最平靜的聲音，簡單地告訴孩子她犯下的錯誤或行為的後果。例如，假使她毆打小狗，試著說：「哎呀，那樣小狗會受傷。」；或者，假如她打了你，試著說：「哎呀，那樣害我好痛，妳也不想傷害我吧。」
5. 然後什麼都別管了，放手吧，讓不良行為就此過去。
6. 假如有需要，使用下一章描述的任何一種育兒技巧，來鼓勵正確的行為。

本章小結：如何教導孩子控制自己的憤怒

重要觀念

憤怒

- 對小孩子發火是徒勞無功的，它只會產生衝突、製造緊張並中斷溝通。
- 當父母總是對小孩子嘶吼與尖叫，孩子終有一天不想再聽父母的話。
- 父母和小孩都很容易陷入憤怒的循環，父母的生氣在小孩身上灑下火種，最後只會讓父母愈加憤怒。
- 只要用善意和冷靜回應小孩子，你可以中止這種循環。

憤怒管理

- 我們經常高估了孩子的情緒智商。
- 憤怒管理是一種孩子隨著歲月推移、透過練習和模範學習的技能。
- 為了幫助孩子學習憤怒管理，你的最佳指導就是在小孩面前控制自己的憤怒。
- 每當我們對小孩子大聲吼叫，反而變相地教導他們心情沮喪或有任何問題時，可以大聲吼叫來展現不爽，小孩會模仿大人練習生氣和吼叫。
- 每當我們沉著冷靜地回應難過的小孩子，等同給予他們找回這種態度的機會，我們提供他們練習讓自己平靜下來的機會。

- 久而久之，這種訓練教會孩子調節自己的情緒，並且以冷靜且有效的方式應對問題。

竅門與技巧

- 當你對小孩子感到生氣時，保持安靜並靜待怒火平息；假如你開口說話，小孩就會感覺到你的怒氣，所以最好保持沉默。
- 如果你克制不了自己的火氣，轉身離開或者遠離小孩，等你冷靜後再回來。
- 說服自己盡量減少（或停止）對小孩生氣。
  - 改變你對幼兒行為的看法，接受小孩子天生行為不佳且容易製造麻煩，他們沒有刻意讓你抓狂或者試圖操縱你，他們純粹是沒有理智的人類，還沒學會何謂適當的行為而已，所以你必須教導他們（他們的行為欠佳並不代表你是一個糟糕的父母）。
  - 永遠不要跟小孩子爭論（或甚至是談判），你與之爭執的行徑只是提供了他們練習的範例，如果你開始跟孩子爭吵，請停止說話並掉頭離開。
  - 別再強迫小孩子做任何事情，逼迫會導致衝突、破壞溝通且製造（雙方的）怒火，請運用下一章提到的技巧來鼓勵適當的行為，而非強制他們執行。

注釋

1 原始人飲食法（Paleo diet）是源自於人類在農耕時代開始前的飲食習慣，主要吃全天然食物，大量攝取蔬果以及未經加工的新鮮肉類和海鮮，屬於一種低碳水化合物的減肥法。

2 請看瑪莉亞這句話的第一個部分：當我感覺憤怒即將來臨時。瑪莉亞沒有等到怒氣全面襲來時才離開房間，當她剛察覺到即將動怒的跡象時，就會想辦法讓自己脫離這種情況。我認為自己的問題之一是我過去常常忽略發怒的初始信號，等到採取行動的時候，情緒已經非常高漲，以至於我無法控制。但是近來在憤怒降臨之前，我更加關注沮喪或煩躁的微小跡象，而處理那些較溫和的情緒（例如遠離現場）比在盛怒中辯論要容易許多。

3 金絲雀對有毒氣體非常敏感，只要礦坑內有一絲絲沼氣，牠便會焦躁不安，甚至發出叫聲，讓礦工們及早撤出礦坑保全性命，因此以前下礦坑會帶著金絲雀，作為示警的工具。

4 還記得德蕾莎為她的四個孩子準備上學嗎？當埃內斯托沒有去找他的鞋子時，德蕾莎從來沒有把這個請求變成爭執，她等了大約五分鐘，平靜地再詢問一次。

第10章
絕佳的育兒技巧

親子教養書經常告訴我不要大聲喊叫和責罵，但沒提供什麼替代方法，只告訴我要確認孩子的感受，例如，「妳現在真的很難過」或「噢，妳快氣瘋了吧，當哥哥拿走妳的玩具時，真的感覺很不爽」；這些書卻沒有告訴我如何改變小孩的行為，如何幫助孩子超越情緒，優先解決導致他們發脾氣或爭吵的問題，假如我們不斷認同孩子的失控情緒，孩子又該怎麼學習更有效的方法來處理挫折或難題？

就好比我們都是木匠，不辭辛勞地建造一棟堅固且漂亮的房子，然後一些「專家」走過來，揮手

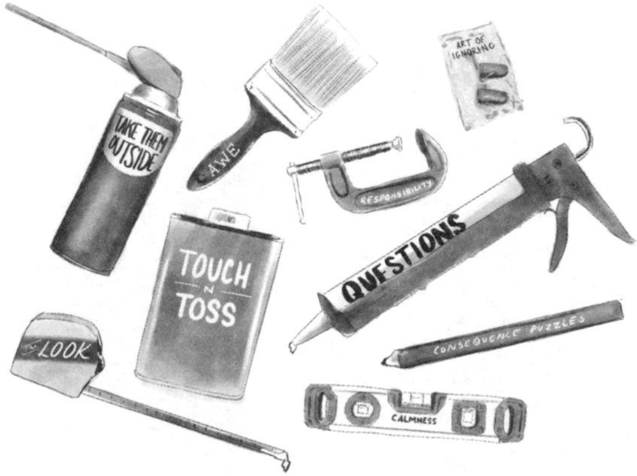

拍掉我們唯一的工具——一把響亮且憤怒的鎚子，拍拍屁股就走，沒有交給我們任何替代工具，沒有鑽頭，沒有鋸子，沒有水平儀，沒有螺絲，這樣我們要怎麼進行下一步？

在庫加阿魯克與尤卡坦半島旅居期間，我見證了父母們運用一系列讓人眼花撩亂的技巧，這些小技巧不僅可以改善小孩子的行為、保護他們的安全，甚至更複雜，同時能教育孩子們如何在行動前思考，以及如何面對失望和變化。換句話說，這些小撇步可以讓孩子們發展出優秀的執行功能。

在我們進入正題之前，先簡短介紹一下這些小技巧。起初，我錯誤地過度依照字面意思來看待，假使你從不同的文化角度來詮釋，這個想法會衍伸出不同的意義，我在這些章節中所描述的內容，必須由你為自己的孩子、家庭和日常生活量身打造，才能夠發揮最大功用。

舉例來說，有一種技巧是藉由提問來幫助孩子思考自身的行為，一九六〇年代或之後五十年因紐特父母在北極中央地帶是針對特定問題，對於二〇二〇年代紐約市的美國青少年來說可能並非最有效的方式。因此，請揮灑創意，動用你的想像力，觀察孩子的反應，聆聽孩子使用的詞語，然後為他們修正自己的技巧。

比方說，為了幫助孩子學習與初來乍到的手足分享，部分家長會套用孩子想當「大姊姊」或「大哥哥」和照顧幼小的願望，父母會說：「這是你的弟弟／妹妹，可憐的小東西，分一點給他／她吧。」暗示孩子需要幫助更弱小的手足。

但是當我對蘿西嘗試這個方法時，我看不到有什麼進展，她會茫然地看著我，彷彿我在講另一種語言，我心想：好吧，這樣行不通。但有一天，我觀察她與泰迪熊愛因斯坦一起玩「媽媽」角色扮演的遊戲，她像抱著嬰兒那樣搖著小熊，一邊說：「愛因斯坦，噓，你不需要哭，愛因斯坦，媽媽在這裡。」

那一瞬間，我察覺到蘿西在向我透露如何協助她學會分享，她不想當一個大姊姊（她真的沒有一個很好的榜樣），她想要當媽媽！所以下次當遊樂場出現一個穿著尿布、蹣跚步行的孩童，求蘿西分享一塊餅乾時，我便說：「唉唷，好可憐喔，他需要媽媽給他吃東西，蘿西，妳要當媽媽嗎？」剎那間，我感到她的心裡雀躍無比，她睜大雙眼，嘴角微微翹起，幾秒鐘後，她開始分享她的食物。

我將這些技巧分成三個組別來介紹，第一組會幫助你處理孩子無法控制自己情緒的頑劣時刻，第二組是專攻諸如發牢騷、抱怨和蠻橫等日常不當行為的重要資源，第三組則會長期改善行為，傳遞重要價值，我們將會在第十章和第十一章中介紹第三個組別。

＊　＊　＊

我們在庫加阿魯克旅行了幾天後，我終於慢慢了解要怎麼幫蘿西搞定她的壞脾氣，以及如何降低她哭鬧的程度和頻率，關於這個智慧，我要特別感謝一個人：口譯人員伊莉莎白·特谷米亞。

某一天下午，伊莉莎白、蘿西和我一起去商店買洋芋片、現成火雞和薄脆餅乾當午餐，排隊等結帳時，蘿西看見一排融合了粉紅色、藍色和黃色的彩色髮帶，上面還有迷你獨角獸的圖案，她很想要，「等一下，媽媽，我可以買一個嗎？」

「抱歉，蘿西，我們不需要再買髮帶了。」我回應道。

她開始醞釀暴躁的脾氣，尖叫道：「但我想要！我要一個！」

我開啟我一貫的處置方式：嚴厲的態度、跟她講道理，要求她停止胡鬧，蘿西的尖叫聲伴隨著鍥而不捨的要求，我們之間像是出現好幾道閃電，憤怒的情緒滲透我的語調，閃過我的雙眼，蘿西感應到我的怒火，開始釋放自己的閃電，揮舞雙臂並放聲大哭，她完全無法克制自己的情緒。

謝天謝地，好在伊莉莎白在旁邊，她走到蘿西身邊，採取和我完全相反的作法：緩和了原本高漲的能量，直接冷卻火爆的場面，她沒有變得專斷嚴厲，反而表現得甜美、溫柔和平靜……實在太冷靜了！她的表情很柔和，身體很放鬆，行動微小而輕柔，一開始她很安靜地等了幾秒鐘，接著開始用我聽過最沉靜、慈愛的語調跟蘿西說話，她的話語緩慢且謹慎，而且沒有講太多話，她只是溫柔地迎合蘿西的暴風，猶如替閃電提供一條柔軟的毯子，蘿西就像被咒語鎮住，尖叫聲立刻停止了，然後她轉頭看著伊莉莎白，用她最甜美的聲音說「Iqutaq」（在因紐特語中表示「大黃蜂」之意）。

祕訣一：藉由冷靜來感染孩子

如果你只能掌握本書中的其中一個概念，那麼我希望你精通這一項，雖然困難重重，但保證很值得。

世上很多文化中的父母都認為他們的主要職責之一就是幫助孩子學會讓自己冷靜下來的方法，教他們冷靜沉著地應付日常生活中的挫折，他們看待這項責任就像教孩子其他技能一樣認真，好比如何閱讀、算術或吃健康的食物。

「我告訴新一代的父母：『不要讓孩子們哭得太厲害，試著讓他們冷靜下來。』父母與祖父母需要讓小朋友恢復平靜。」瑪莉亞．庫庫瓦克坐在廚房的桌子旁告訴我。

無論面對哭泣、尖叫還是永無止境的索求，實現這一點的最佳方法就是讓成年人在最平靜的氛圍中與孩子互動，認真說起來，這裡冷靜程度在西方文化中極為罕見，這種感覺，你可以想像成臉朝下躺在按摩床上的放

鬆感，或是泡了一個很久的熱水澡，還有羅傑斯先生（Mister Rogers）[1]散發的感覺，從容不迫。

在庫加阿魯克，小孩子的情緒越高漲，父母的氣勢就會降得越低，如果幼童開始尖叫、扭動、哭泣、甚至打人，父母不會急於發號施令，也不會告訴孩子冷靜下來，他們更加不會威脅，相反地，父母透過讓自己保持冷靜來教導孩子如何平靜下來。

每當小孩子心煩意亂地哭泣和尖叫時，當地父母幾乎都沒說什麼（言語聽起來通常會刺耳），也沒做什麼動作（任何舉動都會使人受到刺激），臉上幾乎面無表情（情緒容易產生刺激）；這些父母並不是膽怯或害怕，他們依然對自己的孩子有信心，但是他們靠近小孩的方式，就像你接近肩膀上的蝴蝶一樣：輕輕地、慢慢地、柔柔地。

人類學家珍・布里格斯在一九六〇年代和愛拉與伊努帝亞的家人同住期間，多次記錄了這種教養子女的風格，「成年人對幼稚的不當行為也表現出一貫的冷靜與理性特質……當薩拉（一個三歲女孩）用湯匙打她媽媽的臉時，她轉過頭，平靜地說：『她只是還不懂事而已。』」

後來，這個三歲小孩不得不面臨小弟弟的到來，當媽媽不再餵她母乳時，一切都變得混亂不堪，她發起一場「哀號和拍打的風暴」，她母親沒有告誡她，而是用「溫柔的嗓音」回應，這個情景讓珍根本難以置信，「我從未想過（與手足爭寵的）危機來臨時，竟然可以如此溫和地處理。」

為什麼這個策略如此有效？其實很簡單：**兒童的情緒和活力水平完全反映自他們父母的情感水準**，與其他人合著了兩本《紐約時報》（*New York Times*）暢銷育兒書的兒童心理治療師蒂娜・佩恩・布萊森（Tina Payne Bryson）如此表示。

「情緒具有傳染力。」蒂娜說道，人類的腦袋包含專門反映他人情緒的神經元和神經網絡，「我們的大腦中有一種社交共鳴的迴路，當你與其他人互動時，它就會被活化。」

因此，**如果你想要自己的孩子展現強大的活力，你本身必須具備同樣的活力**，向孩子詢問一連串的問題，給予他指示，遞出許多要求，快速地、強調地、緊迫地與他交談，提高聲量，重複你的要求，維持緊湊的步調。

然而，**假如你想要自己的孩子表現冷靜，你必須先讓自己鎮定自若，保持沉靜、態度穩重且溫柔可人**，經過時間的沉澱，孩子就會將你視為他情緒風暴中的避風港。

毫無疑問：沉靜地教育孩子是有效的，更令人驚奇的部分是：**父母不過是冷靜下來，就會對心煩意亂的孩子有巨大的影響力，不僅是當下那一刻，從長遠來看效果更卓越**。蒂娜聲明，久而久之，小孩子就能學會在沒有父母幫助的情況下讓自己安定下來。

她表示：「真正神奇的是，如果你在父母的幫助之下，不斷地練習從一種分崩離析的壓力狀態恢復到自我掌控的狀態，你的大腦會學習如何靠自己做到這一點，所以這與技能培養有相當大的關係。」

請回憶那個討厭的方程式：**練習＋示範＋認同＝獲得技能**。

相比之下，當我們盛氣凌人地面對孩子，大聲說話、下指令和質問時，我們很有可能讓他們的脾氣愈發旺盛，而且我們很容易陷入憤怒的循環，你的憤怒會讓孩子的怒火更盛，甚至反過來對你火上加油，與此同時，孩子也會錯失建立執行功能的機會。

冷靜的祕訣是我們擺脫這種惡性循環的逃生途徑，為我們提供一種擺脫權力爭奪的方法，當我們以安靜、溫和的方式對孩子的爆炸情緒做出反應時，小孩子就有機會在自己身上找到這種反應，進而訓練自己保持冷靜。

如同蒂娜所說：「我們必須塑造冷靜，在期望孩子學會整頓自己的內在之前，我們必須率先重整自己的內心狀態。」

那麼，杜克勒大家的媽媽，當妳的孩子表現得像個暴走的瘋子時，妳到底怎麼找到內心的平靜？當妳的三歲小孩給妳一巴掌時，妳怎麼變成最冷靜的人？當然非常不容易，這需要經過好幾個月的訓練，但當蘿西表現得越暴燥時，我越能奇蹟般地控制自己的情緒並保持冷靜，而且越來越容易，而我和蘿西也更喜歡相處在一起的時光。

就我個人而言，我會運用**冥想**來保持冷靜，想像自己在豪華飯店的水療中心享受按摩，我閉上眼睛便看見了整個空間，在一間燈光朦朧的房間裡，四周牆壁漆成淡紫色，尼泊爾的鐘聲響起一首祥和的歌曲，薰衣草的香味瀰漫在空氣中，感覺很舒暢。

如果意象無法奏效，我會開始哼唱《小白花》（*Edelweiss*）[2]，並且呼喚我內心的茱莉・安德魯斯（Julie Andrews）[3]。找出對你有用的祕訣，你就可以重新找到能讓你安住於平靜的地方，當牛奶噴在你臉上時，什麼樣的冥想可以讓你簡單地輕笑出聲。每當孩子變得焦躁時，就把另一個自我召喚出來。我丈夫有他自己的訣竅：「我只是假裝自己茫了。」

蒂娜與我分享，她會想像她的小孩有點像立體音響，「把小孩子的焦慮狀態想像成一個音量調節鈕，我的職責是協助我的孩子把音量調小，若要做到這一點，首先要從我自己開始，如果我對他大喊大叫或加入混亂，只會將他的音量放大，所以我的工作是注意自己的調節鈕，確保我的音量不會調得太高或太低。」

在我學會使用這個策略後，蘿西慢慢沒有情緒爆炸和無理取鬧的狀況，情緒風暴發生的頻率減少，即使真的出現，也會很快消散，幾個月以後，它們總算幾乎完全消失了，我說的是從一天幾次鬧脾氣，到一個月一兩次的驚人下滑速度。

其中的差異實在驚為天人，甚至我母親也承認，好吧，也許這種方法更有效。

祕訣二：利用身體接觸或翻轉來化解

我們在瑪莉亞家的第二天晚上，她的曾孫重重挑戰了她的育兒方式，十八個月大的迦勒像隻噴火龍似的，聰明、好奇、強壯且天不怕地不怕，他走進客廳，開始爬桌椅，將Xbox遊戲機從桌上扯下來，然後走到寵物小約克夏梗犬米希旁邊，抓住牠的尾巴。

莎莉抱起迦勒，小男孩用力地抓住莎莉的臉頰，以至於他的手指抓出血來，莎莉的臉頰在滴血，我見她痛到咬緊牙根，瞇起眼睛，我想她一定會尖叫，但她卻保持鎮靜，慢慢地將他胖嘟嘟的短小手指從她的皮膚上移開，她竟然好聲好氣地說：「你不知道這樣會很痛嗎？」

然後她開始施展肉體攻勢。

她慢慢地把迦勒翻過來趴著，在他屁股上輕拍幾下，就像你在送進烤箱前輕拍腿肉一樣，她用一貫甜美、平靜的聲音說：「噢，我覺得好痛，我們真不該這樣傷人。」然後她讓迦勒像飛機一樣飛了一圈，迦勒咯咯地笑著，原本亂抓的衝動已然消逝，他的怒氣憑空蒸發。而莎莉藉由身體的觸碰，讓他平靜下來，同時向他展現了誰是最強大且有愛心的（也可說成「誰才是老大」）。

幾天後，類似的狀況發生在我和蘿西身上。我打算採訪一位長者，伊莉莎白則負責口譯，蘿西想要我們回去瑪莉亞家，但是我們需要先完成採訪，蘿西和我開始爭執，她出手打了我，伊莉莎白知道小孩子的脾氣即將爆發，伊莉莎

白轉向我，異常急切地說：「過去背她，麥克蓮！將她背起來就行了。」也就是說，將蘿西放進嬰兒背帶或「背包」中背起來，我思忖著：真的嗎？如此可以阻止發脾氣？她已經三歲半，再也不是嬰兒了。

「蘿西已經大到不需要嬰兒背帶了吧？」我懷疑道。

「如果孩子有這種需要，有些媽媽會把孩子背到四、五歲，況且現在又沒有別的嬰兒。」伊莉莎白解釋著，並補充說我不應該因為還在用嬰兒背帶而感到羞恥，如果背著或抱著小孩能幫助他們冷靜下來，那也沒什麼關係，「每個孩子都不同，有些需要更長的時間才能學會冷靜。」

所以我繫上嬰兒背帶並把蘿西叫過來，果然，小惡魔毫不猶豫地跳進「背包」，剎那間，她停止了尖叫和哭泣，幾分鐘後，我回頭看了一下：蘿西很快就睡著了，像個小天使一樣。

在這兩個案例中，撫摸、抱住、旋轉之類的身體接觸幫助迦勒和蘿西克服憤怒並安定下來。在迦勒的情況中，莎莉採取比較活潑的身體觸碰，和緩兩人之間不斷升溫的緊張局勢，同時轉移小男孩想搞破壞的念頭。對於蘿西，我運用一種比較溫和的身體接觸，舒緩她的神經系統並降低她的精力。仔細一想，肉體觸碰有點像袖珍的瑞士刀，結合多種小工具。你可以輕輕觸摸小孩子的手臂或撫摸他的背部，以制止蠢蠢欲動的脾氣；還有，當你預見情緒爆發的前兆時，可以抱起他，放在你的膝蓋上彈跳；身體接觸也可能介於這兩者之間，你可以對孩子鼻子碰鼻子，在胳肢窩下搔癢，或是在肚皮上吹氣。無論採用何種方式，運用身體的手法都是向孩子們強調，他們是安全且被愛著的，有一個更強大且令人安心的人會照顧他們。

「身體接觸打破了孩子和父母之間緊張的關係。」心理學家賴瑞・柯恩（Larry Cohen）博士說道，他寫了幾本育兒書籍，包括《遊戲力》（*Playful Parenting*）[4]。「孩子們天生有合作的動力，他們喜歡取悅你，如果沒有出現這種情況，那是因為他們緊張過度。」

當我們住在馬雅村落時，我在蘿西身上發現了類似的技巧，每當她有點失控時，青春期少女就會對她搔搔癢，她們會抱起她，然後開始動手撩她的胳肢窩和腹部，有時她會笑到在地上打滾，大家都圍過來擁抱和親吻她，而她會尖叫著跑走，我當時不確定她到底喜不喜歡。但是當我對她提起這件事時，她的感想非常明確：「我很喜歡，媽媽，我愛死了。」

從科學的角度來看，利用肢體接觸來教養子女是有依據的。撫觸會像煙火一樣點亮孩子的大腦，嬉鬧會在大腦中釋放一種稱為腦源性神經營養因子（BDNF，brain-derived neurotrophic factor 的首字母縮寫詞）的化學物質，有助於大腦的成熟和生長，溫柔的撫摸會釋放「擁抱」荷爾蒙催產素，對孩子散播安全和友愛的信號。

就像飲食均衡和睡眠充足一樣，「觸摸對健康有益。」神經科學家麗莎・費德曼・

巴瑞特（Lisa Feldman Barrett）在她的著作《情緒跟你以為的不一樣》（*How Emotions Are Made: The Secret Life of the Brain*）[5]中寫道。

對於所有年齡層的孩子來說，身體接觸比起說教、責罵或長篇大論更有成效。兒童心理治療師蒂娜・佩恩・布萊森表示，當孩子們心浮氣躁時，他們無法進入大腦的「左側」或稱為理性的大腦，在情緒爆發期間，孩子的「右側」大腦負責發號施令，而右側的大腦與非語言交流有關，蒂娜和她的同事丹・席格（Dan Siegel）在《教孩子跟情緒做朋友》（*The Whole-Brain Child*）中寫道。「我們的右腦關心大局，注重體驗的意義和感受，並專注於圖像、情感和個人記憶。」所以，當你平靜地擁抱一個尖叫的兩歲幼兒，或輕輕地撫摸一個哭泣的八歲兒童的肩膀時，便能與他們大腦中最容易接近的部分直接溝通，如此一來就可以更有效地與孩子們交流。

在許多方面，孩子們天生要透過身體來學習情緒調節，而不是藉由口頭指導。「在現代社會中，我們被訓練成使用語言和邏輯來解決問題；但是當你四歲的小孩因為不能像蜘蛛人在天花板上行走（就像蒂娜兒子以前的樣子）而非常生氣時，這可能不是為他上一堂物理定律入門課的最佳時機。」兩人如此寫道。

＊　＊　＊

對於蘿西來說，觸碰身體非常管用，不僅能夠阻止她發脾氣，還有預防的效果。當我覺得自己快對蘿西生氣，又不想提高聲量時，我會以一種有趣的方式把她抱起來，把她翻過來像嬰兒一樣放在懷中搖晃她，接著說：「妳是我的小寶貝嗎？」，或是會開始對她的肚子搔癢，這樣我的怒火幾乎立刻消散不見，她的脾氣也會像熱鍋裡的奶油一樣融化掉，瞬間由哭轉笑，或者從尖叫變成咯咯笑，驚呼道：「媽媽我還要！我喜歡搔癢。」

就在今天早上，當我們準備出門去學校時，狀況來了，我們找不到她的鞋子，找不到她的自行車頭盔，也找不到她專屬的水壺，情況越來越緊張，蘿西可以察覺出我越來越氣惱，於是她大喊：「我現在越來越生氣！」我幾乎要尖叫出聲，但我知道尖叫只會讓事情變得一發不可收拾，所以我閉上眼睛想像淡紫色的按摩室、薰衣草的味道和鐘聲，然後我回想莎莉以及她會在這樣的時刻對迦勒做些什麼；我蹲在蘿西身邊，盡可能溫柔地說：「我不希望我們兩個生氣。」然後我佯裝成芝麻街的餅乾怪獸（Cookie Monster），假裝吃掉她的手臂：「阿姆，阿姆，阿姆！（咀嚼聲）」噗！緊繃的氣氛不攻自破，她開始咯咯地笑，我們一路笑著出門。

祕訣三：用崇敬之心來轉化

某天晚上，伊莉莎白、蘿西和我在十點左右走路回瑪莉亞家，我們頭上的天色相當壯麗：太陽低臥在海灣上，一縷縷雲彩呈現出粉紅色和紫色的光芒。

我們已經奔波了一整天，疲累的蘿西看起來很煩躁，她直接坐在馬路上，開始哀怨地嘀咕，我不予理會，她便開始哭泣和尖叫，伊莉莎白走到她面前蹲下來，用誇張響亮的語氣說：「看看美麗的夕陽，妳看到了粉紅色嗎？還有紫色？」

蘿西猶疑地看著伊莉莎白，她皺著眉頭，但無法抵抗伊莉莎白的甜美聲音，也抗拒不了日落，蘿西轉身看向天空，她整個神情都變了，眼神變得柔和，哭聲嘎然停止，然後她站起來繼續走路。

我突然想起來，伊莉莎白只是做了一些在庫加阿魯克我也見過許多其他因紐特媽媽做的事情，媽媽們對一到十六歲的孩子使用一種非常複雜的心理學工具：她們教孩子們用敬畏取代憤怒。

在我們北上旅行的一年前左右，我為全國公共廣播電臺報導了一則關於成年人如何控制自己憤怒的故事，某次採訪中，神經科學家麗莎．費德曼．巴瑞特提供了我有史以來最好的建議之一，她說：「嗯，妳可以試著培養崇敬之心。」

培養什麼？

「崇敬。」

「下次妳在外面散步的時候，花點時間在人行道上找一個長有雜草的裂縫，試著透過大自然的力量讓孩子感到驚艷。」她解釋道，「不間斷地培養這種感覺，訓練自己在看到蝴蝶時感到驚奇，或者是發現一朵特別可愛的花，還有望著天空雲彩的時候。」

她分享自己如何在日常生活中使用這種技巧，「譬如說，當我和中國的某個人進行視訊聊天時，如果網路訊號沒有很好，我很容易感到氣惱，但是我也可以驚嘆，另一個人跨越了半個地球，讓我看見他們的臉，聽到他們的聲音，即使過程不夠完美，我依然感謝這種便利。」

在麗莎的眼中，情緒有點像肌肉，不去使用就會耗損，只要時常鍛鍊特定情緒，它們就會變得更加強壯。因此，你感到崇敬之情的程度越多，代表腦中的神經肌肉能活動得越多，未來就越容易有這種情緒；當你開始感受到一種沒有幫助的情緒，比如憤怒，就可以更輕鬆地將這種消極情緒轉變為積極情緒，比如感到惱怒時，可以透過這種對自然的讚嘆轉化為感恩之情。

在紫色的夕陽餘暉下，伊莉莎白正是將這種方法套用於蘿西，我也看見莎莉的媽媽瑪莉亞和她的曾孫迦勒演練過很多次。我們住在她們家的日子，每次小男孩哭泣或發牢騷時，瑪莉亞都會帶他到窗前，讓他看看美麗的海灣，藉此提醒孩

子生命中的一些美好、值得感激的事物，比他自己更偉大的事物，這種重新校正總是能安撫他，屢試不爽。

「抽象上來說，這聽起來可能很虛偽，但是我保證，如果你練習對大自然展現崇敬，這種訓練本質上有助於重新連結大腦，這樣你在未來就可以更容易表達這種情感。」麗莎說道。

這種練習對孩童尤為重要，因為他們的大腦具有可塑性，她表示：「孩子們的大腦隨時準備好接收來自外界的指令。」

因此，培養崇敬之心，不僅有助於止住當下的脾氣，還可以減少未來發生的機率。

祕訣四：把小孩帶出去

我曾經猶豫要不要納入這個方法，因為內容看起來有點淺薄，但是自從我們回到舊金山後，這個簡易的策略很成功地讓西學會讓自己冷靜下來，所以我非提不可，當你們在公共場所時，把它放在口袋裡以備不時之需，也是個好主意。這個方法很容易執行，而且幾乎都會發揮功效，來自多個文化的媽媽都曾經建議這樣做。

我從蘇珊娜．加斯金斯那裡第一次聽到這個方法，「當無法應付小孩的要求時，馬雅父母就會把小孩請出去外面。」她告訴我，這個舉動是在告知孩子，鑒於他們的年紀或成熟度，他們的行為或要求是不能容許的，蘇珊娜說：「這對孩子來說是一種勉勵，他們需要提高自己的社會責任感。」

後來庫加阿魯克的朵雷蘿莎，納托克也提供了相仿的想法，她說：「當孩子們年紀小且不受控制，是因為他們在家裡或冰屋中待了太久的緣故，讓他們待在外頭幾分鐘。」朵雷蘿莎從她婆婆身上學到這個技巧，她陳述道：「小孩子在室內待太久就會變得暴躁，因此，應該將他們打包（也就是把他們放入嬰兒背帶中），帶到外面走一走。」

這個方法聽起來很簡單：當孩子無理取鬧時，你可以冷靜地把他們抱到外面，放下他們後走回屋內，從窗戶觀察他們，就像馬雅父母採取的作法；你也可以像朵雷蘿莎所建議，將孩子放在嬰兒背帶中，然後四處走動；假如你住在一個沒有太多戶外空間的城市，就像我們一樣，你可以在狹小的走廊上將孩子抱在懷裡並保持沉默，如果你忍不住想表達些什麼，試著說：「你很安全，我愛你。」當小孩漸漸穩定下來時，你可以這麼說：「等你冷靜一點，我們就可以回家囉。」

隨著小孩年紀漸增，你就沒辦法輕易地把他們抱起來帶去外面。根據我的經驗，蘿西覺得煩躁時再也不想要我抱著她，所以我改成輕輕牽她的手，引領她到戶外，如果需要講些什麼，我會告訴她類似這樣的話：「我們來呼吸點新鮮空氣吧，幾分鐘後妳就會感覺好多了。」但通常來說，任何言語都是多餘的，你沉靜且溫柔的行動就已足夠。

祕訣五：視若無睹

世界上很多文化中，父母都會對無理取鬧視而不見，許多人類學研究充斥許多案例，當兒童對父母猛烈抨擊時，房間裡的大人只是對小孩視若無睹。

但是大多數因紐特父母採取更細緻入微的方法，他們有時在對哭鬧做出反應之前會稍等片刻，看看情緒是否會消退。然而，普遍來說，父母不會讓學步兒童和非常年幼的孩子哭得太久，成年人或兄弟姊妹會用一兩種方法安慰他們；對於年長一點的孩子就完全不同，一旦父母相信孩子能夠讓自己平靜下來，就會忽視他們的情緒爆發。

舉個例子，在庫加阿魯克的時候，當我們和伊莉莎白出去時，鄰近釣魚營地的地方，我們看見一個大約七、八歲的女孩在一輛載貨卡車的前座上哭泣，伊莉莎白告訴我這個女孩的祖父母刻意讓她一個人待著，她說：「妳見到了，我們會忽視無理取鬧。」後來女孩的祖母解釋了事情的前因後果，祖母就事論事地說：「去營地的路上，她（小女孩）想在機場下車，但我們沒有停下來。」她知道小女孩可以讓自己冷靜下來，所以她乾脆放任孫女一個人在這裡。

小孩子通常在多大的年紀會獲得這種令人羨慕的技能？因人而異，也依情況而定，但是想要達到這種程度，可能需要比你所預期的時間更長，正如我曾提過的，美國人傾向於高估兒童的情感能力（並且低估他們的體能）。在蘿西只有十八個月大的時候，小兒科醫生就告訴我不用理會她的發脾氣，這個策略適得其反，讓蘿西的脾氣和我們的生活變得更糟糕，蘿西那時還沒有自我冷靜的能力，放任她持續嚎啕大哭只不過會增加她胸口的怒火，她需要溫柔、平靜的愛，也需要身體上的連結。

我也不斷提醒自己，獲得情感上的成熟並不是一場比賽，即使年屆四十二歲高齡，我也還在努力學習中。在小孩子心煩意亂時給他們一個擁抱，在他們即將驚聲尖叫時展現敬畏或感激之情，還有在他們的情緒升溫時給予一些新鮮空氣和時間，這些都不會傷害孩子們，也不代表屈服於他們的無理要求，反而是利用脾氣爆發的時刻來幫助他們鍛鍊其他神經網絡，將鬧脾氣視為小孩子練習自我平靜的機會，也是你示範沉著冷靜的機會，而不該只是被身為父母的你拿來證明自己的論點。

因紐特媽媽們經由她們的一言一行不停地勸告我：當小孩無法控制自己的情緒時，請輕鬆看待他們，拋棄你本身的怒氣和沮喪（想想那個水療中心），用同理心和愛來替代，提醒自己，孩子沒有像成年人那樣的情感技能，在期望他們掌握這個概念之前，我們必須不厭其煩地對他們示範如何變得冷靜沉著。

對付每日脫序行為的訣竅

因紐特教育的一個重要目標是激發思維。七十一歲的德蕾莎・錫庫亞克說：「孩子們需要思考他們在做什麼，他們必須不斷地動腦筋。」事實上，在因紐特語的一種方言中，「教育」一詞是 isummaksaiyug，「大致上的意思是尋求思想、尋求心智……以及其他認知類型的事情。」人類學家珍．布里格斯指出，「這種思維鍛鍊的過程在小孩的一生中都會持續發生。」

當我們檢視下一組訣竅時，就會開始了解激發思想的重要性和力量，運用這些方法，你並不會告訴小孩該做些什麼，而是為他們提供線索，讓他們自己找出適當的行為，換言之，你會用這些訣竅來鼓勵和引導，而不是命令和強迫。

你可以將這些竅門應用於各年紀小孩（從幼童到青少年）的日常脫序行為，（我見識過許多訣竅對成年人同樣發揮了神奇的效果。）也許孩子不願離開遊樂場或協助打掃凌亂的客廳，也許他們不想做功課或停止欺負他們的妹妹，或者還有可能——他們就是不要上床睡覺！在上述這些情況，孩子拒絕聽話，但是與無理取鬧的時候不同，他們仍然可以克制自己的情緒（或至少一部分），理性且有邏輯的自我是保持清醒，並隨時在接收訊號。

這些訣竅可以實現以下幾個關鍵目標：

1. 它們在現實中是可行的，並且會立即改善行為，所以有助於保護孩子的安全。
2. 它們是為了長遠的目標而設計，例如幫助孩子學習重要價值觀，包含尊重、感恩和樂於助人。
3. 它們可以教導孩子們思考的能力。

4. 它們能夠閃避權力爭奪、爭吵和你來我往的談判，也能躲開憤怒的循環。

日常訣竅一：學會做表情

哎呀呀！這個方法實在很厲害，我一想到它就興奮不已。

你知道小孩子真的很會讀父母的表情嗎？我的意思是，他們真的很懂，即使是小小的嬰兒和蹣跚學步的孩子都能做到。所以大多數時候，父母不必說任何一個字來改變兒童的行為，我們只需要對他們「擺臉色」。

把你想訴說的每件事情，你對小孩的每一分情感，都透過你的眼睛、鼻子、皺起的眉毛來傳達，或者只要你臉上的任何一部分都可以。

在世界各地，父母會應用各種臉部表情來指導孩子的行為。一個充分展現的臉色可能具有神奇的作用，你可以讓孩子遠離商店的糖果架，可以讓孩子停止打他的兄弟，還能鼓勵他在遊樂場與朋友分享燕麥營養棒。

「我媽媽給我們一個眼神，我們的血液就會瞬間結凍。」一位朋友這樣告訴我。

因紐特人非常擅長表達和解讀臉部表情，快速皺起鼻子表示：「不」，眉毛往上動一下代表：「是。」（庫加阿魯克的一些青春期少女也用她們的眉毛和鼻子做出這些微妙的表情，一開始我根本沒看出來。）

媽媽和爸爸可以藉由多種方式製造「表情」，譬如睜大眼睛、瞇起眼睛、甚至眨一眨眼。「當我的母親想要我停止某種行為時，她唯一需要做的就是緩慢而篤定地對我眨一下眼睛，這樣表示嚴厲的『不』。」克莉絲蒂．麥克伊文 Kristi McEwen）老師說道，她的媽媽屬於北極地區的另一個原住民群體，稱為尤皮克人（Yupik）。

「表情」比言語具有更多優點，從遠處就能發揮效用，穿過遊樂場、客廳或餐桌，而且由於它是靜默無聲的，孩子們很難跟「表情」「爭吵」，比起口頭指令，兒童無法單靠一個鼻子或一雙眼睛進行談判。

根據我的經驗，**「表情」比對孩子說「不」、甚至「不要那樣做」更加有效。表情可以快速而冷靜地表達你認為必要的任何事情，也透露了誰是最冷靜的主導者。**

表情讓我避免許多傷腦筋的時刻，尤其是在購物的時候。某天下午在商店中，蘿西自收銀臺的架上拿起一個特大的士力架巧克力棒，就像尋常父母會有的直接反應，我丈夫發出口頭命令：「蘿西，妳不能買那個，把那個放回去。」蘿西決定玩一個有趣的遊戲，她迅速跑到走道上，我丈夫在她身後大聲呼叫，所以我決定解決這場追逐之戰。

我轉頭看著蘿西，鎖定她的目光，然後發射出表情，我捏著鼻子，彷彿聞到了空氣中腐臭的味道，並稍微閉上眼睛，在心中堅定地想著：「不可以，大姊。」猜猜看蘿西做了什麼反應？她臉上露出微笑看著我，走到原本的架子前面，把巧克力棒放回去，她知道該怎麼做是正確的，剛才的表情讓她想起來了。

日常訣竅二：解開後果的真相

德蕾莎．錫庫亞克說：「告訴他們所有行為的後果，讓他們知道真相。」

我們在庫加阿魯克停留三天之後，我對於跟蘿西的對話方式有一個重大的領悟，我注意到自己的方法不大管用，而且可能會引起衝突。

蘿西和我與伊莉莎白共同度過了一整天，她不僅對採訪進行翻譯，還會教我們有關因紐特人的歷史和傳統。她帶我們參觀一個釣魚營地，距離庫加阿魯克大約一個小時的路程，途中，我們遇到一座跨越河流的高架橋，這座橋讓我懼怕，它高出河面四十英尺，但沒有設置欄杆以防止兒童跌落；蘿西跑到橋邊，我急著大喊：「等等！不要靠近邊緣！」但還沒等我說出口，伊莉莎白已經走到蘿西的身旁，她輕輕握住蘿西的手，平靜地說：「妳可能會摔傷自己。」

就在那時，我靈光乍現：伊莉莎白用和我完全迥異的說話方式來與蘿西交談，我的指令幾乎總是以「不要」作為開頭：「不要爬上那張椅子」、「不要將牛奶灑出來」、「不要搶小嬰兒的玩具」、「不要、不要、不要、不要……」。

但是，伊莉莎白幾乎不會使用這個詞，她和我遇到的許多因紐特父母都採取更有效的方法來傳達他們的指示，父母會告訴孩子如果他們繼續頑劣的行為會發生什麼事，讓孩子們知道自己行事的後果。

以用石頭雜耍為例，有一天下午在遊樂場上，蘿西決定拿石頭來拋擲，她撿起三塊檸檬大小的石頭，開始把它們扔向空中，在我打算告訴她「不要扔石頭！」之前，一個名叫瑪莉亞的十歲女孩幫我解決了這個問題，她平靜地說：「妳會砸到人，蘿西。」然後她走掉，爬上立體方格鐵架（monkey bars），就這樣而已。瑪莉亞只是如實陳述蘿西行動的後果，並允許蘿西自己想通正確的作法，令我驚訝的是這個策略確實奏效了，蘿西停頓一會兒，看著手中的石頭，接著放下了它們。

當我看到這戲劇化的一幕時，珍・布里格斯的話在我腦海中激盪著：「因紐特人的教育目標是引發思考。」小女孩瑪莉亞正是這個用意：她促使蘿西去思考。

想想看，告訴孩子「不要」所囊括的資訊其實很少，諸如不要丟、不要抓、不要爬、不要尖叫，蘿西早就知道自己在投擲、抓取、攀爬或尖叫，但她不知道（或不了解）這些行為的下場，在此時此刻，她可能沒有意識到為什麼她不應該做這些事情。**當你告訴孩子「不要」和「停止」時，你假設他們會像機器人一樣服從命令，絲毫沒有自己的想法。**

因紐特父母更加看重孩子的潛能，他們相信即使是年幼的孩子也可以獨立思考，或至少可以學會思考，因此，他們為孩子提供自身行為的有用資訊，讓孩子們有理由再三思考是否應該持續下去。

在遊樂場上發生那件事之後，我開始在庫加阿魯克的任何地方尋找這種形式的指導和紀律，不僅止於蘿西，還有所有年齡層的兒童。一個七歲的女孩爬上一個離地面大約十五英尺的棚子，一個年長的女孩就事論事地說：「妳會摔下來，唐娜，而且會傷到自己。」唐娜在屋頂上停止動作，等了一會兒，然後自己爬下來。在瑪莉亞的家裡，六歲的莎曼珊爬上沙發邊緣，靠近一個擺放易碎瓷器人物的展示架，莎曼珊的媽媽珍迅速發出警告：「妳會把架上的物品撞倒。」那天稍晚，莎曼珊的三歲妹妹泰莎擠壓著一個會發出響亮聲音的小狗玩具，而她的祖母則睡在附近，於是珍平靜地說：「太大聲了，妳會吵醒奶奶。」

在發出警告後，我注意到珍沒有再多說什麼，她沒有催促泰莎停止將玩具弄得吱吱作響，她不會嘮叨或大叫。身為成年人，她只是提示孩子思量他們的行為及其後果，然後媽媽讓孩子根據這些資訊推斷出適當的反應。這種與孩子溝通的方式尊重他們的自主權和學習能力。

以照顧蘿西為例

我認為這種方法特別適合「任性」的兒童，他們喜歡實驗並弄清楚世界如何回應自己，或者從西方文化的角度來看，他

You're going to fall Donna and hurt yourself!

們是喜歡「挑戰底線」的孩子。沒錯，我指的就是蘿西。現在，當她早上像翼手龍一樣發出尖銳的聲音時，我會平靜而溫和地說：「聲音太吵了，妳會讓我頭痛。」當她不想要跟朋友共享玩具時，我會說：「如果妳不分享，凱安不會想過來跟妳玩。」諸如此類，我總是盡量冷靜且不帶情緒地說出來，任何嚴厲或譴責只會引發一場戰爭。

成功的機率很高，蘿西並非總是依照我的期望行事，但大多數時候她都會照著做，她拒絕聽話的次數明顯減少。

當她依舊行為不端時，我會努力釋懷，相信她有把我的話聽進去，而且正在學習的路上，我經常感覺到蘿西在思索我說的話，當我知道自己把有助於她下次做出正確選擇的資訊傳達給她時，我都會很開心。

如果她讓自己或他人處於危險之中，比如可能造成大量流血、頭部受傷或骨折，我會過去幫忙，但不會衝著她尖叫或做出急迫的反應，我會解釋那個行為可能引發的效應，並協助她改善，以免不好的後果發生。

日常訣竅三：藉由提問來教育

這是我在庫加阿魯克學到的另一個育兒黃金教條（後來我在坦尚尼亞的哈扎比文化再次聽到）：將命令、批評和回饋轉化為問題。

某天結束訪談工作後，我頭一次目睹莎莉使用這個策略。除了養育十五歲的兒子和照顧三個孫子孫女之外，莎莉還在診所從事全職工作，當她在漫長的工作日結束後，疲憊地走進房子時，她發現客廳裡亂七八糟，地板上到處是撲克牌，糖果包裝紙亂扔在桌上，但莎莉並沒有生氣，她只是看著罪魁禍首──蘿西和她的朋友莎曼珊，用和藹的聲音說：「誰把這裡弄得一團亂？」

我心想：嗯嗯，真新奇。

從此以後，我注意到這個方法隨處可見。當四歲女兒不理會離開家裡的請求時，莎莉的嫂子瑪莉說：「是誰不理我？」。莎莉詢問一個從商店回來的孫子：「你為我帶來了什麼？」，當那個孩子遞給她一堆要扔掉的垃圾時，莎莉會用一個漂亮的問句來回應：「我是垃圾桶嗎？」

家長們經常用半諷刺、半嚴肅的口吻提出這些問題，這些問題不是用來指責或詆毀，也不是要引起孩子的防禦心態，相反地，它們更像留給孩子解決的謎題，提示孩子要重新思考自己的行為和潛在的後果。

這個策略真是太天才了！當你覺得小孩正在激怒你，而你不想生氣，但又不曉得該做什麼或說什麼的時候，便是運用此方法的最佳時刻，還有當孩子在胡亂發洩而你想漠視他的行為，卻必須說些什麼的時候，適時地提問可以讓你表達自己的觀點，卻不會引起權力抗爭。

以照顧蘿西為例

回到舊金山，我開始使用提問技巧，由於我想減少家中的尖叫和無理取鬧的情形，所以我會說：「誰在對我尖叫？」當蘿西在晚餐抱怨食物時，我會用就事論事的語調說：「誰這麼不懂得感謝？」然後，我只是繼續過著往常的生活，我不會等待回答或辯論，甚至不會逼她馬上改變，我只是需要蘿西懂得思考。

當我嘗試教蘿西關於行為的廣義概念時，我發現這種方法特別有用，比方說言行舉止如何使人敬重。從前的我假定蘿西了解「尊重」的涵義，但事實證明，三歲半的她一無所知，這是我高估她情感能力的另一個例子。從來沒有人教過她尊重別人，所以我開始用提問的方式來教她。

有一天我去學校接她，並且運用揭示後果來禮貌地要求她塗上防曬乳，我說：「外面太陽很大，如果不塗點防曬，很容易被曬傷喔。」她尖叫道：「不！」然後將防曬丟在人行道上。若是過去的我肯定情緒失控，很可能會大聲嘶吼。

但脫胎換骨的我借助提問技巧並保持冷靜，我不帶情緒地說：「誰這麼沒禮貌？」說出這句話時，我的目光沒有停在蘿西身上，因為我不是要指責她，而是想讓她思考；然後我繼續前進，平心靜氣地拿起防曬乳，把它放回我的皮包，我認為互動就此結束；但是，大約過了一分鐘，蘿西說：「好，把防曬乳給我。」她毫無怨言地擦上乳液。

到那一刻為止，其實我一直在使用「誰這麼沒禮貌？」這個問句，大約持續了一個星期。每次蘿西說出惡言惡語、尖叫著她要兩塊而不是一塊餅乾或純粹不想服從，我都會同樣用不帶情緒的語氣說：「誰表現得這麼無禮？」

我無法確切知道她吸收了多少內容，但經過了十天的實驗後，我終於得到一些端倪。當我們兩個躺在床上，聊著在學校的一天，她突然問道：「媽媽，無禮是什麼意思？」啊哈！她的確有聽進去，甚至開始思考。

舊金山的一位朋友打算對她三歲女兒試驗這個方法，幾個小時之後立即打電話給我，對它讚不絕口，她驚呼道：「有效！真的有用！」她的三歲孩子一直用填充玩偶打她的小弟弟，我的朋友說：「誰對弗雷迪這麼兇？」

小女孩停止打人的動作，五分鐘後走到她媽媽面前說：「媽媽，對不起，我太兇了。」

日常訣竅四：用責任感來教化

這項方法是我從尤卡坦半島的馬雅超級媽媽瑪莉亞．洛杉磯．敦布哥斯那裡學到的。在這趟旅程開始以前，蘿西拋給我和麥特一個全新的挑戰：她開始在沒有我們陪同的情況下離開房子，年僅兩歲的她已經學會怎麼打開兩扇門，包括門閂鎖。有一天早上，我們醒來卻找不到她，我從廚房的窗戶往外看，發現她就在那裡，全身赤裸地走在人行道，我心想：嗯，至少她沒有在馬路上。

這個問題嚴重到我們考慮在大門上增加一道鎖，某天晚上我婆婆在電話裡驚呼道：「把她鎖在裡面！」

但是當我告訴瑪莉亞關於蘿西的逃脫行為時，她有另一個想法，並詢問道：「蘿西可以去商店替妳辦事嗎？」她的看法是：蘿西需要更多的自由和責任。

現在，瑪莉亞住在一個只有大約兩千人左右的小鎮上，這個鄉鎮幾乎沒有繁忙交通，每個人都彼此相識，因此，一個兩歲半的學步兒童步行半個街區到街角商店是絕對安全的，那間店的老闆也認識孩子。但不幸的是，在舊金山我們沒有這種環境，我們的房子座落在一條繁忙的街道上，汽車以每小時三十英里的速度沿著彎曲的道路疾馳而過，就算是比這更安全的環境，我也認為街坊鄰居不會樂見蹣跚學步的兒童在幫忙跑腿，如果兩歲的蘿西獨自走進街角的商店，把半加侖牛奶和一張五塊錢美鈔放在櫃檯上，麥特和我肯定會在門口看到警察蒞臨寒舍。

但瑪莉亞的建議背後有著更廣泛的意義：脫序行為代表孩子需要更多責任、為家庭做出更多貢獻以及擁有更多自由，而且我可以在舊金山的家中確實執行。當孩子違反規定、表現出苛求或看起來「任性」時，表示父母需要讓孩子們去工作，孩子在暗示：「嘿，

媽媽，我在這裡閒著沒事做，感覺不太好。」

想想看，如果你對自己的工作感到無聊，或者你的主管沒有充分利用你的潛力，你也會變得暴躁和古怪，你可能不會赤身裸體衝出辦公室，但你可能會想要大聲叫喊：「嘿，經理，看著我！我有能力完成其他人正在做的所有工作，請給我一個機會。」

在我們家，這個策略有助於實現兩大育兒目標：教育蘿西少發牢騷，並鼓勵她參與和幫助家庭。現在，當她抱怨我為她準備的午餐時，我用一種截然不同的方式看待這些碎念和抱怨：我把它們視為蘿西需要工作的訊號。換句話說，發牢騷可能是小孩子表現對學習新技能感興趣的跡象，你可以鼓勵這種興趣，讓孩子幫助和貢獻。與其簡單地告訴他們停止抱怨，不如給他們一份工作。

即使是最基本的任務也可以將幼兒從無法無天的時刻拉出來。例如，某天早上，蘿西醒來時脾氣暴躁，開始挑剔 Google 智慧音箱上播放的音樂（我知道這是二十一世紀的幼兒問題），她哭著說：「但我想要另一首《海洋奇緣》（*Moana*）的歌，不是這首！」在她開始喋喋不休地抱怨之前，我給她安排了一項工作：「芒果好像餓了，妳也知道，小女孩如果沒有幫忙就不能提出要求，先去餵狗狗，我們再來搞定這首歌。」

我丈夫狠狠瞪了我一眼，因為他認為這個指令會引來一陣大吵大鬧，但蘿西只是點頭表示同意，然後走到狗碗旁邊，這份工作讓她不再抱怨，因為她還有更重要的事情要做。那個早上剩下的事情因此變得很順利。

麥特說：「真有趣。」我開心地分享從像瑪莉亞這樣的母親身上所學到的：「孩子們需要工作，他們不喜歡無所事事，那樣會讓他們緊張。」

日常訣竅五：以實際行動替代口頭指導

觀察北極地區或尤卡坦半島的親子互動時，最超乎尋常的其中一個特點是大家都很安靜，讓你感覺好像在欣賞沒有配樂的芭蕾舞，每個人的動作似乎都經過精心編排和充分演練，互動十分從容自在，大家話都很少，我的意思是幾乎不講話，你只能聽到舞者的腳在地板上移動的聲音。

在絕大多數的文化中，父母不會時常跟孩子講話或提供他們無窮無盡的選擇，相反地，父母會直接採取行動，行動類型可分為三種：

1. 他們會親身示範期望孩子做的事。在北極，莎莉的嫂子瑪莉準備去釣魚，所以她穿上靴子對女兒說：「好了，維多利亞，我們去釣魚吧。」然後走出門，跳上越野車，維多利亞自然地跟著去。

在尤卡坦的午餐時間，我發現一位媽媽將好幾道菜放在廚房餐桌上，然後等著在外面忙著塗色的兩個女兒過來吃飯，她告訴我：「她們準備好了就會過來」。她的說法很正確，幾分鐘後，兩個女孩都進門來開始吃飯，全然不需要哄騙。

2. 他們和藹地幫助孩子完成需要做的事情。在尤卡坦半島，蘿西爬上一輛對她而言過高的自行車，她顯然快要摔下來了，但沒有人對她尖叫或大喊任何指示，取而代之的是，十六歲的勞拉走過來，輕輕地握著蘿西的手，協助她爬下自行車。蘿西此時需要的只是一隻強而有力的手來幫忙，然後是一個大大的擁抱。

3. 他們改變了環境，所以孩童不需要改變他們的行為。在尤卡坦半島的某個晚上，我們都圍坐在餐桌旁一邊聊天一邊吃鳳梨，突然間，蘿西從桌上抓起一把巨大的刀，沒有人受到驚嚇或去搶她手上的刀，出人意料地，其中一位媽媽胡安妮塔平靜地走過來，等著蘿西把刀放回原處，接著將它移去碰不到的地方。沒有爭吵，沒有嘮叨，更沒有破壞當下的和諧。

在絕大多數的文化以及整個人類歷史中，父母不會與孩子討論他們接下來要做什麼活動，或者爭論小孩午餐想要吃花生醬三明治或義大利麵，父母不會問「你想要嗎」這類的問題：「你想要白醬還是紅醬義大利麵？」、「你想和我一起去商店嗎？」、「你想洗澡嗎？」，相反地，父母純粹採取行動，媽媽為午餐準備黑豆，爸爸拿起夾克，出門前往商店，奶奶到浴室打水準備洗澡。

我認為這種寡言的養育方式是這些文化中的兒童看起來如此冷靜的一個主要原因，更少的話語會產生更少的抵抗，也會讓壓力變小。

言語和命令蘊含爆發力和刺激性，它們經常會挑起爭端。每當我們要求孩子做某件事時，等於創造了一個吵架和談判的機會；但是當你把談話維持在最低限度時，你就可以降低能量，辯論和吵架的機會將大幅減少，即使是蘿西內心那頭狂暴的野獸，最終也會屈服並鬆懈下來。

給予選擇也會導致同樣的狀況。對於成年人而言，做出抉擇絕非易事，它們會引起壓力和焦慮，因為我們不想錯過沒有雀屏中選的選項，小孩子當然也會有相同的感覺。

我一次又一次地在北極和尤卡坦觀察到這種寡言教育的效果，開始質疑自己囉嗦不停的育兒風格，為什麼我總是不停地與蘿西說話？為了說故事？為了詢問？提供更多選項？以身作則似乎更有說服力。

我知道自己的教養模式永遠無法像馬雅人和因紐特人的父母那樣安靜和沉著，我是一個喧鬧不休、精力充沛的美國人，言語永遠是我必備的育兒工具；但是我可以透過減少日常事務中的言辭，來盡量減輕我們家庭的壓力，並增加一點點交流。我可以只說一次：「我們將在五分鐘後離開。」然後就直接走掉，不用每三十秒大喊一次來提醒；我可以說：「來吃午餐囉，蘿西和麥特。」接著靜候他們加入我。

我可以藉由自己採取行動，讓蘿西如法炮製。例如，每天早上我們抵達她的幼兒園時，蘿西需要洗手並塗上防曬乳，我過去習慣要求好幾次，接著嘮叨不停，然後祭出威脅。但因紐特媽媽們啟發了我嘗試不同的方法：我自己先去洗手，或者邀請蘿西同行，我會一邊走向水槽一邊說：「我們去洗手吧，蘿西。」；我先替自己擦防曬乳，然後歡迎蘿西加入我的行列，或者讓蘿西為我塗抹，然後換我塗在她身上。

這些微小的變化產生了驚人的結果，我們家再也沒有那麼瘋狂的暴動和抗拒，蘿西也變得更加自主，在我們一起洗手幾個月後，無需等我詢問她就會主動去做，並且為自己擦上防曬乳。離家外出變得輕而易舉，她知道我不會辯論或談判，當我早上八點十五分開始走下樓梯時，她明瞭火車很快就要離開車站，我不會再回到房子裡催促她。當我把自行車從車庫裡拿出來時，現在反而是她經常尖叫道：「等等我。」

最後，我會給予蘿西更少的選擇，我可以完全省略「妳想要……嗎？」，為什麼我要不斷地問一個三歲小孩她想要什麼？如果我們總是問孩子「你想要……嗎？」，小孩子怎麼可能學會適應與合作？蘿西總是毫不遲疑地告訴我她想要什麼，我們不需要提倡多樣化的選擇，提供選項經常會導致討價還價和不必要的決定，最終以傷心落淚結束，況且大多數時候，她的「想要」與我們的生活無關。家庭事務絕對是第一優先，舉例來說，在吃飯和點心的時候，我不再像服務生一樣，一一介紹特惠餐點，當她說自己餓了，我們就一起去準備食物，然後飽餐一頓，故．事．結．束。

日常訣竅六：掌握忽視的藝術

當我第一次見識到伊莉莎白運用這種技巧時，簡直就是腦洞大開，這與我一直以來認為的「忽視」截然不同，它的作用更強大也更有效。

有一天，我和伊莉莎白一起在她姐姐廚房的餐桌旁享用咖啡，蘿西開始索求伊莉莎白的關注，「伊莉莎白小姐，看著我！看看我在做什麼，伊莉莎白小姐，你看。」蘿西一直說：「看著我。」

伊莉莎白小姐絕對沒有在看蘿西，事實上，伊莉莎白小姐根本沒有變換她的表情，她維持著一張完美的撲克臉，沒有看向蘿西，而是固定自己的視線，然後慢慢轉過頭，望向蘿西頭頂之上的地平線，彷彿蘿西是個隱形人。

我的第一個念頭超級負面，我想著：天哪，她對蘿西太沒禮貌了。但是很快地我發覺蘿西的行為非常不恰當，伊莉莎白以一種極為溫和而有力的方式讓她知道這一點。伊莉莎白持續著我們的談話，蘿西便不再咄咄逼人。

伊莉莎白是漠視蘿西的大師，有時她唯一做的就是無視蘿西十秒鐘，然後，脫序行為嘎然而止，寧靜祥和隨之而來。一旦蘿西意識到她的不當行為不值得關注，或許她也不需要我們的關注，她就會遵守規矩並開始合作，然後伊莉莎白會微笑或點頭歡迎蘿西重返社交圈。

看著伊莉莎白，我領悟到當我以為自己「無視」蘿西時，實際上卻恰恰相反。現實中，我對蘿西的差勁行為給予很多關注，我會盯著她，做出鬼臉和批評，最可笑的是，我還會口頭告訴她自己在無視她，蘿西甚至喜歡我的「無視」遊戲，真是不給力！

比利時魯汶大學（University of Leuven in Belgium）的跨文化心理學家貝賈・麥斯奎塔（Batja Mesquita）表示，在許多文化中，父母完全漠視所有年齡層兒童的脫序行為，父母不會對孩子瞧一眼，也不會和他們說話，也許最重要的是，甚至沒有流露出他們關心不當行為的跡象（請記住，許多文化都深知孩子生來就會行為不佳）[6]。在這樣做的過程中，父母向孩子們傳達了關於這種行為的大量資訊，特別是關於它的有用性和文化對它的重視程度。

假設一個孩子開始用麥克風打她媽媽該怎麼辦？貝賈說：「沒錯，世上有很多母親會完全漠視毆打的行為，這樣做，孩子的憤怒就會被抑制，憤怒最終會消失殆盡。或者你可以用另一種情緒代替怒氣，孩子們的情緒會依循其他人對他們的反應而變成不同的模樣。」

因此，父母可以透過不針對這些情緒做出反應，來教導孩子哪些情緒在家中不值一提。相較之下，即使對情緒化行為做出消極的反應，也會向兒童傳達這些情緒是重要且有用的訊息。

貝賈坦言，在西方文化中，父母經常對孩子的憤怒和不當行為給予大量關注，我們會接近行為不端的孩子，向他們提問，並且發出指令。

「如果你說『停下來』，這就是一種關注。」貝賈提醒道。

請回想公式。我們對孩童的脫序行為做出的反應越強烈，即使是以消極的方式，可能愈加暗示我們承認這種行為，從本質上講，我們反而越有可能訓練兒童展現這種行為。

因此，即使當我對蘿西說「停止」或「不要」時，我也會強化她的情緒或行為，這種行為使她無法學會控制自己的情緒和行動，當然，我徹底搞錯了自己發出口頭指令的後果。

然而，當我真的漠視「蘿西」，不再注視她，也不去在意她的脫序行為時，神奇的事發生了，蘿西停止無理的行為。某個下午，伊莉莎白說：「妳看，只要妳真的不理她，她就能安定下來了。」

實際操作五：不靠言語來管教

◉初階版

如果心存疑慮，請轉身離開。下次孩子行為不當時，不要回應或改變你的表情，只需要轉身離去；真的發生了什麼事？如果你感覺權力鬥爭或爭執即將來臨，請試著挑戰轉身走開的作法。

練習保持沉默，挑戰自己能撐多久不說話。告訴你的孩子：「我們現在要安靜五分鐘。」如果他們繼續說話，你還是得保持沉默。隔天試試看十分鐘，接著二十分鐘，拉長至一個小時或更長的時間，總有一天你會發現自己在家中可以享受令人難以置信的寧靜祥和。當我們家裡的活力太旺盛或太瘋狂時，我們就會這麼做，尤其是當蘿西看起來安靜不下來、停止提問或索求的時候，經過五到十分鐘的沉默（至少對我而言），她會鎮定下來，白天其餘時間或晚上家中氛圍會更加輕鬆。

將暴躁轉化為貢獻。下次當年幼的孩子脾氣暴躁或無理取鬧時，請運用責任感的技巧，試著讓他們工作，幫你做飯，他們可以攪拌鍋內物、打蛋、切香草或洗蔬菜，還能向他們示範怎麼餵寵物、掃地或倒垃圾，讓他們幫忙摺衣服、掃落葉或澆花。

有一位媽媽在庫加阿魯克告訴我：「環顧房子周圍，找出有什麼事情需要做，總會有辦法讓孩子們在家裡幫忙。」

柏克萊的一位媽媽表示，這項技巧對她五歲的女兒很有效；這個小女孩在星期天下午似乎脾氣暴躁、抱怨不停且行為頑劣，於是媽媽說：「過來幫我準備晚餐，剪些迷迭香葉吧。」

那位媽媽後來告訴我：「這是一項如此簡單的任務，可是她很喜歡！她對自己切出來的東西感到非常驕傲，一直拿葉子向我炫耀。」晚上剩下的時間也安然無事地度過。

將責任當成獎勵。請記住，與大人一起工作對兒童而言是一種特權。如果孩子真的想參加成人的差事或活動，請利用他們的渴望來教他們成熟的行為。比方說，蘿西很喜歡去商店購物，她最愛喬氏連鎖超市（Trader Joe's）[7]，但是加入我的行列是「大女孩」的特權（或者說起碼我是這樣宣導的），所以我用她購物的熱情來幫助她練習成熟的行為。如果我在購物日聽到很多抱怨和索求，我可能會問：「這麼愛抱怨的小朋友可以去喬氏超市嗎？」幾秒鐘內我就會聽到「好了，媽媽，我不會這樣了。」

◉高階版

停止警告注意事項。這很困難，因為這些提醒在我們與孩子的對話中根深蒂固，但即使減少一半也會對你跟孩子的關係產生重大影響，我保證你會更少爭執，而且至少你的孩子會有更多機會去思考和學習，而不是簡單地照做或不做你告訴他們的事情。

下次想改變孩子的行為時，請暫停一會兒，在說話之前，想想你為什麼要發出這道命令，他們行為的後果是什麼？你為什麼想要改變？甚至於如果孩子繼續這種行為，你擔心會發生什麼事？

然後告知孩子這些問題的任一個答案，讓他們進行自我思辨，僅此而已！不需要再多說什麼。譬如，當蘿西開始爬到狗的背上，我沒有說「不要爬到狗的背上」，而是停下來思忖，如果蘿西這麼做會發生什麼事？然後我對蘿西說：「如果妳爬到那隻狗的背上，會害牠受傷喔。」或者「噢，蘿西，妳弄痛狗狗了。」

藉由後果技巧練習了幾天或幾週後，試著用其他訣竅來代替該做和不該做的事，你可以把後果陳述變成一個提問，比如「蘿西，妳在傷害狗狗嗎？」或「是誰對狗狗這麼壞啊？」，你可以和孩子對視，用嚴厲的眼神來表達對他們行為的不滿，也可以直接走開不予理會。

如果你真的想改變與孩子溝通的方式，試試這個實驗：在平常的早晨或晚上，拿出智慧型手機來記錄你與孩子們共度的時光。做晚餐或吃飯時，把它放在廚房料理臺上，錄製的時間越長越好，直到你和孩子都忘記手機的存在。隔天，仔細聆聽錄音的內容。

第一次聽完的感想是什麼？你總是一直在講話嗎？有沒有任何沉默和平靜的時刻？你發出許多命令嗎？有多少次你為孩子提供選擇或詢問他們想要什麼？你講過多少次「不要」或「做」？這些指令真的有必要嗎？孩子們有聽進去嗎？你有傾聽他們的話嗎？

正如我先前提到的（請見第六章），我曾經無意中進行了一次這個實驗。當我回頭聽錄音時，就開始大哭，我恍然大悟自己一直在講個不停，完全沒有傾聽蘿西說話。我以為自己有在聽她說什麼，但我其實沒有考慮她的話語和想法，她對此感到非常心灰意冷（如果是我也會有同感）。

學習無視的藝術。你是否想要消除孩子的某些無理行為或壞習慣？也許是愛抱怨或無理取鬧，也有可能是虐待小動物的行徑，又或是晚餐時亂扔餐具。撥出一到兩個星期試試看下列方法，我相信這類行為就算沒有消失，也會減少，每次孩子表現出不合宜的行為時，請執行以下步驟：

面無表情，不要退縮或有一絲一毫的反應，假裝你聽不到或看不見他們，用平淡的表情看著孩子頭頂或放空看向別處。然後掉頭離開，只要轉身並走開，直到小孩超出你的視線以外。

此時此刻，你不必對孩子嚴厲或傷害他們的感情，你還是有回應他們的需求，並沒有對他們生氣，只不過沒有對他們的不當行為做出情緒上的反應，保持中立，同時向他們表明你對這種行為完全不感興趣。

例如，某個星期三的下午，當我去幼兒園接蘿西時，她用一種哀怨、稚嫩的聲音說：「我肚子餓，媽媽。」我好聲好氣地回應說：「我也覺得餓，但手邊沒有吃的，不然我們等下去商店買點零食在回家的路上吃吧。」

多麼美妙的提議，對吧？

蘿西不買帳，開始哼哼唧唧並頤指氣使，一直鬧脾氣：「但我已經餓了，媽媽，我很餓。」一直到她開始嚎啕大哭。

如果是幾個月以前，我會劈哩啪啦地解釋：「我有聽到妳說肚子餓，但我現在身上沒有吃的給妳。」最終演變成緊張和憤怒：「我剛講過囉！我們回家路上可以去一下商店，我這邊一點吃的也沒有！」

但現在我會使出無視這招，此時我做什麼也無法生出東西給她吃，她別無選擇，只能忍著飢餓坐著等待。所以我面無表情地越過她看著遠方（就像伊莉莎白那樣），然後繼續前進，把蘿西當作不存在一樣。我跳上車離開她的學校，而蘿西繼續哭泣。

猜猜接下來怎麼著？過了大概十五秒，她完全不哭鬧了，接受自己的不快，學會控制自己的情緒，而這一切都是她靠自己完成的。

同時我也免了一場激烈的討價還價，本來很容易升級成爭執和大發脾氣，我把一場潛在的爭吵轉化成蘿西冷靜下來的機會，我沒有把狀況弄得更糟，而是使之和緩下來。

在整個過程中，蘿西也建立了她的執行功能。

本章小結：改變行為的技巧

重要觀念

- 美國父母傾向於依賴口頭指導和解釋來改變孩子的行為，但言語往往是與兒童（尤其是幼兒）溝通最無效的方式。
- 兒童的情緒反映了我們自身的情緒：
  - 如果你希望自己的孩子冷靜，請你先表現安靜和溫柔，少說話或乾脆不要說話（這往往具有刺激性）。
  - 如果你想讓孩子嗓門大且精力充沛，你本身就要精力充沛，並且能夠滔滔不絕地講話。
- 命令和說教經常引起權力爭奪、談判和憤怒循環。
- 透過使用非口語的技巧，或者幫助孩子思考而非告訴他們該做什麼，我們就可以瓦解憤怒循環和權力抗爭。

竅門與技巧

- 馴服頑劣的脾氣。如果我們以冷靜的態度回應孩子，無理取鬧就會不見蹤影，下次小孩情緒爆發時，保持安靜並試試以下任何一項技巧：
  - 活力。在最平靜、最低能量的狀態下，只要靜靜地站在孩子身邊，就能向他們傳達你在身旁支持著他們。
  - 肢體碰觸。輕輕觸摸孩子的肩膀或者伸出援手，有時，一個柔軟、平靜的撫摸就能讓孩子完全冷靜下來。
  - 敬畏。幫助孩子用敬畏的情緒取代憤怒，環顧四周尋找一些美麗的事物，用最平靜、最溫柔的聲音告訴孩子：「哇，今晚的月亮真漂亮，你看見了嗎？」
  - 外面。如果小孩依然無法冷靜，帶他們出去呼吸新鮮空氣，可以溫和地帶領他們到戶外或者抱起他們。
- 改變行為及傳遞價值觀。與其告訴小孩「不要」，不如激發孩子自己思考並找出正確的行為，可以借助下列的方法：
  - 神情。把你想告訴行為不端的孩子的任何話都傳送到你的臉部表情中，睜大眼睛、皺起鼻子或搖搖頭，然後讓孩子確實看見你的神情。
  - 公布後果。冷靜地陳述孩子行為的後果，然後離開現場，比方說「你會摔倒傷到自己」。

- 提問。與其發出命令或指示，不如問小孩子一個問題。例如，當小孩在欺負兄弟姊妹時，提出：「誰對弗雷迪這麼刻薄？」；還有當小孩無視請求時，發問：「是誰表現這麼不敬？」。
- 責任。分配任務給行為不當的孩子，例如，對整個早上哀怨不停的孩子說：「過來幫我做你的午餐」。
- 行動。比起要求孩子執行任務（譬如離家外出），不如自己搶先去做，孩子便會仿效。

注釋

1 弗雷德・羅傑斯（Fred Rogers）是一名長老會牧師，他從一九五四年開始主持電視節目《羅傑斯先生的街坊四鄰》（*Mr. Rogers' Neighborhood*），藉由木偶向兒童觀眾傳達內在價值，鼓勵孩子們活出獨特的自己，幫助他們處理各種情緒話題，在美國至今都深受好評。

2 〈雪絨花〉（*Edelweiss*）是出自電影《真善美》（*The Sound of Music*）的插曲，歌名由來是原生於阿爾卑斯山脈的小花，原名高山火絨草，因電影中的上校將其當成奧地利的象徵，捨不得離開家鄉而演唱。

3 茱莉・安德魯斯（Julie Andrews）是英國演員，因飾演電影《真善美》中女主角瑪莉亞・馮・崔普（Maria von Trapp）而聲名大噪。

4 《遊戲力》（*Playful Parenting*）一書主張與其浪費時間責罵或懲罰，父母不如善加利用遊戲來協助孩子探索世界、處理情緒和化解衝突。

5 國際知名的心理學家暨神經科學家麗莎・費德曼・巴瑞特博士在《情緒跟你以為的不一樣》（*How Emotions Are Made: The Secret Life of the Brain*）一書中提出情緒建構論，以各種實驗數據和科學證據說明情緒並非自發產生，而是大腦建構出來的文化類別；因為你的身體和你的心智深深地相互連結，所以掌控情緒的先決條件，就是保持身體健康的良好狀態，因此，健康的食物、規律的運動和睡眠非常重要。

6 各地民族誌都有記載著這種育兒訣竅的例子，珍・布里格斯在她的書中記錄了這一點，無論是在庫加阿魯克附近還是在加拿大東部的巴芬島。「大多時候，幼稚的不當行為會遭遇到一股沉默，這不是製造緊張的沉寂，而是一種明顯放鬆和理性的沉靜，似乎了解孩子不夠理性，但遲早會獲得理智，並在下一次表現得更加成熟。」她在《永不動怒》一書中寫道。

7 Trader Joe's 是美國的平價連鎖超市，全美共有五百多家分店，鎖定有品味但無法花大錢的客群，主要販售異國的冷凍食品、進口食品和有機食品。

第11章 塑造行為的利器：故事

在北極的日子，我注意到因紐特人的教養方式絕大多數出現在孩子行為不當之後，而非在當下，也不是緊接著行為發生。是在事件過後，當所有人都冷靜下來時。

來自加拿大伊魁特八十九歲的埃諾阿皮克．薩吉圖克觀察到，在這些平靜的時刻，孩子會比較樂於學習，當孩子心煩意亂或忤逆父母時，他們情緒會激動到無法傾聽，因此在那種時刻，對孩子說「大道理」毫無用處，她說：「你必須保持冷靜，等孩子心情平緩再好好教他們。」

現在我們來看看兩種可以長期改變孩子行為的利器，這些是塑造孩子價值觀和思維模式的強大工具，但關鍵是在正確的時機使用。

這種靜待修正的策略有幾個很大的優勢。首先，它可以防止權力角力，與其在發生偏差行為時馬上衝過去責罵，你可以將注意力聚焦在長遠的未來，因為來日方長，日後還有機會教孩子何謂正確的行為。所以在這些敏感時刻，你不需要「證明自己的觀點」，應該先輕輕放過，忽略在車上的無禮言論、拒絕幫忙佈置餐桌、甚至在晚餐時瘋狂的丟食物大會，因為等到晚上，你將執行以下的策略。而且你深知這些手段比大吼大叫、責罵或唇槍舌戰要來得有效。

其次，這些工具會開啟親子間的交流，而不是像懲罰和憤怒那樣切斷交流，這些手段會建立連結並緩解緊張局勢。它們達成了在我看來幾乎不可能的事情：把不當的行為當成劇本的一部分，用故事取代雙方的劍拔弩張。

＊　＊　＊

北極生活與舊金山生活有一個主要的相似之處，那就是危險無所不在。

正如我所提到的，我們住在舊金山一條繁忙的街道上，像鯨魚一樣大的巴士以每小時三十英里的速度衝下坡，汽車在彎道疾馳而過，也不會在行人穿越道停下來。在北極地帶，危險化身成致命的熊和冰冷的水，北極熊經常潛伏在城鎮邊緣，住家可能距離冰冷的北冰洋僅有幾步之遙，在春天，一個蹣跚走路的孩子可能會從薄薄的冰層上掉下去，到了夏天，湍急的水流可以把一個小孩沖到大海裡。

所以當一個三歲幼兒跑向冰冷的水域，父母必須大聲叫喊才能保護他們的安全，對嗎？

不對，大學講師古塔．喬說：「取而代之的是，我們透過說故事來培養紀律。」他在努納武特北極學院教授因紐特傳統育兒課程。

口述故事是人類的共通特性，現存的每一種文化以及整個人類歷史都在講述故事。講故事可能對智人的進化非常關鍵，如果沒有故事，我們的物種可能不會發展出對現今成就至關重要的某些技能，例如發明器具、合作狩獵和駕馭火的力量。為什麼？因為這類技能需要一個人記住一系列的步驟、過去的事件和動作，類似於故事情節或編排。

講故事是促使我們成為人類的獨有特徵之一，它將我們與環境、家人和住家連結起來，使我們合作且強大。它是訓練兒童的關鍵工具。

除了傳授重要的技能，故事還能向孩子們傳遞文化價值觀。數萬年來，或許更久遠以前，父母一直用口述故事來教孩子如何成為社會群體中表現良好的成員。時至今日，現代狩獵採集團體藉由故事來教導分享、尊重不同性別、控制憤怒以及如何注意鄰里間的安全。

但是這套口述故事的策略並非專屬於狩獵採集者，完全不是這樣。事實上，我願意接受任何讀者的挑戰，看誰能找到任一種不存在這種手法的文化。

凱爾特研究人員雪倫・麥克勞德（Sharon P. MacLeod）表示，不久之前，這種策略形成西方育兒方式的一個重要部分，她說：「凱爾特文化充滿了超自然生物。」小精靈遍布於樹林，鬼魂在路上遊蕩，怪物潛藏在湖泊和沼澤中；有些生物樂於助人，有些會帶來危險，這些神話生物的一個重要功能是幫助保護兒童的安全。她說：「沼澤和濕地可能暗藏凶險，有時沼澤看起來像陸地，但其實底下都是水。在孩子們熟悉這個領域之前，故事能夠讓他們遠離濕地。」

舉例來說，有一個凱爾特故事的主角是一隻生活在水中、喜歡偷抓孩童的馬。雪倫解說道：「如果孩子們離水太近，水馬就會把他們放在背上，將孩子們帶到水底下，不管需要抓多少孩子，水馬的背都能變得越來越長。」因此，當年幼的孩子在海灘或河邊玩耍時，父母不必徘徊在他們身旁或對他們大吼大叫，因為父母採取了先發制人的做法，他們已經為孩子們描述了水馬的故事，沉浸在這些故事中，即使是蹣跚學步的幼兒也明白，為了維護安全，他們應該遠離水域。

古塔．喬提到，值得注意的是，因紐特父母有一個具有相同目的的類似傳說，她說「這是關於海中怪物瓜魯帕利克（Qalupalik）的故事，如果一個孩子離水域太近，瓜魯帕利克會把你放進牠的連帽大衣，將你拖到海裡，把你拐去另一

個家庭。」

像這樣的故事在因紐特人的育兒生活中比比皆是。伊魁特的電影製片兼語言教師麥娜・伊舒魯塔克（Myna Ishulutak）分享，為了確保孩子們在冬天戴上帽子避免凍傷，父母會借用北極光，「爸媽告訴我們，如果不戴帽子出去，北極光會切下你的頭，甚至當作足球來踢，我們以前非常害怕！」她誇張地說，接著爆笑出聲。

因紐特父母還運用故事向孩子傳遞重要的價值觀，譬如尊重。舉個例子，麥娜的父母給她講了一個關於耳垢的故事，讓她懂得聽父母的話，她說：「我的父母會檢查我們的耳朵內部，如果裡面有太多耳垢，意味著我們沒有在聽。」；另一個例子：為了教導兒童吃東西前先詢問，麥娜的爸媽告訴她，容器中可能有長長的手指會伸出來抓住她。

在凱爾特和因紐特的兩種文化傳統中，大多數的童年時光都是關於學習如何對待這些神祕生物，如何避開它們、尊重它們或讓它們快樂。父母和祖父母透過這些迷人但有時可怕的故事傳授知識，在這個過程中，孩子們能夠學會尊重父母並注意安全。麥娜說：「這些故事幫助孩子們了解父母非常認真看待禮貌和傾聽的必要性。」

起初，這些傳說讓我覺得對於幼童來說有點太可怕了，尤其是像蘿西這種剛會走路的孩子，我下意識把這些拋諸腦後，因為我內心並不覺得這種方法可以助我一臂之力。

但是回到舊金山後，我試著對蘿西講了一個故事，而她的反應讓我大吃一驚。

從北極之行回來大約一個月後，我和蘿西正在廚房準備晚餐，她想要冰箱裡的一樣東西，於是她抓起踏腳凳，走到冰箱前面，接著爬了上去，然後一直站在那裡，長達五分鐘，冰箱門一直開著；我叫她關門，她不理我，我多次解釋這樣很浪費電，但是就像在對牛彈琴，所以我改用甜美、好聽的語調懇求；儘管如此，她還是不理我，我能感覺到怒火在肚子裡不停攀升，一場火爆衝突近在眼前。

但我不想再吵架了，我已經厭倦了爭吵。當我正準備發出警告時，古塔・喬和海怪突然浮現在我的腦海中。我心想，房子裡有一隻怪物應該不會怎麼樣，何不試試看？

所以我用半嚴肅半開玩笑的語氣說：「妳知道嗎？冰箱裡有一頭怪物，如果牠的身體變溫暖，就會越變越大，然後牠就會跑來抓妳喔。」

然後我指著冰箱，睜大眼睛，驚呼道：「我的天啊，牠就在那裡！」

天哪！你應該看看蘿西臉上的表情，她關上冰箱門的速度比野兔奔跑還快，然後她轉過身來，臉上掛著燦爛的笑容，回應道：「媽媽，告訴我更多關於那裡面怪物的事情。」

從那天起，我們把各式各樣的怪物帶進房子裡，蘿西簡直百聽不厭，講故事已成為我們家裡的首選育兒工具。她把這些故事稱為「抓人」，因為主角——一個大約三歲的小女孩——經常被抓走（就像凱爾特人和因紐特人的孩子在水馬和海怪手中遭受到的對待）。她每天晚上入睡前都會說：「媽媽，告訴我一個『抓人』的故事。」沒騙你，有時她甚至希望我把故事編得可怕一點。

故事已經融入我們的生活，我無法想像回到以前的生活，沒有這些超自然生物在我們家裡面飛來飛去，穿過牆壁，並且在附近公園的樹上閒逛。這些生物是我們每天早上出門上學的唯一理由，同時也是就寢時間不再日復一日崩潰混亂的唯一原因。

藉由說故事，我覺得自己和蘿西終於擁有共通的語言，得以順利無礙地與她溝通。以粉紅色洋裝的災難為例，為了蘿西的生日，我和麥特送給她一件粉紅色洋裝，上半身織滿玫瑰圖案，這件洋裝是無袖的，裙襬對她來說有點短（正好在她的膝上），所以真的不適合舊金山多雨、寒冷的冬季。然而，一旦蘿西穿上那件該死的洋裝，就好幾天都不肯脫下來，無論白天還是晚上都穿著，大概要穿一個星期，到那個時候，衣服就不再是粉紅色，而是變成灰色和棕色，味道聞起來像是霉味和腐臭的尿液混合在一起（沒錯，我認為浴室發生過意外……）。

即使要了我的命，我也無法讓蘿西脫掉那件衣服，我試著用以往的策略，包括用大人的邏輯解釋一大堆，「蘿西，今晚把它拿去洗的話，明天上學穿就不會有污漬了。」她瞧著我的眼神，好像我在說法語。

最後，某天晚上我配合她的身高蹲下來，靠近她的耳朵，用很誇張的語氣偷偷跟她說：

「如果洋裝太髒，裡面就會開始長蜘蛛喔。」

蘿西不發一語，臉上的表情僵住，慢慢地從我身邊退後幾步，脫下洋裝，我從她手裡奪走，扔進洗衣機，大功告成！

當天晚上，當我把洋裝從烘乾機裡拿出來時，我舉起它驚呼道：「看到了嗎？蘿西，洋裝變得好乾淨、好漂亮！」

她毫不遲疑地說：「而且沒有蜘蛛噎。」

實際操作六：運用故事培養紀律

某些美國父母對「嚇唬」孩子去服從或合作的想法表示擔憂，我也有同樣的顧慮，但重點不是恫嚇孩子，害他們做噩夢，重點是讓孩子懂得思考，鼓勵特定的作為，並且大方討論這麼做的文化價值。

如果你發現自己對這項策略的「恐嚇因素」感到猶豫不決，就像我以往的看法，不妨想想在西方文化中，我們也會「嚇」孩子來促成行為，孩子也會害怕父母的怒火或懲罰。這就是我童年時的經歷，我之所以表現規矩是因為我害怕父親的憤怒。老實說，我寧願蘿西害怕「冰箱怪物」或「洋裝裡的蜘蛛」，也不願她是因為怕我或怕她的爸爸。

歷史學家艾蜜莉・卡茲・安哈爾特（Emily Katz Anhalt）指出，即使父母不給孩子講故事，也無法保證孩子們不會透過故事學習；包含我們家在內，許多家庭都將口述故事外包給迪士尼、Netflix 和 YouTube，她說：「人們會從自己聽到的所有故事中學習，這就是我們傳承文化的方式；而且我擔心我們已經忘記了文化創造出來的力量，商人企圖從故事中獲利的動機意味著它們通常充滿暴力。」而且它們可能不會教孩子們學到最佳的價值觀。

相較之下，你可以為孩子量身打造適合他們的故事。你可以檢視他們的真實反應並適時修飾故事，當孩子害怕時，你可以收斂一點，若是找到一個真正動人心弦且足以與他們建立關係的傳說時，可以講得更深。當我將蘿西的經歷融入故事時，效果都更好。

不管怎麼說，透過實踐才能判斷事物的好壞。經由故事來指導她的行為，蘿西變得更加合作、機靈和隨和，我們彼此溝通更順暢，充滿幽默，而不是說教和責罵，我甚至可以看到這些故事如何真的督促蘿西思考和斟酌她的行為如何影響他人。

有一天我好奇問道：「蘿西，妳更喜歡我對妳大喊大叫還是我為妳講故事？」她毫不遲疑地回覆：「故事。」

◉初階版

如果你還是對說故事的想法抱持懷疑態度，請從真實的故事開始。故事不一定是為了嚇唬孩子以開啟溝通的管道，或是逼孩子遵守要求，你還可以講述有趣的真實故事。

以下提供兩種方法來嘗試：

講述有關家族歷史的故事。嘗試描述你自己的童年故事或者家族根源的故事。阿拉斯加州科策布（Kotzebue）的科琳娜．克萊默說：「因紐特人非常重視族譜的知識以及與親戚生活的聯繫。事實上，當我們進行傳統的自我介紹時，首先會說我們的名字，我們的祖父母和父母是誰，我們家來自哪個村莊。」不論什麼年紀的孩子都非常喜歡聆聽他們的父母和祖父母在年輕時的所作所為，他們像磁鐵一樣被這些故事深深吸引。

家傳故事可以將經驗教訓代代相傳，可以建立幾代之間的聯繫，即便進入青春期，也會對他們的行為產生積極影響。幾組研究發現，**了解自身家族的歷史可以緩解青春期前和青少年的心理健康問題**，在這些研究中，當九到十六歲的孩子更了解自身家庭的過去時，他們表現出的焦慮、抑鬱、憤怒和行為問題的程度較低，例如父母何時相遇、父母和祖父母在哪裡長大，以及他們的父母從自己所犯的錯誤和年輕時工作中吸取的教訓。

這些知識還能體現出家庭的整體功能，包括家庭成員之間的溝通情況，科學家們指出，重要的是父母分享他們的歷史故事，而非讓孩子們直接認識具體的事實。

你可以從一些簡單的事情開始，比如「我告訴你一個我在你這個年紀時的故事……」然後敘述在你的童年記憶中特別鮮明的事件或活動。針對幼小的孩子，你可以講很簡單的故事——你喜歡在外面玩的地方，你如何在花園裡幫助你的母親、協助你的父親洗衣服，或者你喜歡和兄弟姊妹一起做什麼，搭配小孩可以在腦海中想像的細節，例如顏色、氣味和熟悉的物體。

告訴孩子你在哪裡出生、哪裡長大，或是你與另一半在哪裡結婚的故事。敘述你從犯錯或青少年時和剛成年時的工作中學到的教訓。透過增添「角色」，例如祖父母、叔叔、阿姨、堂兄弟姊妹、家族朋友和寵物，來塑造你的家庭故事。

對於蘿西這樣的都市小孩來說，她對於我在維吉尼亞州鄉村的童年故事感到津津有味，她喜歡認識我們後院的大花園，我們在那裡種玉米、小黃瓜和西瓜，以及每年夏天我們如何採摘四季豆，在走廊上剝殼準備晚餐。

為了向蘿西教導適當的行為和家裡重要的價值觀，我經常說故事給她聽，比方說如果我們不分享食物或幫忙清理餐桌，我和姊姊就會有什麼樣的麻煩。她還喜歡我小時候因為對媽媽無禮地大呼小叫而受到懲罰，害我放學後無法去朋友家的故事。

在撰寫本書的過程中，我注意到蘿西有一個比較明顯的傾向：如果我先告訴她在我小時候，媽媽也逼我做同樣可怕的任務，她比較有可能遵守這些要求。舉例來說，當蘿西在晚餐拒絕吃蘆筍時，我會說：「我四歲的時候，外婆也會逼我吃蘆筍，我不喜歡，但我還是吃了，因為她是發號施令的人。」然後，看吧！蘿西也開始把蘆筍塞進嘴巴裡。

用科學作為故事的佐料。生物學、化學和物理學中的許多想法聽起來比小說更稀奇，而且對年幼的孩子來說同樣有趣，那麼為什麼不借助科學知識作為創作真實故事的基礎呢？只要記得使用簡單且可理解的詞彙，尤其是那些很有畫面，或是會激發孩子想像力的詞句。

例如，為了鼓勵蘿西刷牙，我們告訴她口腔內有「小生物」的故事，牠們很微小，小到你看不見（沒錯，牠們就是細菌），但是牠們住在你的牙齒上，你必須將牠們刷掉，否則牠們會在晚上朝牙齒打洞，害牙齒變黑。從本質上來說，我們說的是真正的科學，搭配意象、擬人化和誇飾法來增添故事的趣味性。

為了讓蘿西學會健康的飲食習慣，我們告訴她胃裡數以百萬計的可愛小動物不但會努力讓她的內臟器官維持良好狀態，還有助於她的大腦運作，對抗身體裡壞的小動物，這些小夥伴就是腸道微生物體！當蘿西吃太多糖時，這些小生物就會生病，但牠們喜歡水果、蔬菜、豆類和堅果，我在午餐時說：「這些生物吵著想吃鷹嘴豆，蘿西，牠們在吶喊著：『拜託，拜託，蘿西，給我們更多的鷹嘴豆，越多越好。』」

◉進階版

擁抱擬人化。下次當你發現自己與孩子有所爭執或難以「鼓勵」某種行為時，試試這個簡單的妙計。環顧四周，找到最靠近的無生命物體（即使是一隻鞋子也可以），然後使這個物體栩栩如生，假裝它會說話，透過物體告訴孩子你需要她做什麼。對於學步階段的幼童，我敢打賭這個妙招十之八九會奏效。

哪種類型的對象效果最好？對於蘿西來說，只要是填充玩偶都行。但我也借用過我的身體部位（包括我的肚臍）和她的隱形朋友（包括《真善美》中的瑪莉亞）。

在全國公共廣播電臺，我從幾位讀者那裡得知他們用這種方法大有嶄獲。

聽眾凱薩琳．本漢帶來了「伍菲」：

「如果我們快遲到了，而我的三歲女兒得穿上鞋子，我知道大喊『穿上鞋子』會讓事情更加一團亂，所以我用手勢變出小狗伍菲，將中指和無名指放在拇指上，讓它構成一張嘴，接著我會說：『可以讓伍菲幫妳穿鞋嗎？』然後我發出好笑的嗚咽聲、喘氣聲和狗吠聲，扮演成伍菲幫她穿上鞋子，我讓伍菲越生動，就越能讓她咯咯地笑和放鬆身心，緊張的局面變成了一個有趣的親密時刻。」

對於聽眾潘妮．克朗茲來說，必須由填充玩偶來引導：

「當我兒子不想吃飯或睡覺時，我只是告訴他，該讓他最喜歡的玩偶睡覺或吃飯了，接著我開始和那個玩偶一起行動，他就會很快加入我們。」

愛戴兒．卡羅利讓她兒子的衣服來說話：

「當我兒子不想穿睡衣時，我會開始讓睡衣跟我說話。它們會問：『艾略特想穿上我們嗎？』我會回答：『我覺得他應該不想，讓我問問他吧。』如果他說不要，我會轉達睡衣並繼續跟它們交談。到最後，他會被吸引過來，而它們會非常興奮地給他一個大大的擁抱。」

◉高階版

讓怪物住進家裡。若想充分利用說故事的力量，把怪物帶入家裡吧，你可以編造出有趣的角色，或是讓牠們變得很可怕又有點好玩。「恐怖」的範圍非常廣，家中怪物的「恐怖」程度取決於你的小孩，包含他們的年齡、性格和經歷，隨時注意孩子的反應並做出相應的調整。但是，正如凱爾特研究人員雪倫・麥克勞德所說：「孩子都很喜歡被嚇！」

維拉諾瓦大學（Villanova University）的心理學家迪娜・韋斯伯格（Deena Weisberg）研究過小孩子如何解讀真實故事，她表示，一般而言，用來改變行為的虛構故事可能最適合六歲及以下的兒童，兩歲以下的幼兒無法實際區分虛構和非虛構故事之間的差別，等到一兩年後，這種能力會開始增強。「我不確定以年齡來界定是否恰當，因為所有的兒童都是如此與眾不同。但在三、四歲左右，孩子可能不會百分之百相信這個故事。」儘管如此，他們可能仍然覺得這個故事很有趣、很嚇人，而且發人深省，「譬如說，我懷疑妳三歲的孩子完全相信她的衣服裡會長蜘蛛。」但她還是脫下了洋裝。

迪娜直言，大約七歲左右，基本上所有兒童都會知道虛構和非虛構故事之間的區別，但他們仍然喜歡和幻想的角色一起玩，以獲得樂趣，她說：「他們可能會認為：『我知道那裡沒有怪物，但我明白你告訴我的事情。』」即使他們沒有上當，這個故事也可能開闢一種新的途徑來討論問題行為。我發現很多大約七、八歲的兒童不相信怪物的故事，但他們有很強的慾望來談論其中的內容，並且希望我「確認」牠們確實「不是真的」。

就個人而言，蘿西喜歡感到害怕——有點害怕，但是每當對她說故事時，我總是有所保留，也會特別注意，以確保她不會受到過度的驚嚇。

以下是在我們家裡廣受歡迎的故事：

1. **分享怪物**。分享怪物住在廚房窗外的一棵樹上，當小孩子不願分享時，牠會變得越來越大，終有一日，牠會出來抓住你，把你帶到樹上待整整七天七夜，而且你知道牠給小孩子吃什麼嗎？只有花椰菜和球芽甘藍。

2. **咆哮怪物**。牠住在天花板上，透過燈具在偷聽，如果小孩子大喊大叫或提出太多要求，牠就會穿過燈光下來把你搶走。更確切地來說，咆哮怪物從一大清早就會開始關注重要的事情。

3. **鞋怪**。牠住在暖氣管道裡，要確保孩子們早上快速穿好鞋子，否則牠會把你抓進通風口。為了營造鞋怪栩栩如生的感覺，有時我丈夫會在外出時打開暖氣，管道中的聲音會讓蘿西飛快地穿上鞋。

4. **睡衣怪物**。麥特創造出這個怪物，對於減少就寢時間的衝突非常有幫助。

有一天晚上大約九點半時，蘿西完全不想躺下來睡覺，她正在做一大堆伸展運動——其實就是在床上蹦蹦跳跳，擺動手臂和雙腿，製造很大的噪音。「過來，我們得安靜下來了。」我一遍又一遍地重複著，但她只是沖著我笑！

然後麥特的突發奇想拯救了這一晚，他從椅子上跳起來，指著窗外，瞪大眼睛說：「那是睡衣怪物，我看到牠在窗邊！」

蘿西跑到麥特身邊，抓住他的腿說：「去哪兒？牠在哪裡？」接著小小聲地說：「牠在窗外，如果我們動得太快或說話太大聲，牠就會進來把我們抓走，我可不想這樣。」然後我拉著她的手，領著她到床上，我們躺在一起，小小聲地討論那頭怪物——牠的長相、牠住在哪裡以及牠晚上把孩子們抓去哪裡。後來她就睡著了。

現在，我們每晚要上床睡覺時，我都會讓蘿西想起睡衣怪物，我會細聲說話，躡手躡腳地移動，告訴她我可不想要怪物跑來。出乎意料地，自從睡衣怪首次在我們家附近出現，過了幾個月，牠還是能有效地把蘿西趕上床睡覺。

第12章 塑造行為的利器：戲劇

最後一項工具有助於我們簡化培養紀律的過程，同時，關於兒童為何經常與我們的期望或要求背道而馳，也提供了一些令人驚訝的見解。

為了學習這個利器，我們將飛出庫加阿魯克，往東移動約六百英里，降落在格陵蘭島對面的巨大島嶼巴芬島。巴芬島的面積與美國加州差不多，為大自然的美景所環繞，冰河雕琢的山谷和河流刻劃過六千英尺高的雪山，巨大的冰崖比帝國大廈（Empire State Building）還高，俯瞰著藍寶石色的大海，與白鯨、獨角鯨、海象和海豹（以及捕獵牠們的北極熊）融為一體。

巴芬島是北極地區旨在保護和培育傳統因紐特育兒方法的復甦運動的根據地。長老們告訴我，在過去一個世紀裡，強烈的殖民化破壞了這種知識，因此，社區努力培訓新手父母和照護人員掌握這些古老的技能。

十二月初，我前往巴芬島上最大的城鎮伊魁特，與麥娜．伊舒魯塔克見面，她是這場運動前鋒部隊的其中一名女性。她答應與我共進晚餐，餐廳相對於我的民宿在城鎮的另一邊，我很早就抵達相約地點，於是在酒吧前面等她。室外溫度是寒冷刺骨的華氏零下二十七度，太陽從下午大約兩點開始下山，空氣中飛舞著細小的雪花，為街道點綴著粉紅色和藍色的微光；室內的餐廳溫暖而舒適，廚房裡油炸新鮮魚肉的香味飄散到我所在的位置。

麥娜遲到了，過了十五分鐘後還是不見她的蹤影，手機也沒動靜，我擔心她可能會改變主意不接受訪問。我能體會她的猶豫，在過去幾個世紀，西方文化（我的文化）對待因紐特（她的文化）的方式很差勁，一直延續到最近幾十年。一九六〇年代，加拿大政府強迫或脅迫許多因紐特家庭放棄傳統的游牧生活方式，在固定的城鎮定居；在巴芬島這邊，部分加拿大官員甚至射殺了雪橇犬，這樣他們就無法狩獵或追蹤動物，很多家庭因此挨餓，許多人死於疾病。基於這些，如果我是麥娜，我可能也不想接受訪談。

儘管如此，麥娜還是遵守約定，大概五分鐘後，她推開餐廳大門走了進來，剎那間，空間內的整體氛圍發生了變化，就像有人打開燈光，放起音樂，穿著天藍色連帽大衣與白色雪靴的麥娜散發著王者風範，她向我展示那雙靴子並說明道：「它們是用馴鹿做的。」麥娜擁有一張圓潤的臉頰，笑容可掬，當她發出笑聲時，聽起來就像是搖滾樂中的強力和弦，讓你覺得凡事皆有可能。

我們坐在其中一桌，開始討論她的工作，作為一名電影製片人、伊努克提圖特語語文教師以及兩個成年兒子的母親，麥娜過著超乎常人的忙碌生活；大約十年前，她在努納武特北極學院協助開設一個育兒課程，時至至今依然持續在教學中，該課程對日間照護和幼稚園教師進行因紐特傳統育兒技巧的培訓，內容與麥娜的父母在她還是個小女孩時使用的技巧相同，正如她本人所說，她在這片「世外桃源」土生土長。

麥娜在一個狩獵營地出生和長大，那裡的社區有大約六十人，他們沿著巴芬島的海岸線居住。她敘述道：「我們住在一間草皮屋，當我們早上醒來時，所有東西都會結凍，直到我的母親點亮油燈。」她記得她的祖父晚上為她講故事，以幫助她入睡，「我們沒有書，所以大人會在晚上口述傳說給我們聽，尤其是我的祖父，他是我們營地的領袖，我小時候會聽到不想睡著，因為我以前真的很喜歡他的故事。」

麥娜一家人只吃動物貢獻的食物，她舉例道：「海豹、馴鹿、魚類，偶爾還有北極熊肉；秋天時則會摘取漿果。」

「我記得第一次品嚐巧克力的時候，噢，實在太甜了！」她搖搖頭說道，「我們從未吃過含糖量這麼高的食物。」

「我十分想念在這片土地上的生活。」她向我吐露後，發出一聲沉重的「嗯」，回憶令她的臉上充滿了憂傷。

麥娜大約十二或十三歲的時候，她和家人搬出了狩獵營地，到一個小鎮上定居下來，這樣她的祖父就可以得到醫療照護。她平靜地說：「住在小鎮上對我產生巨大的衝擊，我幾乎無法適應。」

如今，麥娜住在擁有將近八千人口的繁榮城市伊魁特。基於她的童年和目前的工作，我很好奇她對已故人類學家珍·布里格斯以及她在《永不動怒》一書中描述的育兒方式有何看法。

麥娜愣了一下，然後緊張地笑了起來，我擔心自己冒犯了她，隨後她把手伸進包包，拿出一本書，我立刻認出了封面：一張黑白照片，上面有一位奶奶的鼻子緊密依偎在一名小女孩的臉旁，這是珍的著作，書名為《因紐特人的道德劇》（*Inuit Morality Play*）[1]，描述這位人類學家第二次到北極的主要旅行，當時她在研究一個三歲女孩的生活，女主角被稱為「胖嘟嘟的瑪塔」（Chubby Maata）。

令我相當詫異的是，麥娜拍一拍封面說：「這本書是關於我和我家人的故事，我就是那個胖嘟嘟的瑪塔。」

＊　＊　＊

在一九七〇年代初期，當麥娜剛滿三歲時，她的家人接待珍住進他們家長達六個月，她的父母讓珍研究麥娜日常生活的私密細節。當麥娜打她媽媽時會發生什麼事？當一個新的小妹妹成員降臨時會如何？當麥娜大發脾氣、指使媽媽或表現很沒良心的時候又會怎樣？麥娜的家人究竟如何將一個會攻擊小妹妹、苛刻且專橫的學步幼童，轉變為一個善良可愛又冷靜的六歲小孩？

周而復始地，麥娜的媽媽、爸爸和祖父母執行了一項關鍵的育兒策略，目標在於提高小孩的執行功能。珍把這種方法稱為「戲劇」。

以下簡單說明其中的運作原理：

當孩子生氣時，比如她出手打人或攻擊兄弟姊妹，父母可能會說「噢！這樣很痛」或「噢，妳會傷到弟弟」，以彰顯兒童行為的後果，但不需要大聲叫罵或祭出任何懲罰。取而代之的是，父母會耐心等待，然後在和平且冷靜的時刻，重新演繹小孩子行為不當時發生的事情。基本上，表演會從一個問題開始，誘使孩子做出她知道自己不應該做的事情，例如，如果小孩打了別人，媽媽可能會問：「你為什麼不打我？」來開始演。

然後孩子必須思考：「我該怎麼辦？」如果小孩上當後開始打媽媽，媽媽不會責罵或吼叫，而是用一種略帶俏皮、有趣的語氣重演發生的事情，她會呈現真正的後果，亦可能驚呼道：「哎喲！好痛！」

媽媽繼續藉由向孩子詢問後續問題來強調後果，例如「你不喜歡我嗎？」或「你是嬰兒嗎？」這些問題可以不斷激發孩子思考；他們還會將期望的行為與成熟連結起來，認為脫序的行為代表幼稚。這些問題表達出打人會傷害他人的感受，以及「大孩子」不會打人的觀念，媽媽還會用俏皮的方式拋出相關的問題。

珍・布里格斯寫道，父母會針對幼兒可能正在經歷的任何問題行徑或轉變上演這些戲碼。舉例來說，如果一個蹣跚學步的小孩不願意與兄弟姊妹分享，爸爸可能會利用孩子的貪心來演出一齣「分享劇」，某天下午，爸爸可能會在他們吃飯時對孩子說：「把東西分給哥哥／弟弟吃。」如果孩子還是頑固地不願分享，父親就會呈現這種行為的不良影響，「你不喜歡哥哥／弟弟啊？可憐的傢伙，他餓壞了。」

父母時不時地重複同一場戲，直到孩子不再上當。當孩子總算展現適當的行為時，父母可能會用「瞧瞧胖嘟嘟的瑪塔多麼慷慨」這類簡單的話語來表揚這個行為，珍如此記錄。

所以在巴芬島上那個下雪的夜晚，坐在麥娜的對面，我覺得自己遇到一個千載難逢的機會，我有機會更加深入探討珍的工作以及這種令人難以置信的育兒技巧。因此，我向麥娜詢問她與已故人類學家的關係。

麥娜回答道：「她對我們而言就像家人一樣，我們很喜歡她。」

幾十年來，麥娜和珍一直保持密切的關係，直到二〇一六年珍過世。珍會定期拜訪在巴芬島的麥娜，麥娜也會到紐芬蘭（Newfoundland）與珍見面。「她對我來說永遠是特別的。」麥娜鄭重地坦言道。

有時，珍會用伊努克提圖特語對麥娜的家人大聲朗讀自己的書，細數這些戲劇以及她與他們在這片「世外桃源」度過的時光。麥娜表示她不太記得珍在書中記錄的內容，她說：「我當時還太小。」

但麥娜確實相信戲劇是幫助孩子調節情緒的強大利器，能夠教導孩子保持冷靜，不那麼容易被激怒，她說：「它們教會你在情感上要堅強，不要把一切看得太重，也不要害怕被取笑。」

這些戲劇從兩個方面達成這一點：

練習適當的行為

戲劇讓孩子們得以實現一些在西方文化中通常沒有機會做的事情：練習改正自己的錯誤。在參與戲劇時，兒童可以練習控制自身的憤怒，練習善待兄弟姊妹，練習與朋友分享，練習不要打媽媽，一而再再而三地練習（請回想，教授技能或價值觀的第一個要素是什麼？就是練習）。

在這些戲劇中，孩子們可以嘗試對有爭議的情況做出不同的反應，由於他們父母的態度很放鬆，而且還有點俏皮，小孩子不需要害怕犯錯。孩子在感到平靜而非沮喪的時候，可以演練不良行為的後果，所以他們更容易學習和思考。

神經科學家麗莎．費德曼．巴瑞特表示，當孩子們正在學習如何控制憤怒時，最重要的就是練習，因為怒火一旦爆發出來，對任何兒童或成年人來說，企圖壓制它從來就不是件容易的事。

麗莎說：「我們一直有很大的誤會，當你氣瘋了，總以為可以輕易地阻止自己，但是當你試圖控制自己的情緒並想要改變這種感覺時，真的非常地困難。」

然而，如果你在沒有發火時練習敬畏或感激之情，那麼當你開始感到生氣時，將有更大的機會重拾這些情緒，從而在那些關鍵時刻控制自己的憤怒。她說：「這種做法本質上有助於重新掌控你的大腦，以便能夠更容易地產生不同的情緒（除了憤怒）。」

對於孩子們來說，戲劇讓他們有機會訓練和強化大腦中的自我管控機制，促使他們學會思考，而不是產生怒氣。孩子們將學會保持心理平衡，而不是藉由動作來宣洩。

將紀律轉化為遊戲

心理學家勞拉・馬克罕表示，遊戲是一種強大的育兒方法，可以改變許多父母習焉不察的行為，「遊戲是兒童理解世界的管道，玩耍是他們的工作。」

心理學家賴瑞・柯恩認為，孩子們藉由遊戲從每天的艱辛時刻和「情緒劇變」中恢復精神。與父母爭吵後，玩耍有助於釋放緊張情緒，讓他們往前看，空氣變得更清新，氣氛更輕鬆，父母和孩子從憤怒和脫序行為的桎梏輪迴中獲得解脫。

「孩子和家長之間的這種緊張關係通常是許多問題的重要根源。」賴瑞解釋道。對於不當行為的普遍反應，比如說教、辯論或大聲吼叫，即便是最溫和的形式，也會增加緊張感。「玩耍可以減少緊張感，這就是我喜愛它的原因。」

當孩子在某項特定任務上遇到困難時，譬如早上起床、寫作業或與兄弟姊妹分享，賴瑞推薦了一種與戲劇非常相似的技巧。「我告訴父母把問題帶到遊戲區。」賴瑞說道，遊戲區是符合各種年齡層兒童的絕佳方法，從幼兒到青少年都能適用（我們將在「實際操作」部分了解它是如何運作的）。賴瑞指出，一旦緊張氣氛透過遊戲緩和下來，問題行為通常會自動消失。

* * *

與麥娜會面後，我開始從不同的角度去看待蘿西的脫序行為，我發覺很多次當我認為她在「挑戰極限」或讓我抓狂的時候，其實她是在努力練習正確的行為，一遍又一遍地重蹈覆轍，直到最後做出正確的決定。

有天晚上當我們在社區遛狗時，這種想法變得具體明確。蘿西在人行道上騎著她的紅色三輪車，在舊金山的山坡上可不是件容易的事，正如我先前所提過，社區附近有一些可怕的十字路口，包括市場街（Market Street），四條車道的汽車時速約為三十英里。那天晚上，蘿西像個天不怕地不怕的人在騎車，當我們離市場街大約一個街口時，她在我前面遠遠地拉開距離，衝上車水馬龍的道路，我的心跳真的漏了一拍！我想大聲尖叫：「等等，蘿西！等我們。」但就在我還沒能說出任何話之前，蘿西已經將三輪車從路邊騎到了馬路上。

謝天謝地，她很快就停下來，最後只有超過馬路一點點，車輛在距離她幾英尺的地方呼嘯而過。好險，我想她是安全的，不過，她到底在幹嘛啊？

我真的很想罵她，把她從三輪車上拉下來，直接帶回家，這是我身為父母的責任吧？但我沒有這樣做，反之，我回想胖瑪塔以及麥娜的媽媽在這種情況下可能會採取什麼作為，我相信孩子們想要甚至需要練習正確的行為，我轉念一想，也許她正在練習如何在這個危險的十字路口停下來。所以我保持鎮定並若無其事地告訴她後果（日常訣竅二）：「如果妳在馬路上騎車，可能會被車子撞到喔。」隨後我用行動代替言語（日常訣竅五），走過去站在她和車流之間，如果她企圖騎得更遠，我就可以阻止她。

然後蘿西做了一些非常有趣的事情，她拿起三輪車並重複踰矩的行為，她稍微走上山坡，跳上三輪車，直接騎出路邊，她再次停在離馬路只有幾英寸的地方，她一再重複這個演練大約三遍，然後終於在第四次試驗成功了！她將車子停在路邊。她已經學會了正確的行為。

「好了，媽媽，我們回家吧。」她一邊宣布一邊走回山上，朝著我們家前進。好吧，我想，小孩子總是瘋狂的。

實際操作七：藉由戲劇培養紀律

本章實際上是關於將問題轉化為遊戲，將紀律轉化為練習，而且有玲瑯滿目的方法可以辦到這一點，無論你挑選哪條路徑，請牢記兩條規則：

1. 使用這些方法時，確保你和小孩都不會感到難過、生氣或情緒激動。當每個人都放鬆且平靜時，遊戲才會發揮效用。
2. 保持語氣有趣和輕鬆，盡量展露臉上的微笑或俏皮表情，現在不是上課或說教的時間，此時必須讓孩子們可以放心地試驗錯誤的舉止，並且學會新技能，而不必擔心父母會不高興。

◉初階版

表演木偶劇。下次當孩子在任務或情緒控制方面遇到困難時，請試著用木偶劇重現這個問題，拿兩隻填充玩偶，甚至是一雙襪子，把它們變成跟你和孩子都無關的角色，例如，對於蘿西，我經常把芒果（我們的狗）當成一個角色，路易斯（鄰居的狗）作為第二個角色。這種方法將有助於確保兒童感到自在，而不是像受到紀律處分或訓誡，接著營造場景，表演有爭議的行為，然後演示該行為的可能後果。

有時，我和蘿西甚至會以樂高積木或萬聖節糖果作為角色來重現情況，這個想法是幫助孩子以一種沒有壓力甚至有趣的方式重新審視過去的問題，然後她可以用一種嶄新、理性的方式思考那段經歷，同時加強自我管控的能力。

你可以透過對孩子提問（「當芒果打路易斯時，她是不是很幼稚？」、「這樣傷害了路易斯的感情嗎？」），讓他們扮演其中一個角色、或者讓他們完成整個表演，引導他們投入到表演節目中，觀察孩子自然而然的行為，並協助塑造角色。如果小孩有年長的兄弟姊妹，你也可以讓他們扮演任何一個角色。

把問題帶到遊戲區。稍早我提到了心理學家賴瑞．柯恩的遊戲區概念，他建議將這種技巧用於任何年紀的兒童，包含青少年。為了了解它如何操作，我們來探討一個常見的問題：讓孩子在睡前冷靜下來，為了化解就寢前緊張的常態，賴瑞進一步說明，在白天（不是睡前）尋找一個冷靜、祥和的時刻，對孩子講此類的話：「嘿，蘿西，我覺得我們睡前都會心浮氣躁的，不如我們來玩個遊戲吧。」

然後你可以等等看孩子是否已經想到要玩什麼遊戲，讓她解釋一下內容；如果她沒有想法，你可以單純地詢問：「妳想在劇中扮演誰？妳想要當媽媽而我當蘿西嗎？」

接下來，和孩子以愉快的方式來演出，當她不上床睡覺而你感到生氣或難過時會發生什麼事。賴瑞說：「不要怕會弄得太荒謬或丟臉，也不要害怕誇大不良行為及其影響，我們的目標是開懷大笑，好好享受，並且化解問題所衍生的緊張情緒，所以表演得越誇張越好。」

少數父母可能會擔心灌輸了錯誤的行為，但是兒童懂得分辨遊戲和現實生活之間的差別，賴瑞提倡道，「在這種類型的遊戲中，孩子不會將其當成『模範』，不過，她會記住人與人之間的關係、創意和壓力解放。」

◉高階版

演出戲劇。為了了解戲劇如何操作的，必須探究家裡的一個長期問題：打人。如今每當蘿西打我，不管她多麼用力地摑我耳光，我再也不會生氣，而是會努力忽視，完全對它視若無睹，就算我做不到，也只會用最平靜的方式說：「噢，我覺得好痛。」（就像莎莉被迦勒抓臉時所做的那樣）。

經過一段時間以後，當我們既冷靜又放鬆時，我就上演一些打鬧的戲碼，我會去找蘿西，要求她打我。如果她上鉤了，我會再次演繹出行為的結果。我會戲劇性說：「哦，好痛！真的好疼啊！」向她展現打人會導致身體和情感上的痛苦。

我彷彿看到她腦子裡的小齒輪在轉動，她似乎在想：「等等！我傷害了媽媽的感情嗎？」（而且我瞧得出蘿西並不是故意惹惱我，她關心我的感受，只是無法體會被打到有多痛！）

然後我會裝出誇張的痛苦樣子，向她提出這個問題：「妳是不是不喜歡我？」通常她會給一些超級甜蜜和美妙的回應，比如：「不，我愛妳，媽媽。」

為了幫助她進一步了解打人的後果，我將不當行為與不成熟連結起來。典型的對話通常如下：

我：「妳是小貝比嗎？」

蘿西：「不是，媽媽，我是大女孩。」

我：「大女孩會打人嗎？」

蘿西：「不會，媽媽。」

在許多時候，蘿西想交換角色，接著扮演媽媽，她會說：「打我，媽媽！」我會溫柔地拍她的屁股或輕推她的肩膀，然後她會非常戲劇化地表演出這次打人的後果，她會尖叫且逃跑，或者用感傷的語氣說：「妳是不是不喜歡我？」第二幕結束時，我們都開懷大笑。

歷經一個月左右的戲劇表演，蘿西打人的強度和頻率都明顯下降，有時她甚至會中途停止出拳，或者刻意錯過我的手臂或腿。

但我必須坦誠，直到我不那麼在意這件事之後，打人的行徑才終於消失無蹤。一旦我坦然將手臂上的掐痕或臉上的掌印當作是個情緒失控的「小嬰兒」來對待，蘿西就認為沒有必要繼續「練習」這種無理行為了。而且你能想像嗎？我也幾乎不再需要練習控制自己的憤怒。

本章小結：運用故事和戲劇來塑造行為

重要觀念

- 當小孩子感到不安時，要求他們傾聽和學習幾乎難上加難。
- 當孩子感到放鬆且免受懲罰時，他們會樂於學習新規矩並改正錯誤。
- 假如小孩不願配合某個問題（比如完成作業），親子之間在這個問題上可能會產生緊張的對峙，只要這種緊張氛圍透過戲劇或故事來化解，小孩子就會願意合作並表現得更好。
- 兒童喜歡藉由口述故事來學習，尤其是當這些故事涵蓋他們現實生活中的人物、經歷和物體時，他們天生具有以這種方式學習的傾向，比方說，孩子們喜愛：
  - 聆聽他們的家族淵源和父母的童年。
  - 想像物體具有生命，而且容易犯錯。
  - 幻想鬼魂、怪物、仙女和其他超自然生物生活在他們周遭，並幫助他們學習正確的行為。
- 孩子們熱愛在遊戲中學習，這就是他們釋放壓力和練習適當行為的方式，孩子們熱衷於重新演出有爭議的行為或錯誤，並且在一個有趣、沒有壓力的環境中觀察後果的發展（但不用害怕受到處罰）。

竅門與技巧

相較於搬出說教和大人邏輯來改變兒童行為或教導他們價值觀，最好等待平靜、放鬆的時刻，然後嘗試以下的技巧之一：

- 描述一個關於你小時候的故事。解說你和你的父母如何處理錯誤、問題或不當行為，你有受到處罰嗎？你怎麼回應？
- 表演木偶劇。拿一個填充玩偶或一雙襪子來演繹兒童行為的後果以及你希望他們如何表現，讓他們扮演劇中的一個角色。
- 將問題帶入遊戲區。告知小孩：「我注意到我們一直在爭執功課（或你遇到的任何問題），我們來玩個遊戲，你想扮演誰？我或者你自己？」然後以有趣的方式重現爭吵期間發生的事情，不用害怕誇大的言詞和離譜的行為，目的在於開懷大笑且釋放為此問題產生的緊張情緒。
- 運用怪物故事。塑造一個躲藏在你家附近的怪物，告訴孩子怪物隨時在監視，如果小孩在特定領域做出不好的行為，怪物會來把他們帶走（只有幾天）。
- 讓無生命的物體變得生動活潑。讓填充玩偶、衣服或其他無生命物體協助你說服小孩完成任務，可以讓這個物體自己達成任務（例如讓填充玩偶刷牙）或者由物體要求孩子完成（例如由牙刷要求孩子刷牙）。

注釋

1 *Inuit Morality Play* 無中文版本，暫譯為《因紐特人的道德劇》。

第4部

哈扎比人的自主性

第13章 人類最古老的祖先如何養育孩子？

狩獵用哨音作為出發的號角。阿薩身穿灰色細條紋短褲，胸前披著狒狒皮，從營火處跳起來，抓起弓箭，開始吹哨，悠長且尖銳的哨聲，咻——咻——。

十幾隻狗從四面八方朝我們跑來，有棕狗、黑狗、白狗，還有一種讓我想到人字形的毛色，這些狗與狐狸同等大小，骨瘦如柴，肋骨從側面凸出，牠們似乎都渴望幫忙。

阿薩又吹出一次哨音，咻——還有幾隻狗從我們下面衝上小徑，阿薩的兩個朋友也從營火處站起來，加入他的行列。每個人手裡都有一把弓和幾支箭，這三個人的身形都高大纖瘦，像馬拉松跑者一樣健康。在我意識到發生了什麼事之前，他們幾乎消失在灌木叢中，狗群緊跟在後面，鼻子朝著地面，尾巴指向天空。

「我們走吧！」我對蘿西大喊道，蹲在地上等她用腳環住我的腰，背著蘿西是我們跟上去的唯一方式。

黎明已經在一座幾千英尺高山的一側發現了我們，太陽還沒爬升上來，藏匿在我們東邊另一座山的後面，但是溫暖的黃色光芒已經開始灑落在我們腳下的熱帶大草原。

我們就在赤道以南，距離塞倫蓋提（Serengeti）平原大約一百英里，坦尚尼亞此時正值冬季，土壤乾燥且塵土飛揚，粉紅色和白色的巨石點綴在山坡上，光禿禿的灰色樹枝像女巫修長纖細的手指一樣向上纏繞，只有相思樹設法留住了一些葉子，全部聚集在頂部的樹枝上，讓它們看起來像戴著綠色貝雷帽的法國人。

蘿西和我追上了阿薩和他的朋友們，我們的口譯人員大衛．馬克．馬基亞也跟著他們過去，四個男人都停下來研究地上的痕跡，在沙子上的腳印。今天早上，這些人希望追捕到狒狒，但他們會獵捕任何發現到的動物——南非野豬、非洲羚羊、麝香貓，你想得到的應有盡有。打獵是阿薩養家餬口的主要途徑。

四十多歲的阿薩是七個孩子的父親，他前額三條深深的刻痕暴露了他的年齡，當他眺望著熱帶大草原時，這些皺紋會顯得更深，他的頭上戴著帽子，前面裝飾著一團狒狒毛。阿薩是個沉默寡言的人，當他說話時，我幾乎聽不見他的聲音，所以他選擇透過行動來表達他的感受。當蘿西和我第一次到達哈扎比人的營地時，阿薩幫我們找到一個搭帳篷的地方，在離他家的茅屋大約五十英尺的山坡上。當我與綠色帆布帳篷搏鬥時，阿薩彎下腰，小心地從地上清除所有的岩石和鵝卵石，確保我們有一個平坦的表面可以睡覺。

阿薩和他的朋友是世界上最優秀的獵人，這些人幾乎只用弓箭打獵，弓箭是他們用普通樹木的樹枝手工製作出來，稱他們為「神槍手」也不足以形容，三個人都可以從三十英尺高的樹上射下一隻小鳥。他們對大草原中的動物擁有超越百科全書的知識：牠們吃什麼、如何移動、喜歡藏在哪裡、在沙地上會留下什麼樣的腳印。

今天，男人們認為這些足跡不值得追蹤，他們再次開始移動，深入灌木叢。從技術上講，他們是「走路」，而非跑步，但是當我看著他們時，我想到的詞是「滑行」，他們的動作非常輕鬆和流暢，而且步伐很快，我必須慢跑才能跟上，而蘿西俯臥在我的背上。

過沒多久，我的心臟變得劇烈跳動，肺部不停地喘息，我們跳過與電線桿一樣粗的猴麵包樹樹根，在巨石上攀爬；我們躲在樹枝下，上面佈滿了如同食指那麼長的荊棘，這些巨大的荊棘時不時地會纏住我的針織衫，讓我不得不停下來掙脫。

「蘿西，我想我們跟不上了。」我轉過頭說道，那四個人已經在我們前面拉開了距離，我再也捕捉不到他們的身影。

然後，他們突然出現在我們的視野中，在遠處等待著，我們跑過去跟他們會合，所有人都靜默不語，連獵犬也沒有在移動。

阿薩手裡握著弓，拿起一支箭，放在兩根手指之間，瞄準樹頂，風吹得樹葉颯颯作響，他拉開弓後伺機放箭，箭羽射進樹林中的速度非常迅速，以至於我無法追蹤它的飛行軌跡，我們屏息以待，他射中了嗎？然後一隻鴿子從我們上方的樹葉中飛出來，他錯失了這次機會。

男人們很快地再次上路。

在阿薩大約兩歲的時候，他的父親贈與他一組小型弓箭，無論他走到哪裡都帶著那把弓；等到像蘿西這麼大的時候，他已經開始在他家附近射擊老鼠、鳥類和小型爬行動物；十多年來，他每天都在練習，和朋友們一起打靶；當他成為一名年輕的青少年，便開始和年長的男人一起進行短程狩獵；到了二十多歲的時候，他就足以獵捕一隻旋角羚羊或長頸鹿。

瞭望著大草原，我很難相信阿薩和他的家人幾乎完全生活於這片土地上，在我的眼中，它看起來乾旱、龜裂、貧瘠。但是他和妻子設法從這裡發現的植物和動物中取得他們家庭的所有需

求——食物、飲水、工具、衣服和藥物，這一點很容易做到，因為他們的生活方式不需要大量的水來餵養牲畜，也不需要昂貴的肥料來促進作物生長，當一支箭折斷或遺落在灌木叢時，阿薩和他的朋友們可以輕而易舉地用任何一棵樹的樹枝來製作另一支箭。

阿薩是哈扎比人，一群居住於坦尚尼亞的狩獵採集者。沒有人知道哈扎比文化究竟有多麼悠久，但古老的石器和岩畫顯示，阿薩的祖先已經在這片大草原上狩獵了數千年，也許數萬年。許多科學家認為，哈扎比可能是地球上最古老的文化之一。

所有人類都是非洲狩獵採集者的後裔，從坦尚尼亞的阿薩到尤卡坦半島的瑪莉亞，從我在維吉尼亞的祖父到我丈夫在馬其頓的祖先，所有人類都擁有這段歷史。在幾百萬年的時間裡，我們都是由非洲一群特有的類人猿進化而來，他們透過採摘漿果、挖掘野生塊莖、撿食大型掠食者留下的肉以及最後發展出的狩獵和捕魚為生。

沒有人確實知道我們的祖先是如何撫養他們的小孩，我們沒有記錄舊石器時代的媽媽如何讓孩子在用餐後清理，或者石器時代的爸爸如何在晚上哄睡他的孩子，我們還沒有發現關於就寢規範的洞穴壁畫，或是為幼兒發脾氣提供訣竅的石刻畫。

但是我們可以對史前育兒的某些方面做出有根據的推測——關於我們的小人類如何學習紀律、積極和友愛，我們可以透過了解地球上存在於每個宜居大陸上的多樣化文化來做出這些猜測。我們可以辨別哪些教養子女的方法在絕大多數文化中持續流傳下來，這些做法歷經長時間的考驗，在整個人類歷史中反覆出現。我們可以特別關注還以狩獵和覓食為生的文化，因為它們在人類歷史上占有獨特的地位。

身為智人物種的我們已經在地球上出現了約略二十萬年，大約百分之九十五左右的時間，都是以狩獵、採集的方式過活。一開始，我們在非洲採集食物（包括蘿西和我在打獵時慌忙跟上阿薩的那個地區）；直到後來，我們遷徙到地球上每一個可居住的大陸。大約一萬兩千年前，一些人類開始種植作物和飼養牲畜以維持生計；後來，不到兩個世紀以前，某些人將農業和牧場發展到如此卓越的水準，於是我們現在需要以石化燃料為動力的曳引機、電鋸和機器人來生產我們每天所需的能量。

因此，如果想了解我們這個物種的過去，基本上可以透過兩種方式：古代人留在地底下的骨頭，以及對現代狩獵採集社群的研究，如我所述，後者不是「活化石」或「過去的遺產」，他們並非向我們展示幾千年前人類如何生活，相反地，他們提供了一個關於身為狩獵採集者的人類如何茁壯延續的洞見。最重要的是，他們的生活模式比我在舊金山的生活更接近我們物種的過去，而且還保留著西方文化已經失去的許多古老養育傳統和技巧。簡而言之，許多狩獵採集社群擁有可以傳授給西方媽媽和爸爸的大量教材。

當記者在報導狩獵採集者（如哈扎比人）時，他們經常使用諸如「稀有」和「瀕危」之類的詞，這些形容詞卻給人錯誤的印象。首先，目前全世界可能有數百萬名狩獵採集者，西元二〇〇〇年，人類學家估計人口約為五百萬，這些群體遍布在地球上廣闊的土

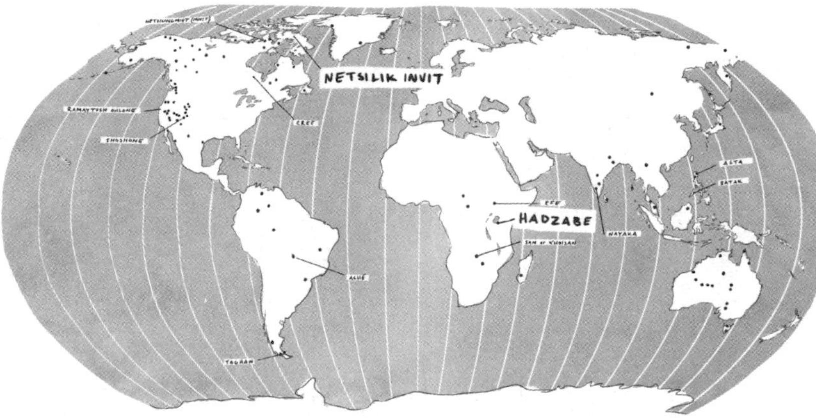

狩獵採集社群

地，他們在西部澳大利亞獵殺巨蜥，在北極苔原帶追捕馴鹿，在印度有近一百萬個狩獵採集者，他們採集珍貴的藥用植物和野生蜂蜜。

一九九五年，考古學家羅伯特・凱利（Robert Kelly）編寫了一份西方人對於全球採集社會知識的彙整，由此誕生的書名為《狩獵採集者的生活方式》（*The Lifeways of Hunter-Gatherers*），描述了遍及全世界的數十種文化，其中包括我們所知的美國文化。在不遠的過去，狩獵採集者仍然管理著北美的廣大區域，從洛磯山脈（Rocky Mountains）的肖松尼人（the Shoshone）和基奧瓦人（the Kiowa）到中西部的克里人（the Cree）。

事實上，當我寫下這些文字的此時此刻，正好身處於一個半島上，大約兩百年前，這裡屬於一群被稱為拉邁圖什・奧隆（Ramaytush Ohlone）的高技能狩獵採集者，他們在海灣捕魚，在橡樹林中尋找橡實，並且沿著海岸收集淡菜，這些是舊金山的原住民，然後西班牙傳教士在一七〇〇年代後期入侵，造成幾乎每個家庭都死於疾病或飢餓。

羅伯特的書不僅恰當地說明了狩獵採集文化是多麼「普遍」，而且還講解了他們現在、過去和未來的多樣性。有些狩獵採集群體主要依靠狩獵或捕魚，有些仰賴覓食，有些生活在定居的大型團體中，其他人在小型游牧營地。許多群體擁有基於所有人平等的道德體系，其他的則沒那麼明顯。有些文化往往擁有很多嬰兒和龐大家族，有些家庭反而更像我和麥特，通常養育一兩個小孩而已。基本上所有的狩獵採集文化都不僅僅以狩獵、採集和捕魚為生，羅伯特寫道：「讀者必須了解，這些『狩獵採集者』中的很多人都會自己種植一些食物，與農民進行以物易物或參與現金交易。真正的狩獵採集者請站出來！」

最重要的是，這些文化都不是「遺世獨立」、「原始純樸」或「與世隔絕」，每種文化都會與鄰近甚至遙遠的其他文化進行交流和貿易，並向其他文化傳授和學習知識與技能，每個文化都會相互聯繫，並與其他文化互通有無。

坦尚尼亞北部的哈扎比人也不例外，幾千年來，哈扎比人一直生活在一片遼闊的熱帶大草原地帶，大約有羅德島（Rhode Island）那麼大，環繞著一個巨大的鹹水湖；從古到今，他們一直在獵殺野生動物，包括大型動物（長頸鹿、河馬、大羚羊）和小型動物（兔子、野貓、小羚羊、松鼠、老鼠）；他們從大快朵頤的獅子腳下搶走新鮮的肉（「簡單的食物」），從樹上採收蜂蜜（「生命中的黃金」），從地上挖掘薯類塊莖，吃猴麵包樹上又酸又脆的水果；他們住在由樹枝和乾草搭成的圓頂狀小屋裡，女性大約兩個小時內就能輕鬆搭建。

換句話說，哈扎比人與他們祖先幾千年來的生活模式相似，不是因為人們被孤立或沒有接觸其他生活方式，而是因為人們相信這樣的生活型態最適合他們居住的惡劣環境。這絕對千真萬確：哈扎比人在這麼長遠的時間內都非常成功地活下來，這一套若堪用，何必要修改？

哈扎比人之所以如此成功，絕大多數要歸因於他們與這片土地的長期關係，西方人稱之為「**永續性**」。家庭與周圍的動植物一起合作，這樣他們就可以共生共存並在數千年中茁壯成長，這是一種基於最小干擾和尊重的關係，而不是西方人傾向於實施的控制和改變。植物生態學家羅賓・沃爾・基默爾（Robin Wall Kimmerer）將這種生活模式稱為「禮物經濟」，土地為哈扎比家庭提供了非洲小羚羊、狒狒和塊莖食物，作為對這些禮物的回報，哈扎比人對這片土地負有照顧和保護的責任，這是一種互惠關係，也是一種雙向互動。

羅賓在她的精采著作《編織香草》（*Braiding Sweetgrass*）中寫道：

「在禮物經濟中，禮物不是免費的，它的本質是創造一系列關係。禮物經濟的基礎貨幣是互惠……在禮物經濟中，財產附帶了『一大堆責任』。」

換個角度來說，捐贈是雙向流動的，從土地到人類，再回到土地。從責任來看也是如此，對於土地給人類的每一份禮物，人們都應該將部分禮物回饋給土地。

與哈扎比家庭相處的短暫時間裡，我可以看到無所不在的禮物經濟，他們如何對待獵殺的動物，分享他們採集的每一株植物，從來不會浪費食物，還有他們根本不會產生任何垃圾。我也在他們的親子關係中看到了禮物經濟，**父母的目標不是藉由控制和支配，盡可能快速地將兒童變成理想中的孩子，反過來，他們專注於互相分享，父母不斷地給予孩子愛、陪伴和食物的禮物**，作為回報，父母期待孩子肩負「一大堆責任」。我們用最少干預、相互尊重的模式共存；藉由互惠，我們相愛並建立關係，我以笨拙的西方角度為這種關係創造了一個座右銘：你做你的事，我做我的事，我們會持續探索盡可能互相幫助的方法。

這種應對和看待兒童的方式並非哈扎比人所獨有，你可以在許多狩獵採集社群和其他原住民文化中找到類似的風格，該共通性使這種養育方式變得非凡且重要：儘管不同狩獵採集文化之間存在顯著的多樣性，你仍然可以找到一種養育和面對孩子的共同方式，可能經歷了數千年、甚至數萬年中倖存下來。我們即將學習的這種方法符合兒童的心理和身體需求，就像一隻手套進完美剪裁的手套一樣，或者用更好的形容，猶如日本木工接合的燕尾榫一樣，完美契合。

在坦尚尼亞的狩獵過程中，我初次學習到這種美麗的育兒哲學。蘿西和我已經落後阿薩和他的朋友們四分之一英里，我不曉得該怎麼趕上去，尤其當蘿西仍然騎在我的背上，所以我開始擔心我們可能會在灌木叢中迷路，蘿西幾乎快要哭出來，「媽媽，我不舒服，噢！噢！我想走路。」她大叫道。

「好吧，妳跳下來。」我一邊蹲下一邊指示道，「牽著我的手。」

我抓住蘿西的手腕，設法趕緊追上那些傢伙，我緊緊地拉住她，幫助她翻越岩石，我把她的頭壓低在有刺的樹枝下方，「小心樹枝有刺！」我有好幾次都這樣吶喊，緊拉著她的手臂讓她走得更快，有一剎那，我覺得自己是用拖的帶她穿過灌木叢，就像拽著一隻不情願綁繩子的狗。

她開始哭泣，我認為我們應該放棄並返回營地，於是打電話給口譯人員大衛，請他回來幫助我們，他自己有兩個女兒，包括一個四歲的女孩。大衛立刻發現了我的育兒困境，他毫不猶豫地提供一項建議，概括了我們在這裡旅行時許多父母傳授給我的知識與技能。

「放開她的手，讓她自己走。」大衛的聲音裡帶著一絲惱怒，「她可以走在妳的前面，妳只要跟在她後方，她會沒事的。」

「真的？你這麼認為？」我懷疑地問道。

「對，她會沒事。」他回覆道。

「好，但我不認為……」還沒等我講完，蘿西就跑掉了，像個狒狒寶寶一樣攀越巨石。

事實證明，大衛對蘿西的觀察力更準確。一旦我「讓她走」，她在狩獵過程中表現得很好，竟然持續走了三個小時。

在那一刻，我親眼目睹了，一點自主權可以給親子關係造就出什麼樣的景象。

第14章 世界上最有自信心的孩子

在坦尚尼亞的第三天，我遇到了一個小女孩，她向我展現了孩子可以多麼自發和善良，即使他們年紀還很小。她甚至令我懷疑自己是否過度干涉蘿西，在這個過程中，讓她更加焦慮和蠻橫。

至今，蘿西和我在哈扎比家庭附近露營了幾天，我們已經體認到這裡的日常生活節奏，一種不疾不徐的步調，主要取決於「火」和「友誼」。

每一天都以相同的情景展開，黎明前，當天空呈現乳白色、滿布星星的時候，阿薩行經我們的帳篷，爬上附近的一棵樹，砍倒一根和我身形差不多大小的原木，他把木頭搬到一個由石頭圍成的圓圈裡頭，開始早晨的升火工作。

黎明時分的空氣十分寒冷，你幾乎可以看見自己呼出來的氣，我和蘿西很想繼續在我們的睡袋下互相依偎取暖，但幾分鐘後，其他幾個人加入阿薩圍著火堆，他們的輕聲細語把我和蘿西引出帳篷。「來吧，蘿西，」我呼喚道，掀開我們身上的睡袋，「我們去看看他們在討論什麼。」我幫蘿西穿上毛衣，接著我們前往營火中心，在我見過最雄偉的樹木之下。

每天早上，大約有一個小時，父親們坐在一棵有千年歷史的巨大猴麵包樹下，這棵古樹大約有兩層連棟別墅的大小，著實是大自然的奇蹟，它看起來像一個巨大的柱狀蠟燭卡在山坡上，光滑的栗色樹皮好像會滴落下來，就像熱源熔化了蠟一樣，在它的頂部，綠色天鵝絨般的果實懸掛在延伸出去的樹枝，為哈扎比人提供了一份仁慈的禮物，猴麵包樹的果實和種子富含維生素和脂肪，全年為許多家庭供應絕大部分所需的卡路里，比任何其他單一植物或動物都還多。

我很愛這棵樹，坐在樹蔭下，火源溫暖著我的臉龐和手指，感覺很像這棵樹在擁抱我。蘿西坐在我旁邊，裹在紅色格紋毯子下，大口嚼著我在航班上藏起來的黃色馬芬糕。

群體中的一個年輕人伊馬走到營火邊，背上綁著一隻毛茸茸的小動物，這是清晨狩獵的獎賞，這隻小動物看起來像浣熊和家貓之間的混種。男人們共同合作，為動物剝皮並屠宰它，接著在火上烤著一塊塊切好的肉，他們互相分享烤肉，將廚餘扔給幾條在附近閒逛的餓狗。

從我們這個山腰上的居住地，可以看到下面山谷的壯麗景色，包含青蔥農地和波光粼粼的鹹水湖。我認為這是個安居樂業的好地方，每天早上在這種環境中醒來，對一個人的心理健康絕對有助益，生活步調也很棒，在一天當中，爸媽都會停下手邊的事，單純地同坐一個小時或一個人靜靜地坐著。為什麼我會以為隨時隨地都得說些話或做些事呢？我不禁思索著。

然後在山坡下，我瞧見一個小小人影步行在我們下方的小路上：一名小女孩，當她爬過小路上的幾塊巨石時，她的頭會上下擺動，當她走近時，我終於發現她彎腰駝背，背著某樣東西。

擁有烏黑短髮和精緻五官的小女孩看上去差不多五、六歲，身穿紅色羽絨外套、灰色夾腳拖和黑白條紋裙子，與阿薩短褲上的印花一模一樣，一條畫有棕色和

橙色花朵的背帶纏繞在她的肩膀上，在背帶內，一個大約六個月大的嬰兒依偎在她的背上。

「他是我的女兒。」阿薩的話經由大衛翻譯出來，我向阿薩詢問女孩的名字。

「那是貝莉，嬰兒也是我的。」阿薩指著貝莉的背補充道。我心想：啊，她背著幼小的弟弟。

貝莉坐在在我和她爸爸之間，近距離觀察後，我發現好像在旅途中的其他時間見過她，過去幾天她一直在我和蘿西身邊，照看著我們，她從未靠近我們五英尺以內，但我感覺得出她非常好奇，她無法將目光從蘿西身上挪開。

今日她看起來更有勇氣，想要聊聊和了解更多關於我們的事情，我遞給她一個飛機上拿的小馬芬蛋糕，試探地問：「妳想要一個嗎？」貝莉緩緩接過馬芬，盯著它看了一下，接著毫不猶豫地撕下一小塊，溫柔地把柔軟的蛋糕放進她弟弟的嘴裡，小嬰兒望著我露出了微笑。

我心想：哇，真大方。在接下來的五分鐘左右，貝莉把整個蛋糕都

拿去餵她幼小的弟弟，完全沒給自己留一口，沒有任何人要求她分享，是她自動自發這樣做的。這種出自小小孩的自願善舉，對我來說實在太難能可貴，我感動到都快哭了，蘿西有可能辦到嗎？我在貝莉那個年紀，或就算現在身為成年人了，能做到一樣的舉動嗎？

我不知道，不過我這才開始了解到哈扎比民族的善意和尊重。

哈扎比人的日子以火開始，他們同樣以火結束。每天晚上，日落之後，阿薩和其他人都會聚集在猴麵包樹下，暢談更多的話題、故事和歌曲。今晚的天空是如此地墨黑而清澈，我們甚至可以瞥見銀河，一條白色的暈染筆觸劃過東南方的地平線。

一個二十出頭的年輕人帶來了一把用葫蘆（哈扎語 *zeze*）製成的手工弦樂器，開始教我們唱一首哈扎民謠，這首歌敘述一隻狒狒拜訪營地中的女性，而男性則外出打獵的故事。哈扎語是地球上最後幾種使用所謂搭嘴音的語言之一，你可以透過以各種方式用舌頭敲擊上顎來發出這種聲音，哈扎語包含三個不同的搭嘴音，具體差別取決於你的嘴巴形狀和舌頭的運動，然後以哈扎語為母語的人會用其他三種方式改變這三個搭嘴音，創造出九種不同的聲音。對我來說它們聽起來基本上非常雷同（就像馬在路上行走的聲音），我幾乎無法跟著吟唱這首歌中的一兩句，但蘿西似乎對每句歌詞遊刃有餘，在猴麵包樹下唱出感人的歌聲。

然後其中一位名叫普杜普杜（Pu//iupu//iu，那些「//」是搭嘴音）的年輕爸爸決定替我和蘿西用哈扎語取名。普杜普杜只有二十多歲，但已經是一位了不起的家長，他幾乎每天下午和許多晚上都會親密地摟抱著大約一歲的長子，普杜普杜會輕聲對嬰兒說話，用鼻子觸碰他，然後在火堆附近對他唱歌好幾個小時，小男孩也很喜歡！他們似乎從不厭倦單純地坐在一起共度時光，而且完全不需要平板電腦。

普杜普杜指向蘿西說：「她是多柯柯（Tok'oko）。」他一邊用腿抖動著男嬰。他說明道：「『多柯柯』是一種嬌小而野蠻的貓，因為她總是像隻小貓一樣在營地裡跑來跑去。」她的尖叫聲也很相似，我心想，這個名字真合適。

普杜普杜接著轉向我，笑著說：「妳是洪暴暴柯（Hon!o!oko）。」

「什麼？」我大叫道，跟著輕笑出聲。

「Hon!o!oko，」他一次又一次地覆誦道，「Hon!o!oko，Hon!o!oko，Hon!o!oko。」

這兩個「！」代表兩種響亮的爆裂聲，接著你在最後加上一個硬朗的「oko」，可是實際上，我不知道如何用嘴巴和舌頭發出這些聲音，每次我嘗試發聲時，所有的男人都覺得非常滑稽，每個人都哄堂大笑。

然後幾個男人又開始唱歌，很快地我們所有人都一遍又一遍地唱著狒狒之歌，隨著旋律微笑點頭，這一切都讓人感到超乎尋常的開心，我開始明白，想要度過一個美妙的夜晚，你只需要一團火、幾首最喜歡的歌曲和幾位知心好友。

最終，歌聲和笑聲逐漸停歇，我向普杜普杜詢問 Hon!o!oko 這個名字的含義。

「它的意思是『等一下』。」普杜普杜回應道，露齒微笑，同時向我炫耀閃閃發光的潔白牙齒，非常整齊地排列著。

「為什麼？」我詢問道。

這時，普杜普杜和口譯人員大衛展開了關於我的名字、漫長而喧鬧的對談，還出現很多誇張的手勢和臉部表情，然後他們都爆笑出聲，少數男人甚至開始唱歌。我有一種自己被當成笑柄的感覺。

大衛面帶笑容地說：「等一下是相思樹的別名，妳也知道，樹枝上有巨大的荊棘，他們把這些樹稱為『等一下』，是因為如果被荊棘困住，妳唯一要做的就是等一下，最後才能解脫。」

「所以我是以相思樹命名？」我確認道，感覺不錯，誰會不喜歡用那些美麗的樹木來命名？

大衛笑著說：「是的，因為在打獵的過程中，妳的針織衫總是被相思樹的荊棘勾住，所以妳的名字是等一下，表示妳需要等一會兒。」

嗯，我納悶著，蘿西和我在狩獵過程中遠遠落後，他們怎麼知道我一直被纏住？有人在監視而我沒有注意到嗎？

我隱約覺得男人們正試圖用這個名字教我一些東西，不僅僅是在狩獵中停頓。

我欣然而笑，不過現在冒出一個新的疑惑：他們替我取名為等一下的用意是什麼？

隔天早上，蘿西和我有點睡過頭，太陽已經棲身在我們東邊的群山之上，迅速溫暖了涼爽的空氣，煙霧和篝火的氣味圍繞著我們。

蘿西和我走下山坡到那些家庭的小屋，發現有幾位媽媽正準備去採集塊莖，她們都穿著必須繫在肩上的漂亮紗籠裙，上面由各種原色搭配而成：藍色底配黃色花朵、紅色底配金色葉子和藍紅色相間的格紋。

剛開始，我們圍坐在營火圈裡聊了幾句，沒有人需要趕時間，塊莖不會跑去任何地方。我很快地發現，這些婦女可以在一到兩個小時內收集她們需要的所有根莖食物。

然後，在幾乎毫無預警的情況下，幾個女人站起身來，撢掉紗籠裙的灰塵，走進灌木叢，我拉著蘿西的手，跟在女士們的後面。我往右看過去，猜猜我發現了誰跑過來追上我們？是甜美的貝莉，寶寶已經不在她的背上，我也沒有看到她媽媽和我們在一起。嗯，真有趣，我想她是獨自一人跑來這裡。

我們步行了大約十五分鐘，直到其中一個女人娃恰恰（Kwachacha）停下來，指著泥土上的一個小洞，不超過四分之一英寸，「查看這裡的泥土如何？」娃恰恰一邊告知，一邊拉起她的紅色長裙，並跪在小洞旁邊，身為二十出頭的年輕媽媽，娃恰恰展現我見過最優雅的姿態，她的身體從頭到腳筆直如箭，事實證明，她也是一個了不起的獵人。

娃恰恰用一根三英尺長的棍子開始在那個洞的周圍挖鑿，棕色的土壤飛向空中，貝莉用強烈的專注力注視著她，很快地，娃恰恰挖出一條大約兩英尺長的壕溝，她停下來，對著另一個女人做了個手勢，然後又開始挖掘，但現在是往垂直方向，在地上開鑿出一個L型的溝渠。我完全被搞糊塗了，娃恰恰在做什麼？

忽然間，一條白線出現在壕溝的後面，從棕色的土壤中伸出來，娃恰恰停止挖掘，拉扯著那條線，一隻白色的老鼠突然冒出來。

「什麼！」我驚呼出聲，原以為她們在找塊莖，也許其他東西，但從未預料到是老鼠。「妳到底是怎麼知道牠在那邊的地底？」我天真地問道，在地下抓老鼠是我見過最奇妙的創舉之一。娃恰恰把老鼠遞給一個蹣跚學步的幼童，然後冷淡地掉頭就走。

同一時間，其餘的婦女已經移步到附近的一棵樹下，用鋒利的木棍挖塊莖，類似馬鈴薯的紅色物體逐漸堆積在她們旁邊。一個女人遞給我一根棍子，對著地下的深溝做了個手勢，我接受她的邀請，跪在泥土裡，試著模仿她們的動作。媽媽們希望每個人都能協助完成每一項任務，即使是身材走樣的記者。

我環顧四周尋找貝莉，看見她正在負責照顧三個從小屋裡跟著這群人來的學步兒童，她幫一個小男孩調整鞋子上的魔鬼氈，用鼻子蹭著另一個孩童來阻止他哭泣，然後準備午飯給他們吃，她拿來一個塊莖，削皮之後遞給孩子們，她去收集了幾個猴麵包樹的果實，撿起一塊哈密瓜大小的石頭，把它高舉過頭頂，接著砸在一顆綠色天鵝絨果實上，砰！果殼裂開，露出一塊塊的白色果肉，貝莉將小塊果肉遞給幼童，然後她過來把剩下的交給我和蘿西，白色的果肉有太空冰淇淋的黏稠度和七喜汽水的酸味。

我心想，天啊，小女孩實在太強了，而且很盡責。

幾天後，我和蘿西再度與這些女人見面。這次我們去河邊取水，路途有些艱辛，我們必須在布滿礫石且陡峭的地形上徒步大約兩英里。幾乎所有的嬰兒和幼童都跟年老的婦女待在家裡，因為她們會成為負擔。在回程的路上，婦女們會在頭上扛著二十五磅重的水桶——即使你沒有背著嬰兒，這也不是項簡單的任務。

蘿西和我們一起來，但是她因為我們所有的運動而筋疲力盡，以至於她大部分時間都在我的背上，叨叨絮絮地發牢騷，「媽媽，我們什麼時候會到？」或者「媽媽，還有多久？」

完全不如貝莉。她把一個空水瓶綁在背上，也遞一個給蘿西提著，然後和其他女人一起去河邊。這一次，她的媽媽和爸爸照樣沒有跟我們一起來，貝莉依然獨自一個人，散發著獨立和堅韌的氣質。

經過大約一個小時的徒步旅行，

我們看到了下面的河谷，我們沿著陡峭的下坡往下走，穿過乾涸的河床，最後到達了水坑。年輕女性開始往水桶裡盛裝淡水，貝莉和蘿西從旁幫忙，但是在任務開始五分鐘後，我注意到貝莉脫離了群體，並開始攀登河谷邊緣的懸崖，它非常陡峭，大約有一百英尺高。

啊哈，我心想，她終於打算玩耍和偷懶，她只是為了好玩而行動。

但是完全不對！

懸崖頂上有一棵猴麵包樹，貝莉走到樹前，開始採摘營養豐富的果實，將她發現的東西扔進一個巨大的銀器裡。

她不是在玩樂，她在採集食物！當我們回到家時，幾個女人只用幾塊石頭作為工具，敲開猴麵包樹的果實，取出種子並磨成粉末，她們將白色粉末與水混合，攪拌成濃稠滑順的粥，接著把粥倒入由葫蘆製成的小杯子中，這就是當天的午餐。我淺嚐一口，又酸又清爽的味道很好吃，也感覺非常有營養。

我看著小貝莉，她坐在附近一塊巨石上，修長的雙腿往前伸直交叉，她的表情很平靜，姿態從容穩重。因為她的進取心和行動力，我們才能有這種美味又營養的粥可以吃；她獨自爬上懸崖收集果實，在那一刻，我意識到貝莉是多麼地不同凡響，她不僅照顧自己，還幫助蹣跚學步的孩童，甚至幫忙餵養整個營地的人，即使她連幼兒園都沒得讀，早已經是這個社區的偉大貢獻者，回報了父母贈予她的禮物，而且她似乎並沒有被這個責任壓得喘不過氣，反而讓她感覺良好，使她感到自信和輕鬆。

哈扎比的爸媽如何訓練她做出這樣的貢獻？然後我回想起自己的哈扎比名字……等一下，我不禁揣測，爸爸們替我取這個名字，是否其實想修正我的育兒觀念？身為媽媽，我需要等一會兒嗎？

團隊教養三：抗焦慮和抗壓的古代萬靈丹

在坦尚尼亞的這段期間，我一直對當地兒童似乎擁有許多自由感到驚訝，任何年齡的孩子好像都可以隨心所欲去任何地方、做任何事、表達任何感受。

當我詳細比較時，蘿西的生活似乎受到許多限制，甚至被困住。她的生活不是在我們的公寓，就是在學校裡；她一直生活在我、麥特或老師們的注視下；這樣的日子讓她總是面臨接連不斷的指令。

哈扎比的孩子們甚至擁有情緒上的自由，如果孩子需要發脾氣，就隨他去吧。沒有人會跑過去勸阻他們；沒有人告訴他們要「冷靜下來」；沒有人告訴他們應該有何感覺。最終，父母或其他孩童會安慰這名小孩，但沒有人呈現出一絲急迫感。

即使是最弱小的幼兒，父母也會給予這種自由。以塔塔特（Tetite，發音為 tee-tee-teh）為例，她大約十八個月大，是我見過最可愛的幼兒之一，她有一雙圓圓的大眼睛，天使般的胖嘟嘟臉頰，還有一個淘氣的小笑容。塔塔特穿著黃色格紋娃娃裝，像個青少年一樣在營地裡行走，如果一個大孩子從她手裡拿走什麼東西，她會尖叫著把它搶回來。毫無疑問，塔塔特是這個社區成熟的一份子，可以決定她自己的日常行程。

一天下午，貝莉帶蘿西和我到一處山腰以上的高地觀景臺，距離營地大約四分之一英里，我們吃力地爬過巨石群，有好幾次蘿西差點摔倒。當我們終於到達山頂時，地勢非常高聳險峻，以至於我感到有點暈眩作嘔。然後我往下看，猜猜我看到誰獨自站在岩石底部？塔塔特！她完全靠自己從營地一路往上走，為什麼她獲准一個人走這麼遠？我百思不得其解（我幾乎沒想到她並不孤單）。

起初，我認為塔塔特和其他哈扎比孩童擁有的是「獨立性」，超乎想像的獨立性。可是隨著時間的流逝，當我更細心地觀察和傾聽時，我總算發現自己解讀錯誤，哈扎比的孩子們擁有的不是獨立，而是更有價值的東西。

大致上來說，狩獵採集社群非常重視一個人自己做出決策的權利，即他們的自治權，他們認為控制另一個人是有害的行為，這個想法構成了他們信仰體系的基石，包括他們的養育哲學。

這種觀點也適用於兒童，他們可以隨時

決定自己的行動，並安排自己的行程，不用一連串的幫助，不需要指令，更沒有說教。父母不會產生隨時隨地的急迫感，去「佔用」孩子的時間或「讓他們忙碌」；相反地，他們相信孩子有足夠的能力和意願自己解決所有問題，為什麼要插手干涉？

「無論另一個人的年紀多大，替他決定應該做的事情都超出了葉庫阿納人（Yequana）所認同的行為。」珍·萊德羅芙（Jean Liedloff）在談到委內瑞拉（Venezuela）的葉庫阿納部落時寫道，「**孩子的志向就是他的原動力**。」

事實上，狩獵採集社區的許多父母竭盡全力不告訴小孩或成年人該做什麼，這樣並不表示父母不會注意或不關心兒童的行為，情況恰恰相反，父母或其他照顧者肯定會關注兒童的一舉一動。（其實哈扎比父母經常比我更專注地看著孩子，即使我不斷地對蘿西發出指令，因為仔細想想，你發表長篇大論的時候真的有看著小孩嗎？）他們從更加優越的角度來教養：**他們相信孩子深知如何學習和成長，絕大多數時候父母的隻字片語只會妨礙小孩的學習進展**。

研究馬雅人的心理人類學家蘇珊娜·加斯金斯說：「因此，一個滿周歲的孩子可以在一個小時內完全快樂地做他想做的任何事情，父母或其他照顧者會看著他以確保安全，但他不會受到外來的刺激，他的行程不會因有人干預而改變，父母會尊重那名一歲小孩，他理所當然擁有自己的日常行程，父母的目標就是幫忙實現那個行程表。」

對於南非的康族（!Kung）[1]狩獵採集者來說，「學習」和「教學」出自同一個詞

（n!garo），當孩子正在試圖弄清楚如何做某些事情時，父母經常會使用「她在自我教導／學習」這句話。為什麼要中斷他們的學習？

對於哈扎比的超級媽媽和超級爸爸來說，控制孩子是最後的手段。與其指揮兒童應該做些什麼，他們寧願去處理其他任何事情。

同樣的信念在中非的巴亞卡族狩獵採集者中更加強烈，以至於父母實際上會停下來羞辱他們看到試圖控制孩子的任何一位家長。心理學家謝娜・盧－利維說：「曾經有少數幾次我們看過其他父母介入別人的育兒方式。當父母真的想改變孩子的行為並逼迫他們做排斥的事情時，另一位家長會站出來說：『讓你的孩子做他們想做的事，你無權干涉，放過他們吧。』」（你應該記得第一次和哈扎比爸爸們一起打獵時，大衛也是這麼告訴我。）

在一項研究中，謝娜計算了父母每小時給予孩子多少命令，統計結果充分描繪出狩獵採集者養育方式的生動畫面。謝娜耗費九個小時追隨大人和兒童在他們住家和鄰近周圍的行動，記錄一個成年人分配給孩子多少次任務，例如「去取火」、「拿著水杯」或「去洗手」、講解某件事的做法、表揚孩子或給予他們負面回饋（因為，如果你深入思考，讚揚也是一種控制孩子的方式）。

猜猜巴亞卡父母平均每小時發出幾個命令？三個，這意味著父母基本上每個小時中超過五十七分鐘都保持沉默。最重要的是，這些命令中有一半以上是要求孩子們幫助成年人或社區，因此，唯有當指導有助於傳遞合作的價值時，父母才會選擇做出指示。

當父母確實需要提醒孩子某條規則或影響他們的行為時，父母會以一種微妙、間接且製造最少衝突的方式來執行，**父母允許孩子保持自行決策的感覺，這樣孩子就不會感到被控制或被支配**。家長會運用提問、後果和謎題，也可以改變自己的行為（例如，遠離拳打腳踢的孩子，而不是告訴孩子停止打人），改變孩子周圍的環境（例如，假使孩子不能明智地使用平板電腦，從房間中將其拿走，而不是告訴他們不要使用。），或者默默地幫助孩子處理不安全的狀況（例如，當小孩爬牆時站在旁邊，輕輕握住他們的手或者盯著他們，而不是告訴他們從牆上下來）。

這種「無發號施令」的政策對孩童與父母的關係具有廣大的影響。首先，它象徵著更少的衝突。

一天下午，圍著火堆，阿薩和貝莉完美地演繹了這一點。在我觀察的過程中，父親和女兒友好地坐在一起大約兩個小時，阿薩為了隔天的狩獵正在削尖一支箭，而貝莉在一旁看著他，他們聊了幾句，但大部分時間都是沉默的，他們極度和平地共處，在那兩個小時以內，他們都沒有試圖指揮對方，彼此都不會告訴對方該做什麼，或者不該做什麼。他們似乎擁有共識：你掌控自己，我也主導自己。

可想而知，他們沒有任何爭吵，沒有像我和蘿西之間存在的緊張和焦慮，他們似乎只是享受彼此的陪伴。

看到阿薩和貝莉並肩坐著，就像能映照出我自己與蘿西產生衝突的一面鏡子。當我回到帳篷裡，蘿西正在睡午覺，我試著回想自己是否曾經長達兩個小時，甚至十分鐘也好，沒有指揮蘿西做什麼？這可能是造成我們雙方壓力的根源嗎？

每次我告訴蘿西該做什麼時，從某個層面上來說，我是不是在向她挑起戰爭呢？

身為一位美國媽媽，我覺得自己很放任，麥特和我都努力給予蘿西很大的自由，我絕對重視獨立性和自動自發，並且期望蘿西兩者兼備。然而實際上，與哈扎比和馬雅媽媽相比，我是一個嘮叨不停的傻瓜，不，這樣講還太含蓄了，我根本就是個霸道專制的人。我的動機高高在上，我試圖教她當一個好人，以正確的方式做事，但現在我開始懷疑，這種養育方式可能會適得其反，讓孩子變得更貧乏、更苛刻、更依賴。

以哈扎比父母的舉止為借鏡，我意識到自己不斷在發號施令，更確切地說，我隨時在留意吩咐的機會。「蘿西，注意火源。」、「不要在岩石上爬得太高。」、「停止揮舞那根棍子。」、「不要吃太多的馬芬糕。」、「擦一擦妳的臉。」、「在十字路口停下來！」。我甚至告訴蘿西該講什麼話（「說：『謝謝你！』」），身體部位應該放在哪裡（「蘿西，不要吸妳的大拇指。」），以及應該有什麼樣的情緒（「蘿西，別哭了，停止生氣。」）。我不僅會在她違反規則或行為不端時對她說教，而且還會在她只是試圖幫助或參與某項活動時指揮她。為了保證她的安全，我真的將她侷限在我周遭幾平方英尺的範圍：「蘿西，從牆上下來。」，「蘿西，不要在人行道上奔跑。」蘿西，蘿西，蘿西，蘿西，這是一連串源源不絕的命令。[2]

延伸思考一下，即使我給蘿西「選擇」，或者提出「妳想要」為開頭的問題，在某種程度上，我仍然透過引導她的注意力或管理她的行為來限制她的體驗，我依舊企圖控制她。

我們在坦尚尼亞和墨西哥的所有日子裡，我從未聽過哈扎比或馬雅的父母問孩子：「你想要……嗎？」，他們肯定從來沒有提供過「選擇」，我卻一直重蹈覆轍。

為什麼？為什麼我覺得有必要控制蘿西的大多數行為？難道是想要引導且限縮她在這個世界的道路？在坦尚尼亞，每天晚上在帳篷裡撫摸蘿西的背部讓她入睡時，我都會問自己這個問題，因而得出一個簡單的結論：我認為好父母都要這樣做，我相信，我對蘿西講越多、教她越多，我就能成為更出色的父母，我相信所有的命令都能維護蘿西的安全，並教導她成為一個恭敬、善良的人。

但是我的命令真的有用嗎？還是會產生反效果？請回想一下我們訓練孩子的公式：練習、示範和認可，藉由這些命令，蘿西會練習了什麼，而我又示範了什麼？

給予孩子大量的自由和獨立必定會付出代價，對嗎？除了安全考量以外，讓孩子時時刻刻決定自己要做的事一定會造成其他後果吧？我發號施令並不是為了聽自己說話，如果我不再向蘿西的行為提供明確的指示和一致的後果，會不會養出一個自我放縱的小孩？

正如一位心理學家所寫，兒童的自由似乎是「面對災難的良方……避免培養出被寵壞、刻薄的孩子，導致長大後成為被寵壞、刻薄的成年人。」請想像《巧克力冒險工廠》（*Charlie and the Chocolate Factory*）中的維露卡．梭特（Veruca Salt）說：「我想要一隻金鵝，我現在就想要！」

但事實上，在坦尚尼亞期間，我從未見過近似維露卡．梭特的行為，馬雅兒童也沒有，實際上，我在這兩個地方碰到了全然不同的情形，我看到那裡的兒童比西方的小孩更少抱怨、索求和尖叫，懂得為他人著想，想要幫助他們的朋友和家人，他們是充滿自信、好奇的積極能幹之人。

我絕不是第一個注意到這種矛盾的人，許多人類學家、心理學家和記者都寫過相關的文章。在喀拉哈里沙漠與苪瓦西族狩獵採集者一起生活後，作家伊莉莎白．馬歇爾．湯瑪斯（Elizabeth Marshall Thomas）自信地總結了這個觀點：「從未感到挫敗或焦慮……苪瓦西族的兒童是每位父母夢想中的模樣，沒有其他文化可以培養出更好、更聰明、更討人喜歡、更自信的孩子。」

究竟有什麼箇中緣由？沒有懲罰和規範的生活如何養育出自信且合作的哈扎比兒童？反觀我們的文化，將此種生活與自我放縱和自私互相連結是否正確？

答案顯然很錯綜複雜。一個孩子就像一瓶葡萄酒，最終的產品不僅取決於釀酒師（即父母）在發酵（即養育）過程中做了什麼，還取決於葡萄生長的環境（即社區價值觀）。也就是說，就培養自信、善良的兒童來說，有一個因素似乎特別重要：哈扎比的孩子不僅擁有自由或獨立，他們還享有自主權，這個關鍵就能讓一切變得截然不同。

我在一個鄉村小鎮長大，一邊是藍嶺山脈（Blue Ridge Mountains），另一邊是華盛頓郊區的外緣。總而言之，我有一個最典型的美國童年（也伴隨著所有衝突和憤怒），我們住在一條綠樹成蔭的街道上，街道盡頭是一個死路，周圍環繞著馬場和玉米田。孩子們加入「兒童飛車黨」在陰暗的人行道上衝來衝去，而青少年則在我們的前院玩橄欖球。當我不在學校時，生活中只有一件事：冒險。在暑假期間，我起床後會吃一碗麥片，穿上一件剪裁過的牛仔短褲，然後出門探險，我喜歡這種生活！我喜歡探索我們房子後面的小溪，經常赤腳、穿著比基尼上衣。當我們感到飢餓的時候，會徒步穿過牧場，到最近的便利商店買熱狗堡。

從早上到晚餐的時間，我媽媽都不知道我去了哪裡，而且她似乎都不太在意，她從不鼓勵我回家幫她收拾用品或摺衣服，我當然不會想幫助她。坐在便利商店外面的路邊，大口咀嚼著熱狗堡，我從來沒有想過幫忙買牛奶或麥片當早餐。我確實是獨立的，但我沒有自主能力——至少不像貝莉那樣。

自主性和獨立性很容易被混為一談，在寫這本書之前，我真的以為它們是一樣的，但實際上，這兩個概念具有不同的含義，辨別這種差異絕對有助於理解狩獵採集父母如何撫養這種自主自立和善良的孩子，同時是理解一種不涉及控制的育兒哲學的關鍵，這是一種與小孩合作的方式，可以緩和親子關係，更能幫助你的孩子減少焦慮。

此種差異與連接性有關。獨立意味著不需要或不受他人影響，一個獨立的孩子行事就像一個孤獨的星球，他們與外界斷絕聯繫，他們對家人或周圍的社區沒有義務，反過來說，家庭和社區對這樣的孩子也不會有所期望。獨立好比城市巷弄中的一隻貓，除了自己，不會與他人交流，或許像在炎炎夏日赤腳的十歲麥凱琳。

但是絕不會是坦尚尼亞的貝莉，或者尤卡坦半島的安琪拉。

哈扎比和馬雅的孩童與許多人富有密切的聯繫和義務，包括老人、年輕人以及介於兩者之間的人，這些聯繫幾乎存在於他們生活的每分每秒。即使孩子們在村子裡騎自行車，或者攀爬突出於灌木叢的巨石，像我一樣四處探險，他們仍然與家人和社區維繫著緊密的關係。這些孩子不是孤獨的行星，他們屬於一個太陽系，相互環繞，感應且依靠彼此的引力穩定下來。

這些聯繫立基於兩方面：對於他人的責任和隱形的安全網絡。

我們先討論前者。

對於他人的責任

當哈扎比的孩童出去玩或在營地四周閒逛時，他們擁有自由，這點毫無疑問；但是他們的父母將這種自由與其他事情交織在一起，期望孩子會幫助家人。

在我們與貝莉相處的整個過程中，我時常察覺到這些期望。首先，媽媽和奶奶經常叫她幫忙，她們提出微小的請求，就像我們在前面學到的一樣。一位祖母用石頭磨碎猴麵包樹的種子後，她說：「貝莉，去拿碗來。」當一位媽媽的寶寶開始哭泣並需要餵食時，她說：「貝莉，把他抱給我。」每當需要進入灌木叢時，某位媽媽或其他哥哥姊姊都會讓貝莉攜帶東西（例如木柴、水壺）、收集東西（例如猴麵包樹果實）或者照顧某人（例如塔塔特）；每當他們坐下來吃飯時，他們都希望貝莉不僅與年幼的孩子分享她的食物，而且可以先提供他們食物（事實上，從貝莉只是個嬰兒的時候，社群的媽媽和爸爸就一直依照練習、示範和認同的公式來訓練她這樣做）。

基本上，女性每次進行任務時，她們都會請貝莉以某種簡易的方式提供幫助和貢獻，她們不會發出很多命令，也許每小時只有一兩個（而不會像我每小時發出一百個命令！）。有時媽媽們甚至什麼都不說，而是簡單地用她們的行動讓貝莉融入團體，並確保她為集體目標有所貢獻。譬如，當我們出去尋找塊莖時，一位媽媽將一根挖土棒交給貝莉帶著；另一次，她讓貝莉抱著一個嬰兒；她還會指著水桶的方向，告訴貝莉把它裝滿水。貝莉似乎總是樂於助人，並為自己的貢獻感到自豪。

即使貝莉遠離營地玩樂，沒有任何大人在身邊，她仍然為團體效力並設法幫忙，怎麼說？她會協助照料塔塔特和其他蹣跚學步的幼兒，父母已經訓練貝莉要幫助年幼的小孩，貝莉也認真對待這份工作。還記得塔塔特跟著我們到巨石的時候嗎？直到她需要幫助時，我才瞥見了塔塔特，但貝莉從頭到尾一直在關注這名小女孩，當我發現她時，貝莉已經爬到那塊岩石以確保這名幼童的安全。

在觀察了哈扎比婦女與貝莉幾天之後，我了解到讓兒童幫忙完成任務有多麼容易，反觀我自己搞得這麼困難，完全是我想太多了。

首先，我分派給蘿西對她來說過於複雜的任務。例如「打掃客廳」、「摺衣服」或「過來幫忙洗碗」。相反地，如果我讓她做一個原先由我負責、非常微不足道的子任務，效果會更好。例如遞給她一本書時指示：「把這本書放在書架上」；我遞給她一件襯衫時，指示：「把這件襯衫放進妳的抽屜裡」；我遞給她碗盤時，指示：「把這個碗放進洗碗機」，類似這種簡單的指令，蘿西不太可能反抗，而且更有可能成功完成任務。

我還套用過度花俏、非必要的詞語來包裝這些請求。例如「蘿西，妳介意幫忙清理餐桌嗎？」或「蘿西，妳想把這杯咖啡拿給爸爸嗎？」。相反地，我可以把髒盤子放在蘿西的手上說：「把這個放到廚房裡。」或把咖啡杯遞給她說：「把這杯咖啡拿給爸爸。」就是這樣！非常簡單、明瞭，而且更有成效。

心理學家謝娜．盧—利維聲明，將這些請求融入日常活動中，父母可以訓練孩子們將活動和注意力轉向他人，兒童學會留意其他人的需要，在可行的情況下展開行動並給予幫助。

在這樣的環境中，孩子們懂得自己做決定。與此同時，謝娜認為人們也普遍期望每個人都投入參與並做出貢獻，「所以兒童和成年人都依自己的意願行動，沒有人告訴他們該做什麼。但是一整天過去後，每個人都會把食物帶回社區，與其他人共享食物，處處為這個團體著想。」[3]

這種方法確實是一種卓越的養育方式，因為它給予孩子們渴望且需要的兩樣東西：自由和團隊合作。

我一直認為自由和團隊合作是彼此矛盾的概念，但是在這種育兒方式下，這兩個想法相互平衡且襯托出彼此的優勢，彷彿一個完全成熟的水蜜桃，當你咬一口時，你的口中會充滿甜美的滋味，但是桃子內含另一個味道：酸味，它會中和甜味，這種組合使水蜜桃的味道更加美好，如同廚師莎敏・納斯瑞特（Samin Nosrat）[4]在書中所述。

培養善良的孩子也是同樣的原理。單靠自由（甜味）會產生自私的孩子，但是加上一些團隊合作（酸味），小孩子就會變得大方且自信，如同一顆完美的水蜜桃。

某天晚上回到舊金山的家中，蘿西在晚餐時信心十足地為這種養育方式下結語：「每個人都能做自己想要的事，但他們也必須友善、分享且樂於助人。」

隱形的安全網絡

馬雅和哈扎比的父母不會純粹讓他們的孩子離家，然後祈求孩子們平安無事。相反地，父母已經建立了一個結構來保證兒童的安全，我將它視為一個隱形的安全網，因為孩童完全不曉得安全網的存在，直到他們需要幫助的時候。

首先，這些文化中的父母很少讓年幼的孩子完全獨自一人。在我這個西方人的眼中，孩子們似乎很孤單，但當我更用心地檢視時，我發現這看法根本不正確，反而如心理人類學家蘇珊娜・加斯金斯曾經告訴我關於姜卡雅村，「總是有人在旁觀察。」你認為自己是獨自一人，但人們會隨時注意任何人事物。

蘇珊娜說：「我對馬雅父母或大一點孩子的印象，是一個默默守待，然後默默地及時伸出援手的人，所以年幼的孩子甚至可能在毫無覺察的情況下獲得幫助。」

哈扎比父母也是如此，尤其是爸爸。在坦尚尼亞，很多時候我覺得灌木叢中只有自己一人，不是處理「我自己的事」，就是離開蘿西喘口氣，直到突然有一個爸爸出現在五英尺遠的樹上，或者從旁邊小徑快速跑過我的身邊，我心想：哇，大老遠的，他怎麼知道我在這裡？

當我回到營地時，那位爸爸說了一些話，清楚地表明他一直在保護我的安全。即使稍早我們和阿薩與他的朋友出去打獵時，我原以為蘿西和我已經遠遠落後於隊伍，沒有人知道我們在做什麼，但真實情況完全相反，在整個狩獵過程中，阿薩會在我們身後悄悄地徘徊，以確保我們不會迷路，他非常安靜地進行這件事，導致我從來沒有察覺到他。事實上，正是他的「隱形安全網」促使我獲得這個哈扎比綽號：等一下。

想想看，阿薩可以在灌木叢中追蹤野貓和高角羚，隨時注意「多柯柯」以及她的中年媽媽應該易如反掌。

當父母無法自己「隨時關注」幼童時，他們會驅使大一點的孩子一起幫忙。在孩子開始走路時，父母就會訓練他們照顧幼小的手足，因此，當孩童像貝莉長大到五、六歲的年紀時，他們已經成為非常有能力的保母，知道如何保護學步幼童的安全，餵食他們，並在哭鬧時安撫他們。同時，年紀較大的孩童（手足和朋友）透過照顧年幼的孩子來回饋以前的照顧之恩。所以形成了一個立足於愛和支持的完美階層制度，青少年幫助年幼的兒童，年幼的孩子幫助蹣跚學步的幼兒，而每個人都在幫助嬰兒。

有時，當小孩第一次嘗試自己跑腿時，父母甚至會派一個年紀稍長的孩子（或另一個成年人）默默跟在那個年幼的小孩後面，年長的哥哥姊姊會保持在視線以外，所以幼童會覺得全靠自己在跑腿。在尤卡坦半島，瑪莉亞告訴我，當她的小孩第一次獨自去採買時，她會運用這種策略，她描述道：「四歲的亞莉克莎總是想要一個人去轉角的商店，我會准她去，但我會派一名姊姊跟著她，因為我怕她迷路。」

因此，給予孩子自主權並不代表要犧牲安全，只不過需要保持安靜和不礙事，單純地從遠處觀看，這樣孩子們可以自己探索和學習；假如孩子遇到危險（真正的危險），你可以立即伸出援手。

自主性對任何年紀的兒童都有許多好處，大量研究證明，自主性與兒童未來的一系列特質有關，包括內在動力、長期動機、獨立性、自信心和更優秀的執行功能，基本上就是我在貝莉身上發現的每一項特徵。隨著孩子年齡的增長，自主性會促成更好的學業表現、增加職場成功的機會以及降低吸毒和酗酒的風險，「就像運動和睡眠一樣，它似乎對所有事情都有所助益。」神經心理學家威廉．史帝羅（William Stixrud）和教育家奈德．強森（Ned Johnson）在他們的著作《讓天賦自由的內在動力》（*The Self-Driven Child*）中寫道。

從本質上而言，當我退居一旁，稍等一會兒，讓蘿西獨自面對世界時，我向她傳達了幾個重要訊息，我告訴她：她有能力可以自力更生；她可以獨力解決問題；她可以應付生活拋給她的任何困境。再次回想一下公式，藉由讓蘿西自己行動，我給予她練習自力更生和獨立的機會，也以尊重他人為榜樣。

另一方面，當我不斷教導她的行為時，即便我的初衷是想幫助她，但這麼做終究會埋沒她的自信心，導致她學會依賴和苛求，我也示範了霸道、刻薄的行為。

但我的霸道還有另一個壞處：它會減緩蘿西的身心成長。哈扎比家庭已經注意到這種態度對兒童的影響，「因為我們給予小孩很大的自由，讓他們從小參與所有活動，我們的孩子比大多數社會的小孩更早獨立。」一群長者在《哈扎比：百萬火之光》（*Hadzabe: By the Light of a Million Fires*）[5]一書中解釋道。

更重要的是，當兒童沒有充分的自主權時，他們往往對自己的生活感到無能為力，「許多美國小孩一直都有這種感覺。」比爾和奈德在《讓天賦自由的內在動力》中寫道，這種感覺會產生壓力，長年累月下來，慢性壓力會變成焦慮和抑鬱，兩人的寫作亦表示，缺乏自主權可能是美國兒童和青少年普遍焦慮和憂鬱的關鍵原因。

在西方社會中，我們不大擅長給予兒童自主權，儘管我們自認為有做到，也很努力嘗試，但是到頭來，許多兒童幾乎無法掌控自己的日常生活，我們為他們制定了嚴格的日常時間表和例行程序，並確保全天候都有一個成年人在監督，到最後，我們幾乎從各種角度和層面管理著他們的生活。在這個過程中，我們在孩子們的內心以及與他們的關係中製造了龐大的壓力。

比爾和奈德寫道，自主權提供了「這種壓力的解藥」。當你覺得自己對眼前的情況和生活方向有影響力時，壓力就會減輕，大腦也會放鬆，生活就能變得更輕鬆。

心理學家荷莉．薛芙隆（Holly Schiffrin）說：「父母能給孩子最大的禮物就是有機會做出自己的決定。過度『幫助』孩子的父母使自己飽受壓力，同時讓孩子沒有做好成為成年人的準備。」

換句話說，麥克蓮媽媽，在妳指示、指導或發出命令之前，妳需要靜待片刻，只要等一會兒，因為蘿西擁有足夠的能力來獨自學習和找出正確的行為，而且她能夠達成的事情將時不時讓我大吃一驚。

實際操作八：加強自信和自立

回顧一下，我們學到兩種主要方式可以協助增加兒童的自主能力，同時減少衝突和抗拒：

1. 減少你的命令和其他口頭指示（例如提問、要求和選擇）。
2. 透過訓練孩子處理阻礙和危險來增強他們的能力，相對地也能減少你的指令。

◉初階版

嘗試每小時最多發出三個命令。拿出你的手機，將計時器設定為二十分鐘，在這段時間內，限制自己只對孩子發出一個口頭命令，抑制告訴孩子任何事情的衝動：做什麼、吃什麼、說什麼或如何行動，也包含詢問有關孩子想要什麼或他們需要什麼的問題；如果你真的必須改變他們的行為，請以非語言的方式進行，使用動作或臉部表情。全心全意地努力讓兒童做自己，即使他們違反「規定」或做出一些你無法忍受的事情（請記住，只有二十分鐘）。

如果小孩最終落入看起來不安全的處境，請稍等片刻，在你干預之前，看看小孩是否可以自救，如果他無計可施，請過去排除實際的危險，或者帶小孩離開。

二十分鐘後，評估你自己和小孩的感受，你覺得更放鬆和平靜嗎？你的孩子是否感到壓力減輕？你們之間的衝突變少了嗎？

在時常為家裡帶來壓力和衝突的活動中（例如準備上學、預備就寢），嘗試這個練習，最後，小孩子的外表或行為可能無法完全符合你的預期，他們可能會頂著糾結的頭髮或穿著無法匹配的鞋子去上學，可是為這個家庭帶來的內在效益將遠遠超越這些表面問題。

一旦你對於二十分鐘的挑戰感到怡然自得，試著將時間拉長為四十分鐘，接著變成一個小時；一個月左右之後，你可以注意小孩的行為以及他們與你的關係是否有所不同？他們展現更多自信心嗎？你們經歷更少的衝突嗎？

別再當孩子的腹語師。直到我看見哈扎比父母從來不會替孩子們回答或告訴他們該說什麼，我才恍然大悟自己長久以來都在扮演蘿西的腹語大師。

現實中，我經常替蘿西回答問題（「是的，蘿西喜歡學校！」）或告訴她該講什麼（「說謝謝你，蘿西。」），我完全剝奪了她的聲音。

當我們從坦尚尼亞回來之後，我不再替她答覆或指引她該說什麼（或者說，至少我非常努力不要做這些事情），因此，有時蘿西對待其他人似乎很粗魯，可是我相信她會學習並找出適當的行為（借助公式）；如果我真的覺得她應該表示感謝，就會在稍後問她：「如果是大女孩會怎麼做呢？」然後留給她自己思考。

對於年齡較大的兒童，盡可能讓孩子說話，隨著他們漸增的自信和能力，就能越來越會說話。讓他們在餐廳點菜、安排課後活動、解決與朋友的爭吵，並在可能的情況下與老師、教練和指導員討論成功和錯誤。如果孩子不習慣自己處理這些情況，陪著他們以隨時援助，提前讓孩子了解他們有能力為自己發聲，而且你對他們有信心，然後在必要時當他們的精神支柱。但是務必抵制打斷的衝動，「在商店裡或與指導教練一起時，你甚至可以站在後方並避免眼神接觸，這樣成年人就會明白是由你的孩子主導對話。」史丹福大學前任輔導主任茱莉・李斯寇特—漢姆斯（Julie Lythcott-Haims）在《如何養出一個成年人》（*How to Raise an Adult*）書中寫道。

茱莉的著作提到，如果你的小孩害羞、內向或有特殊需求，你可能需要多講幾句話，「你最了解自己的小孩……但是，即使你在替孩子說話，也要注意你不是他們，而且實際上無法代表他們，你可以說：『茱莉（Jasmine）告訴我她覺得……』或『喬丹告訴我他對……感興趣』。」

在任何情況下，讓小孩率先向你展現他們可以自己處理那些對話，無論如何都要克制打斷孩子的衝動，即使他們犯下錯誤或遺漏了關鍵點。在開口說話之前稍等一下，茱莉指出，畢竟總有一天，你的孩子必然要獨自處理這些對話。現在是訓練這些技能的絕佳時機。

讓孩子自己處理爭執，這是北極地區的因紐特父母一而再、再而三提點我的建議。基本上，當孩子們互相爭吵時，請退後一步且不要干涉，你的干預只會讓爭論變得更糟糕，阻礙孩子學習如何解決他們自己的糾紛；只有當孩子們開始互相傷害時（例如肢體上的受傷）才能介入。如果孩子過來抱怨另一個小孩，你只需要點點頭說：「嗯。」孩子們便會曉得該怎麼做，他們不需要更多人來驗證他們的感受，他們需要自主權。

◉進階版

捨棄舊有的規則。有什麼事情是你的孩子真的很想獨自完成而且不需你的幫助，但你總是監督或阻止他們？也許是騎自行車上學或去巷口的市場，也許是用廚房菜刀，在烤架上做料理，或是做義大利麵。聽取尤卡坦的瑪莉亞所提供的訣竅：讓孩子做吧！當他們操作時，在他們周圍建構一張隱形的安全網。如果他們離開家中，請靜候，然後悄悄尾隨在後（或讓年長的手足跟著）；如果他們想用刀或類似的工具，調整情境以避免孩子傷到自己，給小孩容易切開的食物（例如芹菜、草莓），提供一把鈍刀，或者限定他們只能使用真正的刀三十秒左右，接著把鋒利的刀換成鈍刀。在這些情況下，秉持一貫的目標：在學習新技能的時候，賦予兒童更多的自由和真正的練習。

訓練孩子避開或處理你家中和鄰近的危險。在西方社會裡，我們將嬰兒、幼兒和兒童層層保護起來以免遭受危險，我們用塑膠套住電插頭；將刀具放在層架的高處；當一個學步幼童在烤架附近蹣跚而行時，我們衝過去對他們尖叫（「停下來！等等！那個很燙！」）。這種警覺性可以確保孩子們的安全，但是也會對每個人造成莫大的壓力。

然而，在絕大多數文化中，幼兒可以安全地學習如何使用刀具、升火、在爐子上做飯、甚至射箭和投擲魚叉，訓練的具體細節取決於小孩的年齡、個人能力和活動的危險程度，但是宗旨始終如一：運用公式！練習、示範和認同。

事實證明，兒童渴望學習這些技能！他們非常喜歡，學步幼童看到父母使用刀子、熱能和電力來完成諸如切菜、煮食和發光等驚人的任務，怎麼可能有小孩子不願意參與？

對於嬰兒和幼兒（會爬行和走路），我們以火源和電力作為範例。

開始教嬰兒和幼兒在家中（和鄰近地區）哪些物品是「過熱的」。當爐火打開時，指著它並說：「好燙！」之類的話，接著表演如果你觸摸它會發生什麼事，「哎喲！這樣會很痛。」指向電源插座講同樣的話：「好燙！哎喲！」

然後，如果你或其他家人不小心燙傷，請向兒童展示燙傷的位置，這樣他們可以親眼目睹如果不小心避開「熱源」會發生什麼情況，說些類似這樣的話：「看看，我粗心碰到爐火的後果！哎喲！好痛。」

如果幼兒對於非常危險的工具表現出興趣，當你使用這樣器具時，請鼓勵兒童觀看，以他們的興趣為契機，向他們傳授安全的技能。舉例來說，蘿西在兩歲半左右對火產生濃濃的興趣，所以我丈夫教她如何吹熄蠟燭、火焰如何燙傷她以及滅火器的運作原理，她非常喜愛滅火器，整整一個星期都帶著它在家裡繞來繞去，我們甚至不得不在餐桌上挪出一個位置來擺放滅火器。

對於兒童（大約三歲以上）：確認小孩子完全了解如何避開危險（參見上述步驟），孩子就可以開始練習處理危險。對於火，向孩子示範如何點燃火爐、打開烤箱、攪拌一壺沸水、翻轉煎餅或在平底鍋中融化奶油。對於刀具，先給孩子一把鋸齒狀的牛排刀，然後讓他們慢慢地進展成鈍鈍的水果刀，這個想法是基於提供孩子一些稍微銳利且有用的東西，但是不至於讓他們用來傷害自己，然後觀察他們如何發展技能；如果孩子能充分運用給予的刀子，而要求嘗試更鋒利的刀，那麼讓他們嘗試使用在易於切割的東西，例如香蕉或小黃瓜。不過沒有必要急於求成，如果小孩用奶油抹刀切得很開心，就隨他們去吧。

◉高階版

尋找自主地帶。許多美國家庭住在繁忙的道路、危險的十字路口和充滿陌生人的社區，即便如此，我們仍然找得到兒童可以（幾乎）完全享有自主權，而且父母可以放鬆的地方（同時練習「每小時三個命令」的新規則）。

在每個自主區域，妳可以運用相同的策略：訓練孩子處理或避免環境中存在的任何危險，妳就不必經常指導孩子，妳可以藉由下列三個步驟來進行：

辨別危險。剛開始，當小孩在探索環境時，請在他們附近走動，構成隱形的安全網，留意任何危險，比如陡坡、水池或尖銳物體，將這些危險分門別類，如果小孩沒有注意到或表現出任何興趣，不要對他們說任何話，萬一你把孩子引向危險，只是在自找麻煩。

放手不管。找個地方坐下來，拿出一本書（或工作），然後放鬆身心。讓小孩子自主探索，將你的命令控制成每小時三次。

形成一個隱形的安全網。如果孩子接近任何一個危險，請開始靠近觀察，他們待在危險附近的時間越多，你必須越仔細地監看，克制衝向孩子或對他們大聲警告的衝動，靜觀其變。假如孩子似乎對危險產生興趣，請冷靜地走過去並開始訓練他們了解這種危險（比方說，對於尖銳的物體，溫柔且平靜地說：「碰到這種尖銳的東西，噢，那會很痛。」）；倘若孩子已經知道危險，提醒他們後果（比方說，對於尖銳的物體，平靜地說：「那個會割傷你，噢，如果你踩到它會受傷。」）；如果孩子依舊不明白，輕輕地牽起孩子的手，引導他們遠離危險，改天再上課。

目標是讓兒童每個禮拜在自主地帶度過至少三個小時，接著增加到每天幾個小時，利用放學後和週末的時間。

什麼是良好的自主地帶？對於幼兒和較小的兒童，尋找空間開闊的地方，這樣你可以很容易地從遠處看到小孩子，而不必跟著他們四處走動。以下提供一些很棒的地方：

- 空間開闊的公園
- 遊樂場（我喜歡有沙地或軟土以緩衝跌倒）
- 沙灘（你可以快速訓練小孩注意海浪）
- 社區花園
- 草地
- 校園
- 遛狗公園
- 你家庭院（或走廊）

對於年齡較大的兒童，社區游泳池和社區中庭是非常好的自主範圍，盡可能將孩子送到這些地方（以及上述的場所），然後晚一點再來接他們。教導孩子幫忙照顧自己和年幼的弟弟妹妹，告訴他們要注意較小的幼兒並確保他們的安全。

讓你們的社區成為自主範圍。這個自主區域的完善程度實際上取決於整個社區、孩子和安全網的可用性（也就是說，有沒有可以照顧小孩的哥哥姊姊）。話雖如此，讓兒童熟悉住家周圍的環境永遠不會嫌太早，開始教學步幼兒如何穿過繁忙的街道、注意交通以及了解社區周遭的其他危險。讓他們盡可能在戶外玩耍，無論與你一起在前廊或窗邊玩樂，然後慢慢增加他們單獨或與你保持遠距離的範圍。還能透過結識鄰居來增強無形的安全網。

把你的孩子介紹給你的鄰居，包括所有年紀的人。邀請鄰居過來吃晚餐或喝咖啡（或啤酒），也可以讓小孩為鄰居烤餅乾或做飯，然後一起送過去（這也是一種練習分享和慷慨的活動）。

舉辦街坊派對。在街坊聚會上認識了每個人後，鄰居會熟悉街區的小孩子，並且更有可能在兒童的自主冒險中留意他們。

鼓勵你的孩子和鄰居的小孩一起玩。邀請鄰居的小孩來玩或看電影，與他們的父母成為朋友，並且和他們一起吃晚餐。即使是三歲左右的幼兒，也可以自己跑到鄰居家玩樂（或者在隱形安全網的保護下）。在下一章我們即將學到，街坊鄰里的孩子與父母可以成為重要的異親，在兒童周圍創造一個保障身心安全的生活圈。

本章小結：如何培養自信的孩子

重要觀念

- 如同成年人，兒童與幼兒都不喜歡被擺佈，每個年齡層的孩子天生傾向於在不受干擾的情況下自主學習。
- 當我們管教兒童時，其實會減弱了他們的自信和自立。

- 當我們給予孩子自主權並儘量減少對他們的指導時，我們所傳達的訊息是他們可以自給自足，並自己處理問題。
- 保護孩子免受焦慮和壓力的最佳辦法是給予他們自主權。
- 獨立和自主是兩種不同的概念。
  - 一個獨立的孩子與他人毫無聯繫，除了自己以外，不對任何人負責。
  - 一個自主的孩子，能夠掌管自己的行為並做出自己的決定，但他們與家人和朋友維持穩定的聯繫，他們願意幫助、分享和對人友善，會盡可能地回饋所屬的團體。

竅門與技巧

- 注意你指導孩子的頻率，拿出你的手機，設定二十分鐘，計算你在那段時間對孩子提出了多少個問題、評論和要求。
- 每小時限制三個命令。試著將你的口頭指示降為每小時三次，特別是在容易引發衝突和爭論的活動中（例如：準備上學、準備就寢）。請使用命令來教導孩子樂於助人、慷慨大方和其他對家庭的責任。
- 找到一個自主範圍。確認住家周圍有哪些地方可以讓幼兒和兒童練習自主性，在那裡你可以從遠處觀察他們並大大地減少干預。嘗試有空地、草地和沙灘的公園和遊樂場，帶一本雜誌或工作項目，讓孩子們玩幾個小時。

- 讓你的院子和社區成為自主區域。訓練你的孩子應對住家和社區周遭的危險。透過了解你的鄰居和他們的小孩，建立一個「隱形的安全網」。
- 別再扮演腹語術大師。設定全新的目標：停止為你的小孩說話或告訴他們該講什麼，讓孩子們回答針對他們的問題、在餐廳點菜、決定何時說「請」和「謝謝」，努力讓他們自己處理所有的對話，包括與老師、教練和指導人員的討論。

注釋

1 與閃族同樣居住在喀拉哈里沙漠，以往被統稱為布須曼人（Bushman）。

2 回到舊金山，我開始計算自己每小時對蘿西發出多少個命令，但我提前停止了實驗，因為十分鐘後我發現每分鐘出現一到兩個命令，換算成每小時就會超過一百個命令。

3 在馬雅村莊也能看到相似的社會結構。當幼童在村子裡跑來跑去玩樂時，年長的孩童應該照顧年幼的孩子，密切注意並確保他們不會傷害自己，為他們提供適當的保護。當他們的父母需要任何幫助時，所有年齡層的孩子都應該留意並隨侍在旁（他們需要懂得自發助人）。正如瑪莉亞・洛杉磯・敦布哥斯所講，如果一個孩子聽到有人呼喚，他們知道必須回家幫助家人。

4 莎敏・納斯瑞特（Samin Nosrat）現居於加州柏克萊，是一名作家和主廚，《紐約時報》將她形容為「正確的技巧和最佳食材的活字典」，她的文章經常刊登在各大報章媒體，《鹽、油、酸、熱》（*Salt Fat Acid heat*）是她的第一本書。

5 *Hadzabe: By the Light of a Million Fires* 無中文版本，暫譯為《哈扎比：百萬火之光》。

第15章 治療憂鬱的古老祕方

「當嬰兒哭泣時，母親很少獨自面對；其他人經常替代她或參與幫忙。」——安．凱爾．克魯格（Ann Cale Kruger）和梅爾文．康納（Melvin Konner）談到與南非康族女性相處的日子時這麼表示。

當蘿西呱呱墜地時，我們的生活看起來很理想，麥特和我終於存到了買公寓的錢，而且房子看起來很完美，舊金山灣的美景盡收眼底，霧氣稀薄時，可以看到東灣山（East Bay Hills）上的日出。另外，如同金髮女孩（Goldilocks）[1]所認同的恰到好處，公寓不會太小、也不會太大，有足夠的空間來養育孩子，在蘿西到來之前，我用黃色的大貓頭鷹和拼出「蘿絲瑪麗」的粉紅色字母來裝飾育嬰室的牆壁。

最重要的是，麥特和我可以請帶薪假來陪伴我們的小女嬰，我們感到很幸運也很開心。

蘿西誕生後的前六個星期順利地度過了。當我學習如何餵母乳時，麥特為我烤花生醬和果醬三明治。蘿西總是哭得很厲害，但我和麥特輪流抱著和安撫她。我姊姊過來待了十天來幫忙，一切都太棒了。

然後麥特回到工作崗位，我們的生活有了急促的變化。

從早上八點到晚上六點左右，即每天大約有十個小時，公寓裡只有我、狗狗芒果和脾氣暴躁、愛哭鬧的蘿西，日復一日，一小時又一小時，一分鐘又一分鐘，時間開始以最難以忍受的速度消逝，我們一整天到底要做些什麼事？喔，還有我該怎麼讓這個嬰兒睡午覺，這樣我才能休息一下？

有時我會打開全國公共廣播電臺只為了聽到另一種聲音，至於其他時間，如果我還有精力，我會跳上 Uber 橫跨全市去參加哺乳支持團體。某天下午，一位大學朋友突然來訪，還幫我帶午餐，不過僅此而已，否則我通常是一個人，隨著日子一天天過去，我們完美的公寓變成一個彷彿與世隔絕的島嶼。每次蘿西放聲大哭、激動不安和驚聲尖叫時，我都是唯一一個抱起她、擁抱她、讓她平靜下來的人，我為她提供所有的食物、撫慰和愛，我就是她的全世界，她一天一天慢慢地變成我的。

理論上，如此親密的關係聽起來很美好，難分難捨，就像夢想成真，這就是我預想中的未來，也是臉書上朋友照片中的樣貌，恬淡的產假幸福。

然而實際上，這種孤立和孤獨對我來說存在著陰暗面。到了第三個月，我徹底感到筋疲力盡，平均每晚最多睡三、四個小時，因為我無法讓蘿西在嬰兒床上睡得更久；這種疲勞感意味著除了維持這個小小人類的生命，我已經沒有精力做任何事情。我再也不能撰寫或閱讀關於科學的文章；我再也不能去健行或煮晚餐。日復一日，我能感覺到自我意識逐漸從皮膚中溜走。

到最後，我變得很憂鬱，我知道自己需要幫忙，但是很難找到幫助，我花了幾個月時間打電話給許多醫生和治療師，直到最後我幸運地找到一位精神科醫生，她願意接受我們的保險而且還沒預約額滿。直到蘿西滿六個月時，我每個禮拜都在服用抗抑鬱劑，還要去看治療師，有一天下午她說：「妳必須找人幫忙照顧蘿西，妳可以雇用保母嗎？能夠早點回去工作嗎？妳真的需要其他人來幫忙。」

然後我再一次受上天眷顧，我們可以負擔雇用幫手的費用，也可以花錢讓我媽媽定期飛過來探望。但是到頭來，蘿西幾乎完全離不開我，經歷了龐大的壓力和許多的尖叫以後，麥特和保母終於得以親近蘿西。我也跟憂鬱症抗爭了好幾年。

我一直把這種憂鬱歸咎於自己，基於某種原因，我無法應付成為新手媽媽的生活。我有童年遺留下來的「包袱」；蘿西出生後，我沒有立即尋求足夠的夥伴；在幼兒教養方面我沒有做出正確的選擇；也許我有基因「缺陷」或其他類型的性格。

但是在採訪哈扎比家庭的時候，我開始明白問題從來不是出在我身上，一點也不。

大約一百萬年前，非洲發生了一個不尋常的現象，有一種長相奇特的猿類逐漸進化成擁有非凡能力的物種。

不止這種猿類可以用兩隻腳走路，其他種猿類也辦得到；她可以設計和製造一套令人印象深刻的工具，比如刀子和斧頭，其他猿類也沒問題；當然，她的大腦體積很大，但是仍舊沒有非常突出之處。

從表面上來看，這種猿類與一些其他幾乎同一時期在非洲大陸生活和遊歷的雙足、大腦袋、類似人類的物種非常相似。

可是假如你和這隻猿類以及她的家人待在一起幾天，你會開始看到一些奇怪的事情正在發生。首先，成年人反常地樂於合作和善解人意，相較於其他猿類傾向獨自行事，牠們會齊心協力完成各種任務，例如建造房屋或追蹤獵物，而且牠們好像幾乎可以讀懂彼此的心思，可以了解另一個同類的目標，然後幫助牠實現這些目標。

也許最奇怪的是，牠們的新生兒非常需要幫助，可憐的女性猿類生下的嬰兒實際上非常弱小無助，牠們甚至無法依附在母親的身體，需要幾個月的精心照顧才會爬行，又需要一年的時間才能開始奔跑來避開危險，即使這樣，這隻母猿仍無法脫離困境，每個孩子她必須用大約十年的時間來照顧，直到這個可愛的寶貝終於可以自給自足，獲得足夠的熱量來照顧自己。

人類學家莎拉．布萊弗．赫迪估計，在生命最初的十年中，這隻猿類的孩子需要大約一千萬到一千三百萬卡路里的能量才能完全發展成熟，相當於大約四千罐喬氏超市的花生醬，請記住，這些猿類是狩獵採集者，牠們無法從熟食店購買三明治，或從市場購買食材，牠們必須尋找並收集後代所需的所有食物，不僅僅是數週和數月，而是要持續許多、許多年。

正如莎拉所主張，這隻母猿根本不可能為她的孩子提供這麼多食物，更何況她可能還有另一個小孩要餵養，或者她已經懷上了第二個無助、愛哭鬧且即將出生的寶寶。這隻雌性猿類面臨一個困境：她的孩子需要更多的照顧、食物和精力，而她獨自完全無法應付，即便加上一個稱職且充滿愛心的伴侶仍稍嫌不足。她極度需要幫助，不是失散多年的阿姨在週末短暫來訪，而是全職的幫忙，一個可以每晚留在她身邊的人，她需要有人幫忙準備飯菜、採集更多漿果，並且協助維持環境清潔，她也需要有人與大一點的孩子玩耍，在她分身乏術的時候抱抱嬰兒。

隨著歲月的流逝，問題變得越來越嚴重，歷經成千上萬個世代交替，這個物種的嬰兒變得越來越無助，孩子們需要越來越長的時間才能自給自足。

往前跳躍八十萬年，這個類人猿物種看起來與如今的人類非常相似，就是我們現在的寫照。

最終，智人開始生下一些科學家稱之為「未成熟」的嬰兒，我不是指早產兒，我的意思是，與其他靈長類動物相比，所有人類嬰兒都尚未成熟。人類嬰兒不僅非常柔軟、脆弱且沒有任何運動協調能力，而且他們的大腦幾乎無法運作。相較於其他現存的靈長類動物，人類剛出生的大腦最不發達，體積比成人小了百分之三十。以我們血緣最近的親戚黑猩猩為例，一個人類嬰兒必須在子宮內再生長九到十二個月，才能在神經和認知方面像新生的黑猩猩一樣發達。

我記得蘿西剛出生幾天的時候，除了哭和大號以外，她什麼也做不了，甚至在開始親餵時遇到問題。我記得把她抱到浴缸，想要幫她洗澡，她感覺就像你放進烤箱之前的感恩節火雞：生嫩且滑溜，她的肌肉非常鬆弛，她的手臂、雙腳和脖子都懸在半空中，每分每秒，我都以為她會從我的手中滑落。

沒有人確實知道為什麼智人會生出如此發育不全的嬰兒，有些人怪罪我們龐大的大腦，如果讓它們在子宮內充分發育，會在分娩時給母親帶來一些嚴重的問題。許多科學家也匪夷所思，為什麼兒童需要這麼長的時間才能成長為自給自足的人，也許我們漫長的童年給予我們足夠的時間來學習人類特有的強大技能，例如精通語言和駕馭複雜的社會結構。但是我們可以肯定一件事：隨著人類經過數十萬年的進化，我們的後代開始需要更多的時間、注意力和熱量，另一種特徵也跟著我們一起演進：異親撫育，即「他人」的照料。

正如莎拉．赫迪自己所說：「生產如此昂貴不斐且緩慢成熟的後代，除非母親獲得許多幫助，否則這些猿類不可能演化到如今的地步。」

而且當莎拉說許多的幫助，她指的是不計其數的支援。異親父母可以是協助照顧小孩的任何人——除了母親和父親以外，任何一個親戚、一個鄰居、一個朋友，甚至另一個孩子都可以成為一位出色的異親父母。

莎拉認為，這些額外的父母對於人類進化非常重要，在她的職業生涯中，她取得了驚人的大量數據來支持這一個假設，她堅信人類進化成由整個群體來分擔育兒的職責，而後代演化成必須依附於一小撮的人，並由少數人扶養，但絕對不僅僅是兩個人。

我曾經聽說這種異親家庭被稱為「愛之圈」，並打從心底認為這個說法非常合適，因為我們不是談論短暫出現在孩子生活中的臨時照護者，我們聚焦在與父母互相合作的五、六個關鍵人物，伴隨著小孩的成長，他們相互連結形成源源不絕且毫無保留的愛。

異親撫育可能是我們這個物種的祖先在過去幾百萬年左右倖存下來的關鍵原因之一，而其他類似人類的物種卻沒有成功度過生物淘汰的機制，如尼安德塔人（Neanderthal）[2]和海德堡人（Homo heidelbergensis）[3]。換句話說，智人在地球上的「成功」可能與「狩獵的男人」的關係不大，反而跟「幫手阿姨」和「贈與者爺爺」有關。

Allo 來自希臘語中的「其他」一詞，但是「其他父母」這個說法絲毫無法合理詮釋異親父母，他們不是單純在小孩子的生活中扮演配角或次要角色的「其他人」，喔，不，他們是給予兒童愛和關懷、無所不在的核心來源，他們的責任不僅限於換尿布或搖著嬰兒入睡。

以艾菲人（Efe）為例，他們是一群在中非熱帶雨林裡生活了數千年的狩獵採集者。當一位媽媽剛生完小孩，其他婦女就會來到她家，組成一個寶寶特別應變小組，準備應對寶寶的每一次嗚咽和哭泣，她們會抱著、依偎、搖晃，甚至餵養新生兒。如同人類學家梅爾．康納所寫：「對付一個大驚小怪的嬰兒必須透過集體的努力。」幾天以後，媽媽就可以回去工作，把寶寶交給異親父母照顧。

新生兒出生後的剛開始幾個星期，平均每十五分鐘嬰兒就會從一個照顧者移動到下一個照顧者手中；等到嬰兒三週大時，異親媽媽對新生寶寶的實際照顧時間佔了百分之四十；到了第十六週，異親媽媽的比例就會高達百分之六十；兩年過後，孩子與別人相處的時間已經遠遠超過和自己母親在一起的時間。

異親媽媽所給予的這些依偎、摟抱和安心時刻都對嬰兒和兒童有長遠的好處。這些女性和媽媽一樣了解小寶寶，而寶寶們從這些女性身上感受到與媽媽一樣的安全和舒適，長此以往，寶寶就會跟許多成年人建立緊密的關係，可能多達五、六個人。

你會在世界各地的許多狩獵採集社群中發現相似的情況。同樣生活於中非的巴亞卡人，幼童在一天之中有大約二十個不同的照顧者，這些照顧者的其中一些人只是偶爾照看嬰兒，但其他人（大約一半的人）將協助完成諸如餵養和清潔嬰兒等必要任務。

「所以這種情況與西方社會大不相同，在西方人的觀念裡，母親是嬰兒生命中唯一的人物，她必須用全部的精力來照顧嬰兒。」人類學家艾碧嘉．佩吉（Abigail Page）闡明道，她專門研究菲律賓的一群狩獵採集者阿埃塔人（Agta）。

在印度南部，納亞卡（Nayaka）狩獵採集者非常重視異親父母，因此賦予他們一個特殊的名稱：桑塔（sonta），大致上的意思是一群「像兄弟姊妹一般親近的人」，成年人將他們家附近所有的小孩稱為「兒子」或「女兒」，當地語言叫做瑪加（maga(n)），而社區中的所有老年人都被稱為「小爸爸」（當地稱為奇卡帕 cikappa(n)）和「小媽媽」（當地稱為奇卡娃 cikawa(l)）。

乍看之下，你可能會認為親戚是狩獵採集社區中重要的異親關係，但在許多文化社會中，家庭經常搬遷，而且時常遠離親屬。

最近研究人員開始在家庭以外尋找異親父母，沒想到他們發現了一群可觀的照護人員，這些人單靠親近和愛與小孩建立起關係。尤其是一項研究發現了一個幫助育兒的驚喜來源，而且西方家庭可以輕易地開發並找回這個來源。

這項研究在菲律賓北部海岸進行，阿埃塔族人在該地區已經生活了數萬年，他們用魚叉在珊瑚礁中捕魚，在潮間帶覓食，當他們需要逃離暴力（或冠狀病毒大流行）時，他們會遷移到高山上。

艾碧嘉．佩吉和她的同事追蹤一群二到六歲的阿埃塔兒童，觀察是誰整天在照顧他們，媽媽負責很大一部份的照顧工作，大約有百分之二十。但是猜猜看誰做得更多？其他兒童！我說的是十歲以下的小孩，他們渴望承擔責任，而且真的想表現得像一個「大孩子」，彷彿貝莉的翻版（以及一、兩年後的蘿西）。

根據艾碧嘉的報告，這些年紀在六到十一歲之間的嬌小異親父母提供了大約四分之一的幼兒照護，他們讓媽媽們獲得更多的自由，所以她們可以回去工作，或者好好地休息、放鬆，而這些嬌小的異親父母不僅一肩扛起保母的職責，他們更加認真看待這份工作，同時會進行許多教學事宜。

艾碧嘉認為，**比其他小孩大五歲左右的年幼兒童可以成為更傑出的老師，比父母本身還要出色許多**。她指出，與老年人相比，少年人有幾個很大的優勢，他們比父母更有活力，可以很自然地將遊戲和角色扮演融入到「教學演練」中，讓學習變得更加有趣，況且他們在任務中的能力水準更接近年幼的孩子。

研究中非巴亞卡狩獵採集者的心理學家謝娜．盧－利維表示，西方文化社會目前顯然低估了兒童對兒童教學的價值。

她說：「我們認為教學通常由一位知識淵博的成年人指導一個比較年輕的人，但在我的研究結果中，我發現情況並非如此，在嬰兒時期之後，兒童對兒童的教學反而更為普遍。」

謝娜表明，到最後，這些多元年齡遊戲團體不僅讓父母擁有更多個人的時間，也提供孩子們更多身心發展，「這些遊戲團體對於社會學習和發展非常重要，在這些群體中，兒童可以擴展視野、學習社交和情感技能以及在社會中如何貢獻所長。」

回到哈扎比家庭，我到處都看得見異親父母，每天從日出到日落，大約有十幾個女人和男人一起合作，互相照顧彼此的嬰兒和蹣跚學步的幼兒，每位女性與男性都會擁抱、引導和寵愛彼此的小孩，以至於我很難分辨哪個孩子屬於哪對父母，這些孩童在大人之間輕鬆自在地來回走動，所以他們與少數大人在一起似乎也很舒適。

身為四個小孩的媽媽，蘇比恩（Subion）完美地總結了異親撫育的意義：「歸根究柢，你要對自己的孩子負責，但也必須視如己出地疼愛所有的孩童。」

蘇比恩擁有甜美的臉蛋和溫柔的嗓音，散發著柔美和熱情，當她開懷大笑時（她經常這樣做），豐滿的臉頰兩側就會出現兩個酒窩；不過蘇比恩同時像釘子一樣的堅定，她是單親媽媽，其中一個兒子是殘疾人士，不能走路。在我們進行談話的前一天，我瞧見她用頭頂著一桶水，沿著陡峭的河谷爬了大約一．五英里，背上背著一個嬰兒，還有一個學步幼兒拉著她的裙子。

「蘇比恩，妳覺得當媽媽很困難嗎？」我問她。

「是的，」她很快地回應，語氣有點嚴肅，「因為妳必須竭盡全力才能照顧他們，但我以身為父母為榮。」

看著蘇比恩與營地裡的其他婦女一邊互相傳遞彼此的嬰兒，一邊開懷大笑和幽默取樂，我察覺到這些哈扎比媽媽不僅在撫育小孩方面提供了大量幫助，而且還成就了許多友誼。幸運的話，我每週可以和女性朋友一起度過兩、三個小時，這些哈扎比婦女每天相聚八到十個小時！這些女性肯定建立了非常有益且充實的關係。

科學家們假設異親撫育的演化過程是為了幫助父母養育小孩，但是，有沒有可能在確保兒童吃飽喝足的過程中，異親撫育還能為父母提供其他重要的東西，比方說友情呢？

蘇比恩和其他哈扎比父母充分擁有我作為新手媽媽所欠缺的一樣東西：社會支持，他們具有豐富的人脈網絡，每當感到情緒低落或需要幫助時，可以向其他人求助，當生活變得困頓時，他們會互相支持。

對於智人來說，社會支持有點像一種神奇的解藥，它提供的健康益處可以擴及我們的整個身體，從我們的心靈到血液，通過我們的心臟，再進入我們的骨骼。在過去幾十年裡，一個接著一個的研究證實有意義的友誼關係與各種健康益處密切相關，**友情能夠降低我們罹患心血管疾病的風險，增強我們的免疫系統，保護我們免受壓力、焦慮和抑鬱的煎熬；當我們發現自己陷入心理健康問題時，只要盡可能相信朋友和家人會給予支持，我們越有可能從焦慮和憂鬱中恢復過來。**

猶他大學（University of Utah）的心理學家伯特．內野（Bert Uchino）研究孤獨如何影響我們的身體健康，他說：「即使沒有與他人互動，只要與他人共處一段時間，就可以降低血壓並產生鎮定作用。」

伯特表示，另一方面，缺乏社會支持會加劇心理健康問題，形成一種滾雪球效應，孤獨會導致焦慮、憂鬱和睡眠問題，進而製造更多孤獨。伯特說：「當人們沒有社會支持的時候，身體就會出現肢體壓迫的跡象，他們看起來像是受到了威脅，彷彿人們會衝過去抓他們。」

社會支持對身體健康十分地重要，在一項研究中，牢固的人際關係和運動或戒菸一樣，與延長預期壽命有極大的關聯性，換言之，你花費時間和精力建立及培養深厚、充實的友誼關係，對於你的整體健康狀態可能和下午跑步（甚至是不抽菸）一樣重要。

伯特聲明，這些研究大多數針對成年人，但是社會支持對兒童來說可能更為重要，尤其是來自家庭成員的支持，「我們早期的家庭關係與成年後是否遭受孤獨和社會孤立有關，如果一個孩子感受得到父母的悉心呵護，覺得可以依靠他們，那麼這個孩子終其一生都會抱持這種想法。」

倘若真是這樣，那麼當一個孩子感受到的不只有兩個父母，還有三個、四個、甚至五個異親父母的疼愛和撫育時，究竟會發生什麼事呢？

部分人類學家認為，異親撫育為孩子們帶來一種近乎神奇的想法：對全世界的信任感，相信你的家人會照顧你，相信鄰居會關照你，相信森林會照拂你，相信你遇到的人們都是良善、熱情且樂於助人，相信這個世界會呼應你所求。

謝娜．盧─利維說：「因此，異親與嬰兒之間的密切關係在生命早期建立了高度的信任，然後這種信任會投射到整個世界。」

所以一個年幼孩子所經歷過愛之圈，他們便準備將愛、信心和安全感投入這個世界。

回到舊金山以後，我不禁想起蘇比恩和其他哈扎比媽媽，還有她們共同度過的時光，互相幫忙照顧彼此的嬰兒和幼童；我開始想像假如自己有這麼多的助手，作為一名新手媽媽的經歷會變得多麼不同？如果我們家有五個異親父母可以輪流照顧小孩？甚至是十個人呢？

如果有一位親近的阿姨教我如何用小毯子包住蘿西，或者有一位爺爺向我示範如何安撫她入睡，那該有多好。除此之外，如果蘿西無端哭鬧，我們卻無法制止她哭泣時，某個鄰居可以在晚上過來，還有假使我的姊姊可以住上三個月，而不只一個星期，這些都能成真的話，該有多麼美好。

有了這些額外的幫忙、懷抱和愛心，我敢肯定蘿西的哭聲會減少很多。那麼媽媽和爸爸會如何呢？我可能會感覺更像一個人，而不是一臺製造母奶、更換尿布的機器，麥特和我都會感到沒有那麼疲憊和孤獨，異親父母的協助會讓我們在身心靈方面都將獲得提升。那我還會得到產後憂鬱症嗎？我深表懷疑。

畢竟，或許問題不是出在我身上，也許可以歸咎於西方文化，我們以為育兒應該如何進行以及我們如何將新生兒引領到這個世界。透過讓新手父母孤立無援，並且極力地將核心家庭視為主要照顧者，我們使媽媽和爸爸落入了產後焦慮和憂鬱的陷阱。（還好像我們這樣的家庭，非常幸運地擁有一間房子、穩定的收入和醫療保險，但對於沒有這種經濟保障的家庭該怎麼辦？我只能憑空想像這種文化實踐對他們來說有多麼艱難。）

在我們學習當父母的過程中，儘管立意良善，但是這種孤立的養育方式對兒童也有壞處。作為父母，我們想盡全力為孩子提供他們未來需要的一切，但是藉由如此關注學校、成績和「成就」，我們或許亦將孩子們關在公寓裡與世隔絕，從而使他們容易像我身為新手媽媽一樣受到焦慮和憂鬱的影響，不是嗎？

也許，我開始明白蘿西需要的不是放學後的另一項課外活動或週末的額外學習課程，她更加需要和幾個像她父親和我一樣了解和疼愛她的重要成年人和孩子相處，她需要的是一個充滿愛的生活環境，讓她成長且信任這個世界。

實際操作九：營造家庭情感支持（同時讓自己休息）

少數異親撫育就能夠發揮長遠的效應，即使只是一、兩個額外關心的成年人也可以對任何兒童的生活產生深遠的影響，無論他們的年紀大小。

◉初階版

珍惜子女生命中的「小媽媽」和「小爸爸」。在西方社會中，我們的身邊已經有許多異親父母，非常努力地幫助我們的孩子，我指的是奶媽、日間照護者、教師和保母，其中一些異親父母花在孩子身上的時間比我們多，他們是小孩子情感發展和健康的關鍵。

然而，在過去一百年左右的時間中，我們的文化已經將許多異親父母推到了育兒環境的邊緣，可是我們可以輕鬆地將焦點轉移到他們的貢獻和重要性。

首先，我們可以向這些人表達對他們為家庭所做事情的重視和讚賞。對於教師和日間照護提供者，我們可以藉由鼓勵孩子為他們製作感謝卡並烤點心給他們吃，來定期認可他們的努力，也可以為他們慶祝生日或者為特定節日準備自製禮物，如果老師或教練對孩子表現出特別的興趣，我們甚至可以邀請他們過來享用晚餐或贈送一份特別的餐點。

對於固定在我們家中工作的奶媽和保母，我們可以盡量不要將她們視為有償的幫助，而應該盡最大的努力視她們為重要的家庭成員，關心她們的生活和家庭，盡可能大方地提供補償，在她們需要時為其家人提供協助；如果幼兒照顧人員看起來有興趣，我們可以邀請她們及其家人來吃飯或參加派對（請明確表示，該提議不是「額外的工作」，而是一種表示讚賞和建立關係的真誠願望）。

即使小孩長大後不再接受此人的照顧，我們依然可以繼續培養這種關係，透過電子郵件或電話定期與她們及其家人保持聯繫，如果她們願意，我們可以相約見面，或者贈與她們自製的禮物和好東西。最重要的是，我們可以像對待親密家人一樣，尊重和感激這些照護人員，她們對我們家庭做出的貢獻同樣地重要。

◉進階版

訓練一個小爸媽。招募一個年長的哥哥姊姊來照顧年幼的弟弟妹妹，在他們還小的時候開始訓練，比如三、四歲，這個年齡的孩子渴望學習和幫忙，隨著他們長大成人，充當照護者將成為他們的第二天性。

對於任何年齡的孩子，只需要運用公式：提供練習的機會，示範你期望的行為，並且將照顧與成熟連結起來。告訴孩子他們要對嬰兒負責，「需要成為媽咪／爸比」或「大孩子」，隨著時間的流逝，慢慢地給予小孩更多責任，必要時請提供隱形安全網。

◉高階版

建立叔輩的關係網絡。蘇珊娜·加斯金斯給予我這個靈感，這實在很聰明，基本上，你為每個孩子挑選出三、四個親密朋友，然後所有家庭共同努力提供課後照顧，每天由不同的家庭接小孩子（如果需要），蘇珊娜說：「如此一來我的兒子們就有一群阿姨和叔叔。」孩子們在鍛煉他們自主能力的同時，還能與他們的朋友和家人建立社會支持。經年累月，每個人都成為龐大家庭的一份子，父母才能得到休息！

建立「共學團」（MAP），這是我自己依據「多元年齡遊戲團體（multi-age playgroup）」或「混合年齡遊戲團體（mixed-age playgroup）」的首字母縮寫詞。

「共學團」幫助孩子在情感上突飛猛進，年幼的小孩從年長的孩子那裡學到更複雜的行為，年長的孩子藉由教導年幼的小孩來學習，同時鍛鍊他們的領導和培育能力。

你可以嘗試多種方法來創立「共學團」。你可以簡單地鼓勵鄰近的小孩在放學後和週末一起玩耍。我經常對蘿西說：「去找馬拉（Marat）〔住在隔壁的男孩〕。」有時會換成說：「去馬拉家玩。」

或者你可以在後院或附近公園組織每週一次的社區遊戲團體，邀請附近所有小孩在星期六或星期日來幾個小時，你只需要一、兩位其他父母來試著構成「隱形安全網」，在理想情況下，父母會消失於背景中，只有在孩子可能受傷時才會出面干預。

嘗試每個禮拜舉辦「共學團」，請求其他家長主持和監督。幾個月後，孩子們很可能會主動玩在一起，不需要任何人來籌畫，社區安全網將會非常強大且廣泛。

容忍你的親戚（或學會重視他們的貢獻）。依據你的家庭情況，這個可能會很艱難。在我們家中可能會產生衝突和緊張，但我看見每個人都很愛蘿西，她也很愛他們，所以我決定停止挑釁，學習和平共處。

整體而言，麥特與我已經盡可能優先將我們的家人融入蘿西的生活中，我們試著在假期拜訪其他親戚，並始終歡迎他們來我們的家。每年夏天，我們都會協助麥特的兄弟姊妹和他們的小孩規劃一個假期，這些重逢的時光玩得特別開心！

如果你自己的家人無法做到這一點，請專注在與朋友和鄰居建立「叔叔和阿姨」網絡，這部分的目標是建立深刻且良好的關係，不一定要越多越好。

本章小結：如何保護孩子免受憂鬱之苦

重要觀念

- 嬰兒和兒童生來可以由多種類型的人撫養，從祖父母、阿姨到奶媽、鄰居，都是重要的角色。
- 這種用愛和支持構築的網絡促使孩子將世界視為能給予幫助且友善的，從而保護他們免受憂鬱和心理健康問題的困擾。
- 一、兩個額外的異親父母就能對小孩子的生活產生極大的不同。
- 其他孩子也能成為優秀的異親父母，而且往往比成年人更適合當老師和玩伴，孩子們會自然將遊戲與學習相互結合，與大人相比，他們的能力水準更接近其他小孩。
- 深厚、親密的友誼對你和孩子的健康可能與運動和均衡飲食同等重要。

竅門與技巧

- 建立一個阿姨和叔叔的網絡。和其他三、四個家庭一起分擔課後照顧，讓每個家庭在每個星期負責一天，該網絡可以為兒童提供情感支持，也為父母製造休息的時間。

- 創建「共學團」（多元年齡遊戲團體）。鼓勵你的孩子與附近所有年齡的小孩一起玩耍；邀請其他家庭共進晚餐或小酌；規劃大型的週末社區遊戲團體，邀請任何年紀的小孩到你的院子裡或附近的公園玩耍。
- 訓練迷你異親父母。從很小的時候開始，教導大一點的孩子照顧弟弟妹妹，將他們對幼兒的照顧與他們的成長聯繫起來（例如，「因為妳現在是大女孩，所以要懂得幫助妳的弟弟。」），透過逐漸增加孩子的責任來獎勵他們付出的照顧。
- 珍惜你已經擁有的異親父母。與小孩通力合作，對奶媽、日間照顧提供者、老師和教練表達感激之情，為他們製作感謝信、特製點心和餐點，將他們視為重要的家庭成員，對其展現慷慨和尊重。

注釋

1 金髮女孩（Goldilocks）出自格林童話故事《金髮女孩與三隻熊》，講述金髮小女孩不小心闖進三隻小熊的房子，她發現了三碗粥，一碗太熱，一碗太冷，最後她選擇不冷不熱的第三碗；後來她又試了三張椅子和床，她覺得大小適中的椅子及床最舒適。

2 尼安德塔人（Neanderthal）是一群生存於舊石器時代的史前人類，一八五六年，首次在德國尼安德河谷發現其遺跡。根據目前的考古研究，他們曾經生活在歐洲和中東之間，最遠至中亞，但大約在兩萬五千多年前滅絕。

3 海德堡人（Homo heidelbergensis）大約生活在八十萬至四十萬年前，多數考古學家認為是尼安德塔人的祖先。

第5部

西方教養二・〇版

團隊教養四：西方父母的全新典範

請想像一下，一個步態不穩的小孩子正在學習走路，也許你的畫面中有一位母親握著這名幼童的手，蘇珊娜・加斯金斯觀察到這種情況在美國時常發生，或者她在前方，藉由口頭指示說：「過來我這裡，過來我這裡。」

但是在尤卡坦半島上，同樣的狀況看起來迥然不同。

「馬雅媽媽緊跟在孩子後面，伸出雙臂準備在他們跌倒時接住，」蘇珊娜繼續描述道，「從孩子的角度來看，他們在沒有任何幫助的狀態下自己走路。」

當我開始為這本書動筆時，我希望能回答幾個大哉問：尤卡坦的瑪莉亞怎麼培養出如此樂於助人且恭敬有禮的小孩？為何她與孩童之間的關係幾乎沒有什麼衝突和抵抗？

在本書內容中，我們逐漸收集了所有的資訊來回答這些問題。瑪莉亞重視團結、鼓勵（而不是強迫）、自主性和最低限度的干涉，她所實行的就是「團隊教養」。

如果仔細思考我們為人父母的角色，我們的工作可以分為兩類：宏觀教養和微觀教養（有點像經濟學家在他們的專業領域所分析的角度）。宏觀教養是關於大格局，我們如何規劃小孩的生活、預定活動和安排他們的時間；另一方面，微觀教養是我們在這些活動中時時刻刻所做的事情，也就是我們實際說了什麼、說了多少以及我們試圖影響孩子行為的程度。

因此，舉例來說，直升機父母嚴格管控孩子的整體日程安排（宏觀教養），並嚴厲掌控孩子在這些活動中的行為（微觀教養）；相比之下，自由放養的父母允許孩子安排自己的時間，而且讓孩子決定在這些活動中如何行事，他們在宏觀和微觀教養兩方面都採取不管不問的做法。

在本書中，我們學習了另一種調合這兩種極端的方法，透過團隊教養哲學，媽媽和爸爸為全家人制定日常行程和整體時間表，他們在家裡和社區周圍展開分內之事，並期望孩子們或多或少可以仿效，他們歡迎小孩子進入他們的世界。

所以在宏觀教養方面，爸媽會負責，全家人一起參與活動，小孩子對整體行程的影響不大。

可是在這些以家庭為中心的活動中，孩子幾乎能全權決定自己的行為，孩子擁有極大的自主權，而父母甚少干涉，父母會觀察孩子並仔細選擇何時需要影響孩子的行為（比方說，當孩子處境不安全的時候，或者當父母要傳達關鍵文化價值的時候，例如樂於助人或慷慨大方）。即便如此，父母也會採用靈活的方式，他們運用一整套工具鼓勵孩子，而不是藉由懲罰或威脅來逼迫；他們深知，與其發布指令和命令，行動和示範會更有效，壓力也更小；只要有機會，父母就會借助孩子自己的興趣或熱情來激勵他們。

最少的干擾不僅可以減少衝突，還可以讓孩子們在玩樂和照顧自己方面進行大量練習。他們會變得非常擅長自主學習和自我娛樂；他們學會自己解決問題，解決自己的糾紛，設計自己的遊戲，準備自己的零食，甚至會自己買該死的牛奶。在此過程中，他們會減少許多的索求，從本質上來說，如果父母不要求和控制孩子的注意力，孩子就不會反過來要求和控制父母的注意力。

我本身也無法將所有事情做到盡善盡美，透過整本書我一直想聲明我們都處於水深火熱之中，但是，當我設法與蘿西一起實施團隊教養方法時，許多成果都讓我驚奇不已，我可以看到我們的關係，正如瑪莉亞所說，「一點一點地」改善中。

有一天晚上準備晚餐的時候，我的確成功做到了，真的太完美了。當我在廚房料理鮭魚時，蘿西在客廳隨著《獅子王》原聲帶的音樂跳舞；我非常漂亮地保持每小時三個命令，相對地，蘿西對我也幾乎沒有要求，我們和平共處（幾乎形同坐在營火旁的阿薩和貝莉）。

接著蘿西想擾亂這片祥和，她走過來說：「媽媽，我們晚餐可以在客廳野餐嗎？求求妳，媽媽？」

以前的我會立刻說：「不可能，拜託！這聽起來會搞得一團亂。」蘿西和我最終會來一場火力全開的尖叫大戰，辯論為什麼野餐太麻煩了。但如今脫胎換骨的麥凱琳會停頓一下，思考：嗯，這是蘿西練習擺放餐具的好機會。

「好，蘿西，我們開始準備，來拿這裡的餐盤。」我一邊指示一邊把盤子遞給她，她拿著它們跑回客廳，幾分鐘後，客廳地毯上出現一個美麗的「野餐」場地，蘿西甚至走到我們家的前廊，摘了一些紫色牽牛花，為野餐桌面製作了一個鮮花中央擺設。

大約有一個禮拜，我們反覆進行這件事情，每天晚上，蘿西都會擺好「野餐」桌，然後當我們終於把晚餐移回飯廳時，猜猜看誰會主動擺好餐具？小蘿蘿。

在美國國內，我們深深感受到「優化」我們孩子的巨大責任，這通常代表著用從不間斷的活動或娛樂來充實他們的日子，我確實對蘿西懷抱著這種想法（有時仍然會），這種感覺給我們的肩膀帶來了沉重的負擔，讓我們的頭腦充滿了無所不在的焦慮（例如，「哦，天哪，整個星期六我要和蘿西一起做什麼？」）。但這種感覺也凌駕了我們的養育方式，包含宏觀和微觀方面，我們的潛意識反應是落實最大程度的干涉。

人類學家大衛．蘭西說：「父母承擔了這些多餘的義務，因為有人讓我們相信它們對優化孩子的能力舉足輕重。」

但是沒有科學證據顯示這種方法最適合兒童，當然對所有小孩並非都是最佳的辦法（肯定不適用於蘿西）。有些人抗議這種方法違背了孩子們對自主、自我探索和合作的自然傾向；更不用說，這種教養風格讓每個人都筋疲力盡。每當父母管理孩子的行為時，父母都會冒著反抗的風險。

在我開始撰寫本書之前，蘇珊娜·加斯金斯警告我，「最大程度的干涉」只會讓我的生活變得更艱難，並且妨礙蘿西在身體和情感上的發展。她說：「我認為美國父母總是挑起非必要的爭吵，當家長總是把小孩拉到他還沒有準備好前往或還沒有決定要去的地方時，這對孩子來說真的充滿壓力。」

在你閱讀完本書之後，我希望你已經了解養育子女沒有必要變成那樣，完全不是那麼一回事。事實上，倘若我們想要培養自信、自立的孩子，絕對不希望變成那樣，我們不想要過度拉扯和推擠自己的小孩；不斷地娛樂他們，使其忙得無暇搗亂。最重要的是，我們不需要總是這麼奮不顧身。

我們可以鬆開雙手，不再執著於掌控孩子的行為以及我們認為父母需要做的事情。我們可以確信，孩子們比我們更了解他們需要什麼才能成長和學習。

我們可以加入跨越全世界和整個歷史的數百萬父母，他們會站在孩子的身後，稍等一下，讓孩子自己做決定；讓他們自己犯錯；讓他們自己製作烤肉串。我們或者任何異親父母都能作為孩子們的靠山，並且伸出雙臂，準備接住可能跌倒的他們。

第16章 關於睡覺

當我和蘿西終於完成為本書考察的旅行時，我回舊金山後還是對一件事心存疑惑：為什麼蘿西晚上很難入睡？她經歷了充足的運動量、光線和「刺激」，照道理說她應該很累，然而，就寢時間依舊是杜克萊夫一家子的長期困擾。

每一個晚上都充滿戲劇化和衝突。蘿西和我經常互相尖叫，而麥特時常在房間裡追著蘿西跑，她的口中唸著抗議的咒語，比如「不，不，不，我永遠不會去睡覺，不，不，不。」

然而，我和蘿西為這本書旅行的所到之處，我們從未遇過這般的夜間表演，孩子們上床睡覺似乎沒有任何問題，我從來沒有聽見小孩在睡前哭泣、尖叫或發脾氣。對於部分孩子來說，睡覺似乎是他們想做的事情，甚至十分期待。

在北極地區的某天晚上，我看到一個三歲女孩在沒有大人幫助的情況下讓自己入睡。在庫加阿魯克，當我們坐在瑪莉亞的客廳裡，一群孩子在玩電動遊戲，晚上七點三十分左右，距離太陽下山還有五個小時的時間，小泰莎從沙發上站起來，穿過大廳，就沒有再出現。

我詢問莎莉關於泰莎在房間裡做什麼。

「她去睡覺了。」莎莉回應道。

「她自己主動去睡覺，完全靠自己一人？」

「是的，她經常這樣做，」莎莉回覆道，「她是一個優秀的愛睡者。」

我心想：真的假的！

我和蘿西每到一個地方，我都會問父母：你在小孩睡前通常會做些什麼？如果孩子不想睡覺該怎麼辦？所有家長都對這些問題不以為意，基本上都表示睡覺沒什麼大不了。尤卡坦半島的德蕾莎告訴我：「有時候，埃內斯托在睡前需要有人督促來完成他的家庭作業。」

就這樣？沒有其他狀況？

「沒有其他狀況。」她平靜地回答道。

所以回到舊金山，我下定決心要解決我們的就寢問題，我知道蘿西永遠不會一夜之間變成泰莎，但她還有改進的空間，極大的空間。

經過幾個禮拜的研究和實驗，我四處碰壁，蘿西沒有取得任何進展，有些晚上，我所有的干預只會使問題惡化。所以我幾乎完全放棄，並接受睡前混亂是我們一家人必須承受的負擔，我說服自己，遲早有一天她會改變。真的有那麼糟糕嗎？

然後有一天晚上，就在蘿西睡覺之前，我坐在廚房桌子旁，替這本書畫一個插圖，我勾勒出「公式」，訓練兒童做任何你所期望之事的三個要素：一杯練習＋一杯示範＋一茶匙認同＝學到的技能。

晚上八點三十分左右，我聽見樓上的小野貓在臥室裡亂叫，我把草圖放進筆記本，做一個深呼吸，然後走上樓梯，當我抵達現場時，蘿西在床上跳躍，而麥特手裡拿著她的睡衣，試圖說服她冷靜下來。

就在我打算動口開始唸出我平常的命令腳本之前（「蘿西，我們是認真的……」），公式的草圖在我的腦海中一閃而過，練習、示範、認同，一個醒悟像一個磚塊重重地砸在我的臉上。哦，不，我心想，我在睡前訓練過蘿西，而且訓練成果很好，非常良好；唯一的問題是，我一直在訓練她做與我所想完全相反的事情。

二十年前，班傑明．萊斯（Benjamin Reiss）在寫一本關於精神病院歷史的書時，偶然發現了一個關於睡眠的有趣觀察，班說：「在十九世紀，這些精神病院的醫生真的很沉迷於控制病人的睡眠。」醫生嚴格規定病人甚麼時候睡覺，他們應該睡多久，睡眠環境要如何安排。聽起來是不是有點耳熟？他們還用圖表和日誌一絲不苟地追蹤患者的睡眠情況。

班是埃默里大學（Emory University）英語系的系主任，同時是一位了不起的歷史學家。他喜歡研究我們視為「生物學真理」的想法，並且追蹤我們如何以這種角度看待它們，然後他會釐清我們的生物學實際上可能告訴我們什麼事。

所以班十分好奇：為什麼這些精神病院的醫生和護士如此關心病人的睡眠？他們為何這麼著迷？

他深入研究世界各地的睡眠歷史，並很快地明白這種對睡眠的著迷——這種追蹤和控制過程的需求——並不是瘋人院所獨有的，班說：「它在整個西方社會中無所不在。」這樣對我們的孩子造成很大的問題。

他強調，在西方文化中，我們對「正常」睡眠的組成因素存在極為狹隘的看法，如果你脫離了「正常」，就會為自己製造問題，他說：「我們制定這些嚴格的規則，人們認為它們是上帝賜予的，或者由我們的生物學決定的。」

我們認為，為了保持健康，我們每晚必須連續睡八個小時左右。然而，回溯不久之前的過去，西方社會中的絕大多數人根本沒有這樣睡覺，一直到十九世紀後期，「正常」睡眠都是被分隔成不連續的時間，大多數人分成兩段時間來睡覺，每段大約四個小時，一段在午夜之前，另一段在午夜之後。在這中間，人們從事各式各樣的任務，正如歷史學家羅傑・埃克奇（A. Roger Ekirch）所寫：「他們起來做家務，照顧生病的孩子，偷襲鄰居的蘋果園；其他人則躺在床上，背誦祈禱文，接著沉思入夢。」

甚至有證據表示，分段睡眠在西方文化中可以追溯到數千年前。公元前一世紀，羅馬詩人維吉爾（Virgil）在他的史詩《埃涅阿斯紀》（*Aeneid*）中寫到了「第一次睡眠結束的時刻，此時夜車還沒有完成一半的路程。」

因此，如果你在半夜容易醒來且很難重新入睡，或許這樣還算不上失眠，你只是像你的祖先幾千年來一樣睡覺，他們會認為你很正常。

誠如我們現在所知，基本上所有的「睡眠規則」都是從十九世紀開始流行，在工業革命期間，無論太陽升起還是落下，工人都需要在早上的某個時間點抵達工廠，因此，「睡眠必須受到越來越多的控制。」班在他的書《狂野之夜：馴服睡眠如何創造我們的不安》（*Wild Nights: How Taming Sleep Created Our Restless World*）[1]中寫道。

在此之前，人們傾向於依照他們的生理時鐘：疲倦時睡覺，休息足夠就醒來。「值得重申：我們所熟知的標準睡眠模式在兩個世紀以前幾乎不存在。」班在書中強調。

人類的睡眠實際上相當彈性、適應性強且因人而異，睡眠周期因文化而異、因地點而異，甚至因季節而異，沒有所謂「正確的」睡眠方式，科學家可以測量「平均」睡眠狀態，但絕對不代表「正常」睡眠狀態。

「某些社會的人會睡午覺，有些則不會；有些人集體睡覺，有些人幾乎單獨睡覺；有的裸睡，有的會穿衣服；有些在公共場所睡覺，有些會找隱密的空間。」班描寫道。不同的生活規則適用於不同的人，甚至同一個人在不同季節也會有不同的睡眠習慣。

如果你認為每個人每天都需要八小時，請重新思考。早在二〇一五年，有研究人員追蹤超過八十人的睡眠習慣，研究對象分別住在三個沒有電力設備的原住民社區：坦尚尼亞的哈扎比人、納米比亞的閃族人和玻利維亞的齊曼內族人（Tsimane）；三組對象的所有結果都非常相似：這些人平均每晚睡六到七個小時（這非常接近許多美國人每晚的睡眠時數）。

班表示，讓美國人成為怪異睡眠者的原因不是我們睡了多久，而是我們試圖控制彼此睡眠的程度以及我們的思維有多麼僵化。我們為自己和孩子製定了嚴格的時間表，這樣通常與我們的基本生理現象不符，接著我們花費大量的精力來遵循這些時間表；當時間表不管用，或者小孩子不遵守它們的時候，我們的腦袋就會充滿焦慮，我們擔心自己不正常，或者不是良好的父母。

因此，到了就寢時間，班認為我們最終會做出與自己期望相反的事情。我們沒有創造一個平靜、放鬆的環境和心態，反而產生鬥爭和衝突，製造出混亂狀態，年復一年，我們竟然引導孩子在睡前變得緊張和焦慮。

這正是杜克勒夫家天天在發生的事情。

所以看著蘿西在床上蹦蹦跳跳，高喊著：「不，不，不要睡覺！」我清楚地了解自己每天晚上八點三十分訓練她做什麼，我訓練她脫光衣服、大叫，並且在床上跳著，我讓她以為就寢時間意味著派對時間。

回想一下方程式：練習、示範和認同。睡前，我讓蘿西有機會練習爭辯、尖叫和提出要求（例如，「我需要食物」、「我需要牛奶」、「我需要另一本書」）；我示範了不耐煩和霸道，有些人甚至可能會說苛刻的行為（「妳現在必須刷牙，蘿絲瑪麗．簡」）；最後，我極度關注錯誤的行為，（消極地但強烈地）承認了蘿西的所有古怪滑稽的動作。我釋放的高度能量引起蘿西的超高活力，因此，日復一日，月復一月，年復一年，安然就寢的希冀變得難如登天。

當蘿西從床上跳下來、在房間裡裸奔的時候，我心想：哦，天哪，我覺得自己像個傻瓜。我覺得自己被所有育兒書欺騙了，這些書籍告誡我必須「嚴格按時入睡」，「堅持常規」，並為我們的生活增加越來越多的規範。對於蘿西來說，所有的規定和控制都只會適得其反，引發了焦慮、衝突和派對時間！造成她背離了自己的生理時鐘。

如果你對這個故事感同身受，請振作起來，疲憊的父母，有一件關於兒童的好消息是他們可以很快地改變，不管你使自己陷入的困境有多麼深，你總能擺脫它，你隨時可以重新訓練一個孩子，而且相當容易，怎麼做？適當地運用方程式。

回想一下庫加阿魯克的小泰莎，雖然只有三歲，她就已經精通了我到三十多歲才擁有的技能：當她疲倦時，她知道自己的身體有什麼感覺，她知道自己需要做些什麼來改善，所以她去睡覺。

我可以訓練蘿西擁有同樣的技能，偵測她疲倦的信號，然後在她接收到這些信號時讓自己上床睡覺，但要做到這一點，我必須「放過她」，正如口譯員大衛·馬克·馬基亞在坦尚尼亞告訴我的。我必須放棄掌控蘿西（幾乎全部）的睡眠時間，我必須摒棄就寢規則，讓蘿西有空間培養傾聽自己生理線索的技能；我可以幫助她學習這項技能，可是必須盡量減少干預。當一天結束時（沒有雙關語），她什麼時候睡覺將取決於她自己。

我不想騙你，整個計畫把我嚇得惶惶不安，忍不住想到如果她一直不想睡覺呢？還有如果她早上不起床怎麼辦？我們肯定會進入但丁的地獄。

懷著極大的恐懼，我閉上眼睛，抓住蘿西的手，從睡眠時間表的懸崖跳下去。

令我瞠目結舌的是，蘿西的改變一飛沖天。

這個公式的效果比我預測的要好很多，而且效率也很快。剛開始的幾個晚上，蘿西熬夜到晚上十點半或十一點左右，但她早上還是很容易醒來；到第四天晚上，她準時上床睡覺；到了第七天，她幾乎完全可以自己準備睡覺了。再也沒有爭吵，再也沒有尖叫，再也不會像野貓一樣到處亂跑。

然後在第十天，杜克勒夫家發生了奇蹟，晚上七點左右，蘿西獨自一人上樓，躺在床上睡著了。

「妳看見了嗎？」麥特問道。

「有。」我小心地說道。

「這幾天晚上過得如此輕鬆。」

「我知道，我知道，別烏鴉嘴。」

從那天晚上開始，我們在睡前與蘿西相處的問題基本上化為零，完全沒問題，這個公式把她變成了一名超級睡眠者。

所以我究竟怎麼如願以償？

每天晚上八點左右，我開始像老鷹一樣注視著蘿西，當我偵測到她出現疲倦的信號時（例如，揉她的眼睛，吸她的拇指，抱怨更多），我會關掉房子裡的燈光，因為我曾注意到坦尚尼亞的黑暗能夠真的讓她平靜下來。然後我繼續執行以下程序：

1. **示範**。我很平靜地說：「我累了，我的身體告訴我累了，我要準備去睡覺。」我上樓準備睡覺（雖然我不打算睡覺），刷好牙，用牙線清潔，穿上我的睡衣，然後我爬到她的床上，開始看書，靜靜地等著。

2. **認可**。當她上樓躺在我身邊時，我給予她一些正面的關注。我抱住她，對她微笑，接著我用一個問題，讓她去思考怎樣才是成熟的行為：「蘿西，一個大女孩現在會做什麼？」我待在床上，繼續示範我想讓她做的事情。我從不強迫她準備睡覺，而是用我們學到的工具來鼓勵她。

3. **練習**。當她穿上睡衣、刷好牙，我會幫她揉背來助眠，我一直保持冷靜，從不逼迫；如果她說話或發牢騷，我只會說：「我們保持安靜，使身心平靜下來，接著睡覺，我累了。」

經過一晚又一晚，我們一起練習冷靜，感覺身體的疲勞，有幾個晚上，我自己真的睡著了。

在短短的三個禮拜內，我們將生活當中最困難的育兒問題變成無關緊要的事情，在此過程中，我充分磨練了自己的團隊教養技巧：

團結：我們一起完成就寢任務。

鼓勵：我鼓勵蘿西去睡覺，而不是強迫她在某個時間點睡覺。

自主：蘿西靠自己決定什麼時候上樓去睡覺。

不干涉：我沒有控制蘿西的行為，而是用最低限度的方式來幫助她學習一項寶貴的生活技能。

注釋

1 *Wild Nights: How Taming Sleep Created Our Restless World* 無中文版本，暫譯為《狂野之夜：馴服睡眠如何創造我們的不安》。

結語

在我撰寫本書的歷程中，蘿西發生了很大的轉變，無論是情感還是身體上的成長都突飛猛進，遠超乎我的預期，她從我的「敵人」變成了我在世上最喜歡的人之一。首先，她已經變成一個夢幻般的旅伴，千真萬確，飛行四十個小時，再開車十個小時，卻到達一個沒有淋浴設施和電力地方，還有哪個人會望著你說：「我愛這個地方，媽媽，這裡好漂亮！」

其次，她興致勃勃地接納了自發助人的做法。她自願幫忙做飯（誰認識一個三歲小孩會用平底鍋炒蛋？）、整理床鋪，有時甚至會洗衣服。有一天，她說：「媽媽，我現在該做什麼好？」我毫無遲疑地脫口而出：「一大堆衣服等著洗。」真沒想到，那個小不點撲向了那堆衣服，哇，我心想，關於育兒這件事我一直想得太難。

但最重要的是，蘿西願意嘗試，哦，天哪，她非常努力，她試圖變得善良、保持冷靜，而且顯然地，她試圖取悅我。幾個月前的某一天，她大發雷霆，打中我的腿，她打得並不用力，我沒有生氣，但她掉頭跑掉，走進另一個房間，我在門外窺視，她在那裡，用她的小手摀著臉，搖著她的頭；我能看出她對自己沒有控制好情緒感到難過，而她正在苦苦思索接下來該怎麼辦，我了解她多麼想長大並成為一個「大女孩」，她的心痛讓我心碎，於是我走進房間安慰她，但出乎我意料的是，她撫慰了我，她看著我說：「對不起，媽媽，我們可以重新開始嗎？我想重新開始。」

因為我控制了自己的情緒，所以我可以用自己的冷靜來迎接蘿西的冷靜，我可以放下被打的事情，真的重新開始。在那一刻，我意識到在寫這本書的過程中，我自己也發生了很大的變化。

瑪莉亞、莎莉、阿薩和其他超級父母教會了我關於養育蘿西的眾多知識。他們告訴我，對孩子來說，直接的行動和溫柔的觸摸比發號施令更有效；他們教導我，如果我用自己的情緒爆發來對抗蘿西的情緒失控，我只會讓情況變得更加不可收拾，但如果我以平靜的力量接近她高漲的能量，她就會平靜下來，無理取鬧就會停止。

也許最重要的是，瑪莉亞、莎莉和阿薩指引我發現了以前從未察覺的事情：**所有的孩子，包括蘿西，本質上都是善良和樂於助人的。若非如此，我們這個物種可能就不存在於地球上。**

我們可以將小孩的行為視為一杯水：杯中原有的半杯水是有用還是有害？是慷慨還是自私？一旦我改變了自己的觀點，並且看到蘿西的善意和她樂於助人的渴望，我就可以培養和強化這些特質，幫助她看見自己身上的這些特質，只要我這樣做，她的這些部分會開始變得越來越大，越來越茁壯。玻璃杯的剩餘空間逐漸被填滿，清澈的液體就會開始散發出愛的光芒。

我真的相信蘿西從來不會「故意惹怒我」、「測試底線」或「操縱」我，我相信她只是在竭盡全力理解出生後這些瘋狂、怪異的文化規則，在許多情況下，這也正是我仍在努力的事情。

珍妮・奧德爾（Jenny Odell）在她精彩的著作《如何無所事事》（*How to Do nothing*）[1]中描寫了人們第一次開始賞鳥時發生的事，嘗試聽到和看到鳥類的練習會改變他們的感官，他們變得更加了解周圍的所有聲音，最終，他們意識到，天啊！鳥叫聲是外面無所不在的交響樂，「當然，它一直都在那裡。」珍妮寫道，「但現在我開始關注它，才意識到它幾乎無處不在，一整天無時無刻都在。」

我認為小孩的善良也是同樣的道理。一旦你放慢步調，不再試圖過度改變孩子的行為，你就會大幅度地感應到他們所散發的愛，你會發現孩子衝過去幫助從自行車上摔下來的朋友，你也會察覺孩子為了晚餐從樹上摘萊姆，當她從你手中搶過鍋鏟說：「媽媽，鬆餅不是這樣翻的，來，我教妳怎麼做。」，你會瞧見她的眼睛倒映著助人的熱忱。

蘿西的善意「一直都在那裡……但現在我開始關注它，才意識到它幾乎無處不在，一整天無時無刻都在。」

注釋

1 《如何無所事事》（*How to Do nothing*）強調在資訊超載的時代，人們應該擺脫資本主義的效率及生產力觀點，重新調整我們的注意力模式，從自然環境、歷史、哲學、藝術獲取新的觀點，與現實中的人連結，體認更深刻的幸福與進步。

致謝

在本書中，我由衷感謝所有促成這份成就的人，包括歡迎我們進入他們家的美好家庭和父母，協助我們更加了解這些家庭的口譯人員，以及幫忙解釋他們的育兒技巧如何奏效的科學家，我非常感謝他們的時間、專業知識和仔細推敲的討論。

除此之外，還要感謝一些人在幕後付出了極大的努力，使這個專案成為豐碩的成果。編輯凱莉・弗萊（Carrie Frye）用她非凡的技巧、精神和智慧為本書的每一頁注入活力；插畫家艾拉・特魯希略（Ella Trujillo）用她美麗、溫暖的藝術讓人物和想法活靈活現；無與倫比的科琳娜・克萊默（Corina Kramer）非常有耐心且溫和地解說我思想中的所有漏洞——以及我作為一位西方媽媽仍然會犯的錯誤；編輯兼發行人喬飛・法拉利－阿德勒（Jofie Ferrari-Adler）從不懈怠地努力使這本書成為最好的，然後與亞莉珊卓・普里米亞尼（Alexandra Primiani）一起盡可能廣泛地傳播所有的想法，就像在風中飄揚的蒲公英種子一樣。

如果沒有傑出的經紀人亞歷克斯・格拉斯（Alex Glass），這一切都不可能發生，他透過一封簡短的電子郵件就啟動了整個專案，他問我：「妳有沒有想過寫一本育兒書？」（然後鍥而不捨地追問了幾個月，儘管我一直拒絕他。）

最後，我要感謝我的伴侶馬修・杜克勒夫（Matthew Doucleff），儘管起初非心甘情願（而且經常翻白眼），他一直支持我成為作家和媽媽的想法，無論這些想法聽起來多麼荒唐。

國家圖書館出版品預行編目資料

自然教養：席捲歐美、破百萬熱議全新型態教養！汲取逾千年原民文化智慧，培育高情商、自動自發、抗壓性強的孩子/麥克蓮．杜克萊夫（Michaeleen Doucleff）著；連婉婷譯. -- 初版. -- 臺北市：商周出版：英屬蓋曼群島商家庭傳媒股份有限公司城邦分公司發行，民111.07
400面 14.8×21公分
譯自：Hunt, gather, parent : what ancient cultures can teach us about the lost art of raising happy, helpful little humans
ISBN 978-626-318-333-9（平裝）
1.CST：育兒　2.CST：親職教育　3.CST：跨文化研究
428.8　　111008941

BS6024
自然教養：席捲歐美、破百萬熱議全新型態教養！汲取逾千年原民文化智慧，培育高情商、自動自發、抗壓性強的孩子
Hunt, Gather, Parent: What Ancient Cultures Can Teach Us About the Lost Art of Raising Happy, Helpful Little Humans

作　　者／麥克蓮．杜克萊夫（Michaeleen Doucleff）
譯　　者／連婉婷
責任編輯／韋孟岑
版　　權／吳亭儀、江欣瑜、林易萱
行銷業務／黃崇華、周佑潔、賴玉嵐

總　編　輯／何宜珍
總　經　理／彭之琬
事業群總經理／黃淑貞
發　行　人／何飛鵬
法律顧問／元禾法律事務所　王子文律師
出　　版／商周出版
臺北市104中山區民生東路二段141號9樓
電話：(02) 2500-7008 傳真：(02) 2500-7759
E-mail：bwp.service@cite.com.tw
Blog：http://bwp25007008.pixnet.net/blog
發　　行／英屬蓋曼群島商家庭傳媒股份有限公司城邦分公司
臺北市104中山區民生東路二段141號2樓
書虫客服服務專線：(02)2500-7718．(02)2500-7719
24小時傳真服務：(02)2500-1990．(02)2500-1991
服務時間：週一至週五09:30-12:00．13:30-17:00
郵撥帳號：19863813　戶名：書虫股份有限公司
讀者服務信箱E-mail：service@readingclub.com.tw
歡迎光臨城邦讀書花園　網址：www.cite.com.tw
香港發行所／城邦（香港）出版集團有限公司
香港灣仔駱克道193號東超商業中心1樓
Email：hkcite@biznetvigator.com
電話：(852)2508-6231　傳真：(852)2578-9337
馬新發行所／城邦（馬新）出版集團【Cité (M) Sdn. Bhd】
41, Jalan Radin Anum, Bandar Baru Sri Petaling,
57000 Kuala Lumpur, Malaysia
電話：(603)90578822　傳真：(603)90576622
Email：cite@cite.com.my

封面設計／季曉彤　內頁編排／唯翔工作室
印　　刷／卡樂彩色製版印刷有限公司
經　銷　商／聯合發行股份有限公司　客服專線：0800-055-365
電話：(02)2917-8022　傳真：(02)2911-0053

■ 2022年（民111）7月14日初版
■ 2022年（民111）11月29日初版2刷
定價／480元

ISBN：978-626-318-333-9
ISBN：978-626-318-335-3（EPUB）

Printed in Taiwan

城邦讀書花園
www.cite.com.tw

Illustrations by Ella Trujillo
Published by arrangement with Glass Literary Management, through The Grayhawk Agency

廣　告　回　函
北區郵政管理登記證
北臺字第10158號
郵資已付，免貼郵票

10480　台北市民生東路二段141號9樓

英屬蓋曼群島商家庭傳媒股份有限公司城邦分公司　收

請沿虛線對摺，謝謝！

書號：BS6024　　書名：自然教養

請於此處用膠水黏貼

商周出版

讀者回函卡

感謝您購買我們出版的書籍！請費心填寫此回函卡，我們將不定期寄上城邦集團最新的出版訊息。

線上版回函卡

姓名：＿＿＿＿＿＿＿＿＿＿＿＿ 性別：☐男 ☐女

生日：西元＿＿＿＿年＿＿＿＿月＿＿＿＿日

地址：＿＿＿＿＿＿＿＿＿＿＿＿＿＿＿＿

聯絡電話：＿＿＿＿＿＿＿＿ 傳真：＿＿＿＿＿＿＿＿

E-mail ：

學歷：☐ 1. 小學 ☐ 2. 國中 ☐ 3. 高中 ☐ 4. 大學 ☐ 5. 研究所以上

職業：☐ 1. 學生 ☐ 2. 軍公教 ☐ 3. 服務 ☐ 4. 金融 ☐ 5. 製造 ☐ 6. 資訊

☐ 7. 傳播 ☐ 8. 自由業 ☐ 9. 農漁牧 ☐ 10. 家管 ☐ 11. 退休

☐ 12. 其他＿＿＿＿＿＿＿＿＿＿＿＿

您從何種方式得知本書消息？

☐ 1. 書店 ☐ 2. 網路 ☐ 3. 報紙 ☐ 4. 雜誌 ☐ 5. 廣播 ☐ 6. 電視

☐ 7. 親友推薦 ☐ 8. 其他＿＿＿＿＿＿＿＿

您通常以何種方式購書？

☐ 1. 書店 ☐ 2. 網路 ☐ 3. 傳真訂購 ☐ 4. 郵局劃撥 ☐ 5. 其他＿＿＿

您喜歡閱讀那些類別的書籍？

☐ 1. 財經商業 ☐ 2. 自然科學 ☐ 3. 歷史 ☐ 4. 法律 ☐ 5. 文學

☐ 6. 休閒旅遊 ☐ 7. 小說 ☐ 8. 人物傳記 ☐ 9. 生活、勵志 ☐ 10. 其他

對我們的建議：＿＿＿＿＿＿＿＿＿＿＿＿＿＿＿＿

＿＿＿＿＿＿＿＿＿＿＿＿＿＿＿＿

＿＿＿＿＿＿＿＿＿＿＿＿＿＿＿＿

請於此處用膠水黏貼

STYLE

STYLE

STYLE

STYLE